Martin Glatfeld

Mathematik Lernen

Probleme und Möglichkeiten

Mit Beiträgen von

Martin Glatfeld, Karl Kießwetter
Detlev Laugwitz, Erich Christian Schröder

Vieweg

Dr. *Martin Glatfeld* ist Professor an der Pädagogischen Hochschule Westfalen-Lippe, Abt. Bielefeld

Dr. *Karl Kießwetter* ist Akademischer Oberrat an der Universität Bielefeld

Dr. *Detlef Laugwitz* ist Professor an der Technischen Hochschule Darmstadt

Dr. *Erich Christian Schröder* ist Professor an der Pädagogischen Hochschule Westfalen-Lippe, Abt. Bielefeld

CIP-Kurztitelaufnahme der Deutschen Bibliothek

Mathematik lernen: Probleme u. Möglichkeiten /
Martin Glatfeld. Mit Beiträgen von Martin Glatfeld.
– 1. Aufl. – Braunschweig: Vieweg, 1977.
ISBN-13:978-3-528-08384-7   e-ISBN-13:978-3-322-84216-9
DOI: 10.1007/978-3-322-84216-9
NE: Glatfeld, Martin [Mitarb.]

Verlagsredaktion: *Alfred Schubert*

1977

Satz: Vieweg, Wiesbaden

Umschlaggestaltung: Peter Morys, Wolfenbüttel

Vorwort

Die Autoren dieses Sammelbandes haben sich von dem Ziel leiten lassen, das Lernen von Mathematik effektiver zu gestalten. Ihre Beiträge wenden sich an alle, die Mathematik lehren und an diejenigen unter den Lernenden, die über das Lernen von Mathematik reflektieren können und wollen. Das Buch ist so abgefaßt, daß es Diskussionsgrundlage eines Seminars sein kann.

Die Verfasser intendieren keine umfassende oder gar abgerundete Darstellung des schwierigen Themas „Mathematik Lernen" und entwickeln keine Theorie, die auf mehr oder weniger eng umgrenzten mathematischen Aufgaben als Testmaterial oder auf einem psychologischen Modell beruht. Vielmehr geht es um die Akzentuierung und Eingrenzung von „Problemen" beim „Mathematik Lernen" sowie um die Erarbeitung von „Möglichkeiten" zu ihrer Lösung. Diese Vorschläge sind unmittelbar in die Praxis umsetzbar und auf andere mathematische Gebiete und Lernstufen sinngemäß übertragbar. Die Verfasser stimmen in dieser Auffassung überein. Es ist aber nicht der Versuch unternommen, die Beiträge zu harmonisieren. Denn gerade die Vielschichtigkeit, ja Heterogenität, der Ansätze spiegelt die Schwierigkeit der Thematik und eröffnet Zugänge, die anderenfalls verdeckt werden könnten. Die Arbeiten enthalten sehr viel Beispielmaterial, das überwiegend den ersten Semestern des Hochschulstudiums, aber auch dem Mathematikunterricht aller Schulstufen entnommen ist. Die Verfasser meinen, daß dieser praxisorientierte Weg sich allein schon deswegen rechtfertigt, weil die bisherigen oft sehr theoretischen Abhandlungen über das Thema nicht die gewünschten Auswirkungen auf das Lernen von Mathematik hatten.

Unumgänglich ist die Erörterung der Begriffe Kreativität und Motivation; aber diese soll nicht die Form einer „Grundsatzdiskussion" haben. Die Verfasser sind der Meinung, daß sich so allgemeine Begriffe im Fach nur an fachspezifischen Inhalten verdeutlichen lassen. Um jedoch möglichen Mißverständnissen zu begegnen, sei gesagt: Wir sind um das Lernen von Mathematik bemüht und nicht um geniale Neuschöpfungen. Kreativität wird am jeweiligen Kenntnisstand gemessen. Schüler können sich demnach kreativ verhalten, wenn sie mathematische Begriffe und ihre Verflechtungen „verstehen" und Probleme lösen. Nicht selten werden in der Literatur die Termini „kreativ" und „heuristisch" synonym benutzt. Diesem Brauch folgen wir nicht. Wir wollen durch die Untersuchung heuristischer Verfahrensweisen einen konkreten Zugang zum Begriff Kreativität gewinnen. Kreatives Verhalten wird erleichtert oder gar erst ermöglicht durch die Kenntnis von heuristischen Verfahrensweisen und der Fähigkeit ihrer Anwendung.

Der Beitrag von *K. Kießwetter:* „Kreativität in der Mathematik und im Mathematikunterricht" will zunächst für kreative Prozesse sensibilisieren, indem er in die Kreativitätsforschung einführt. Es existiert sehr wenig grundlegendes Untersuchungsmaterial im eigentlich mathematischen Bereich. Ohne solches Material ist aber eine wissenschaftliche

Modellbildung nicht möglich. Anschließend werden einige Aspekte und Zugänge zusammengestellt, um die Komplexität der Thematik und die Notwendigkeit der Interdisziplinarität ihrer Erforschung aufzuzeigen. Literaturhinweise sind jeweils am Ende der Abschnitte zu finden. Sie sind als (dringende) Anregung zum Literaturstudium gedacht.

Sehr detailliert analysiert und interpretiert der Verfasser dann van der Waerdens bekannten Bericht über den genialen Lösungsprozeß der „Vermutung von Baudet", wobei typische Stationen kreativen Verhaltens sichtbar werden.

Mit Hilfe von Fernsehkameras und Videorekorder hat Kießwetter Problemlösungsprozesse aufgezeichnet und sie dadurch einer wiederholbaren Beobachtung zugänglich gemacht. Darüber referiert er im Schlußteil, wobei sich Ansätze zur Modellbildung herauskristallisieren. Testpersonen sind Schüler verschiedener Altersstufen, Studenten verschiedener Semester und ausgebildete Mathematiker. Es wird dargelegt, wie wichtig und notwendig, aber auch wie schwierig die Durchführung und die Auswertung solcher Untersuchungen sind.

D. Laugwitz stellt in seinem Beitrag „Motivation im mathematischen Unterricht: Das Beispiel Linerare Algebra" die Frage nach der Motivation im Hinblick auf Stoff und Methode in der Mathematik, und zwar aus der Sicht des Hochschullehrers, der seine Lehrveranstaltungen vor Lehramts- und Diplomstudenten rechtfertigen muß. Bei der Untersuchung des vielschichtigen Begriffs „Motivation" unterscheidet er „externe" und „interne", sowie „lokale" und „globale" Motivation. Externe Motivationen kommen von außerhalb des betrachteten Gegenstandsbereiches, interne Motivationen entsprechend von innen, sie sind innermathematischer Art. Das quer dazu verlaufende Begriffspaar „lokal-global" zielt auf die Motivation im Hinblick auf ein Einzelproblem oder einen Teilbereich bzw. eine abgerundete mathematische Theorie. Gefordert wird nun, daß die externe Motivation so zu wählen ist, daß aus ihr die ganze zugehörige Theorie für die Lernenden motiviert wird.

Laugwitz exemplifiziert seine Vorstellungen am Beispiel „Lineare Algebra", indem er dem traditionellen Aufbau mit dem Motivationstyp „intern-global", einen „lokal-extern" motivierten Weg gegenüberstellt. Will man Studenten der ersten Semester zur Linearen Algebra hinführen, so kann man nicht mit einer deduktiv-axiomatischen Fassung dieses mathematischen Gebietes beginnen, d.h. die Elemente des abstrakten Vektorraumes an den Anfang stellen. Die sie zunächst motivierenden Probleme beinhalten nicht Strukturen, sondern Größen. — Die Multiplikation $A \cdot B = C$ von Matrizen läßt sich aus folgender Situation motivieren: C beschreibt einen Betrieb, der aus n verschiedenen Rohstoffen m Endprodukte herstellt, wobei C als Eintragungen die Mengen enthält, die zur Herstellung einer Maßeinheit eines Endproduktes vom jeweiligen Rohprodukt benötigt werden. Die Zerlegung des Betriebes in Teilbetriebe (Matrizen A und B) führt auf die Matrizenmultiplikation. Das Modell wird analog auf andere Situationen angewandt. Den Lernenden erscheint die Definition der Matrizenmultiplikation jetzt nicht willkürlich, sondern wirklichen Problemen angepaßt. Motivationen dieser Art wollen, das sei ausdrücklich bemerkt, nicht die Rolle der Geometrie für die Lineare Algebra antasten. Über die motivierende Funktion der Beispiele hinaus kommt es hier darauf an, mathematische Modelle für die Lösung von Umweltproblemen bereitzustellen, und die Lernenden zugleich mit der Mathematisierung von außermathematischen Situationen vertraut zu machen.

Das Beispiel „Lineare Algebra" zeigt, wie Mathematiklernen effektiver gemacht werden kann. Der Text ist so ausführlich gehalten, daß sich die Linien des vom Verfasser intendierten Weges von einfachen mathematischen Modellen bekannter Situationen über vorläufige Begriffsbildungen zu allgemeinen Theorien für einen Kurs „Lineare Algebra" auszeichnen lassen.

Der Beitrag „Mathematiklernen und Heuristik — dargestellt am Beispiel Teilbarkeit" von *M. Glatfeld* gliedert sich in zwei Teile. Im Teil 1 wird zunächst über Beziehungen zwischen Auffassung und Lernen von Mathematik reflektiert mit dem Ergebnis, daß Mathematik als Zusammenspiel von demonstrativen Methoden (Beweisführung) und heuristischen Methoden gelehrt werden und daß der Lehrende den Lernenden am Aufbau von Mathematik beteiligen soll. Der Verfasser integriert nun die plausiblen (heuristischen) Methoden Pólyas systematisch in den Aufbau von Mathematik; er wendet sie also nicht, wie meistens üblich, nur auf Einzelprobleme, also isoliert, an. Daraus resultieren zwei Forderungen: 1. Der Lernende soll Mathematik als Zusammenspiel von heuristischen und demonstrativen Methoden erfahren. 2. Dem Lernenden soll Mathematik transparent gemacht werden.

Wie der Verfasser sich eine heuristische Fähigkeiten freisetzende Darstellung und ein ebensolches Lernen von Mathematik vorstellt, kann man nur an einem Beispiel (sozusagen implizit) darlegen. Für den Teil 2 wurde ein mathematisches Gebiet ausgewählt, das bei der hier erforderlichen Kürze ergiebig genug ist: die „Teilbarkeit". Das Koordinatenpaar der Motivation für dieses Gebiet im Sinne des Laugwitzschen Beitrags lautet: (intern-global). Aber nicht nur hinsichtlich der Motivation, auch in der Darstellung unterscheiden sich die Beispiele „Lineare Algebra" und „Teilbarkeit". Während Laugwitz seine Vorstellungen an wichtigen Schaltstellen des Aufbaus exemplifizieren konnte, ist der Verfasser zur Konkretisierung seiner Forderungen gezwungen, eine lückenlose Darstellung des ausgewählten Gebietes zu geben. Daher läßt sich an dem Teil 2 die Teilbarkeit als Einführung in die Zahlentheorie erlernen. Der Kenner zahlentheoretischer Literatur wird unschwer bemerken, daß sich eine den erwähnten Forderungen gerecht werdende „Teilbarkeit" im Aufbau wie im Detail von anderen Darstellungen unterscheidet.

Der letzte Beitrag dieses Bandes von *M. Glatfeld* und *E. C. Schröder:* „Über Induktion beim Mathematiklernen" befaßt sich mit der induktiven Kraft des Beispielverstehens. Sein erster Teil stellt zunächst kritische Fragen hinsichtlich des Gebrauchs von Arbeitsbegriffen in der Mathematikdidaktik, der vielfach in Traditionen eines mathematischen

„Platonismus" steht. Die Relevanz solcher kritischen Erörterungen für das Lernen von Mathematik wird an einer Diskussion des Begriffs der „Induktion" in mathematikdidaktischem Gebrauch aufgewiesen. Wird unter „Induktion" lediglich ein Schlußverfahren verstanden, durch welches im Ausgang von Einzelnem allgemeine Sachverhalte, die es irgendwo als an sich existierende schon gibt, „ent-deckt" werden, so verstellt sich leicht die Hinsicht auf ein Phänomen, das Aristoteles, auf den die Induktionsproblematik zurückgeht, mit dem Wort „epagoge" („Induktion") benannt hat: das Phänomen der unmittelbaren zwingenden Einsicht in einen allgemeinen Sachverhalt anhand eines einzigen Beispiels. Indem die Verfasser dieses von Aristoteles als die primäre Quelle alles Lernens erkannte Phänomen unter dem Aspekt der „antiplatonistischen" Position L. Wittgensteins mit einer phänomenologischen Aufklärung des Sprachgebrauchsverstehens verbinden, gewinnen sie die Möglichkeit, dem Beispiel als unmittelbarer Induktion einen neuen mathematikdidaktischen Stellenwert zuzuordnen und es aus der Vielzahl heuristischer Verfahrensweisen als den ursprünglichen Weg des Mathematiklernens herauszuheben.

Im zweiten Teil diskutieren die Verfasser Beispiele, um die Bedeutung der zuvor dargestellten Theorie für alle Stufen des Mathematiklernens aufzuzeigen. Gleichzeitig soll das Beispielmaterial dem Leser helfen, sich mit der Theorie vertraut zu machen. „Beispiel" läßt sich nicht formal definieren, sondern jeweils nur situativ interpretieren. Es ist somit unmöglich, eine Beispieltheorie zu entwerfen. Folglich muß vielfältiges, inhaltlich sehr unterschiedliches Beispielmaterial vorgestellt werden. Nicht ohne Grund sind die Beispiele der Mathematik der Primarstufe, der Sekundarstufen und der Hochschule entnommen.

Die Verfasser erhoffen sich durch ihre Beiträge eine Bereicherung der Diskussion zum Thema „Mathematik Lernen". In diesem Zusammenhang sei hingewiesen auf das Buch von Biermann, N., Bussmann, H. und Niedworok, H.-W., das unter dem Titel „Problemlösen und Kreativität im Mathematikunterricht: Mathematische Fähigkeiten und Denkprozeß" in Kürze bei Urban & Schwarzenberg, München, erscheint und eine Fülle an Literatur denk- und intelligenzpsychologischer Forschungsergebnisse des In- und Auslandes verarbeitet.

Martin Glatfeld

Inhaltsverzeichnis

Mathematiklernen und Heuristik — Dargestellt am Beispiel Teilbarkeit   76
Martin Glatfeld

Über Induktion beim Mathematiklernen   140
Martin Glatfeld und *Erich Christian Schröder*

Kreativität in der Mathematik und im Mathematikunterricht

Karl Kießwetter

Vorbemerkungen

Uns geht es nicht vor allem um Genialität. Uns geht es vielmehr um diejenigen Fortschritte in Richtung auf Neuartiges, welche — der eine mehr, der andere weniger — jeder von uns produzieren könnte. Wir sind um den Unterricht bemüht und messen deshalb Kreativität relativ zum jeweiligen Kenntnisstand: Schüler sind kreativ, wenn sie für sich selbst neuartige Ideen finden, ganz gleich, ob diese Ideen für andere, insbesondere für den Lehrer, schon zum alltäglichen Routinedenken gehören oder nicht.

Wir haben weder die Absicht noch die Möglichkeit, eine umfassende Darstellung zu geben. Wir wollen in den angesprochenen Problemkreis einführen und für kreative Prozesse sensibilisieren. Im eigentlich mathematischen Bereich existiert kaum konkretes Material über solche Prozesse. Wissenschaftliche Modellbildung ist aber ohne konkretes Untersuchungsmaterial nicht möglich. Wir haben deshalb einige Aspekte und Zugänge auch unter dem Gesichtspunkt zusammengestellt, daß Ansatzpunkte für solche Untersuchungen deutlich werden.

Den Wert von Untersuchungen und Modellbildungen zu unserem Problembereich wollen wir daran messen, wieviel und wie schnell diese zur Klärung und Verbesserung der konkreten Unterrichtsituation beitragen können. Es nützt wenig, wenn man vor allem von simplem Aufgabenmaterial ausgeht. Die betrachteten Vorgänge beim Entstehen von Mathematik müssen vielmehr einen größeren Kompliziertheits- und Komplexitätsgrad besitzen. In Anbetracht der Entwicklung in weiten Bereichen der Psychologie — auch der, die sich mit Faktoranalyse beschäftigen — sehen wir zur Zeit nur einen Weg, der kurzfristig zu hilfreichen Erkenntnissen führen kann: Man beobachtet die interessanten Phänomene an hinreichend vielen Einzelprozessen, konstruiert ein erklärendes Modell und benutzt schließlich zur Verbesserung die Rückmeldungen aus der Verwendung der Modellierung. Am Ende dieses Aufsatzes findet der Leser eine erste solche Modellierung, die der Komplexität von Problemlöseprozessen Rechnung trägt, jedoch noch sehr grob ist und wichtige Aspekte — z. B. den der Motivation — ausklammert.

1. Kreativitätsforschung in den USA

Seit dem Anfang der fünfziger Jahre dieses Jahrhunderts gibt es in den USA eine Fülle von Untersuchungen und Veröffentlichungen, allerdings in der Regel allgemeinerer Art und ohne speziellen Bezug zur Mathematik. Eingeleitet wurde diese Entwicklung mit einem Vortrag von Guilford vor der amerikanischen Gesellschaft für Psychologie, der heute noch so aktuell ist wie vor 25 Jahren. Die von Guilford in den Mittelpunkt gestellten Aufgaben sollen auch Leitprobleme für unsere Überlegungen sein. Allerdings haben wir noch den besonderen Bezug zum Mathematikunterricht herzustellen.

„Wie können wir vielversprechende kreative Ansätze bei unseren Kindern und Jugendlichen entdecken?

Wie können wir die Entwicklung kreativer Persönlichkeiten fördern?"

Guilford stellt fest, daß bis 1950 sich nur sehr wenige Veröffentlichungen von Psychologen mit dem Thema Kreativität befassen. Und wir müssen feststellen, daß bis heute in der Literatur wenig konkretes Material über kreative Prozesse in der Mathematik und im Mathematikunterricht, ihre Voraussetzungen und die Möglichkeiten der Initiierung zu finden ist. Guilford gibt einige Begründungen, die auch dafür gelten:

„Ein praktisches Merkmal der Kreativität ist schwer festzustellen. ... Die Zufälligkeit mancher Entdeckungen und Erfindungen ist gut bekannt. Dies hat zum Teil seinen Grund in der Verschiedenartigkeit des Anreizes oder der Gelegenheit, die größtenteils eine Funktion eher der Umgebung als der Individuen ist. ... Schöpferische Menschen zeigen zu verschiedenen Zeiten beträchtliche Leistungsdifferenzen. ...

Den schöpferischen Menschen, etwa bei einer Auswahlantwort-Aufgabe, mit dem fertigen Ergebnis zu konfrontieren, kann ihn hindern, genau das zu zeigen, was wir von ihm sehen wollen: das von ihm selbst Hervorgebrachte. ...

Ich sage nur, daß die Jagd nach leicht objektivierbaren Test- und Auswertungsverfahren uns von dem Versuch, einige der kostbarsten Eigenschaften des Menschen zu messen, abgelenkt und somit veranlaßt hat, diese Qualitäten zu ignorieren. ...

Andererseits ist die Lerntheorie im allgemeinen formuliert worden, um solche Phänomene zu umfassen, die am leichtesten in ein logisches Schema einzuordnen sind. ..."

Für uns ist auch sehr wichtig, was Guilford (im Jahre 1950) zum Verhältnis „Kreativität — Intelligenz" zu sagen hat:

„An unseren ... Hochschulabsolventen wird, wie ich gehört habe, am häufigsten beanstandet, daß sie, während sie die ihnen übertragenen Aufgaben mit einem Anschein von Meisterschaft in den von ihnen erlernten Techniken durchführen, viel zu hilflos sind, wenn man sie auffordert, ein Problem zu lösen, bei dem neue Wege gefordert sind. ... Wir alle kennen Lehrer, die sich damit brüsten, die Schüler denken zu lehren, und die dennoch Prüfungen abhalten, bei denen es fast nur um Tatsachenwissen geht. ...

Wenn wir die Beschaffenheit der Intelligenztests prüfen, erheben sich viele Zweifel, was ihre Reichweite hinsichtlich kreativer Fähigkeiten anbelangt. Man sollte sich daran erinnern, daß von Binets Zeiten bis zur Gegenwart das bei der Validierung von Intelligenztests verwendete praktische Hauptkriterium der Schulerfolg war. ... Wir müssen weit über die Grenzen des IQ hinausblicken, wenn wir den Bereich der Kreativität sondieren wollen."

Bei der Beschreibung von kreativen Problemlösungsprozessen bedient man sich häufig der folgenden 4 Stufen:

(a) Zuerst kommt die Präparation; man macht sich mit dem Problem vertraut und beschafft sich eine „Umgebung" von Kenntnissen und Informationsmaterial.

(b) In der Phase der Inkubation wird dieses Material unbewußt verarbeitet und im Hinblick auf das Problem strukturiert.

(c) Die Inspiration bringt eine (subjektiv) überzeugende Idee zur ganzen oder teilweisen Lösung des Problems.

(d) Schließlich wird in der Phase der Verfikation diese Idee (objektiv) überprüft und bewertet.

Es ist klar, daß diese Phasen bei Problemlösungsprozessen auch mehrfach ganz oder teilweise durchlaufen werden müssen, daß also „Schleifen" auftreten.

Für Guilford ist eine solche Darstellung mehr anekdotenhaft und vom psychologischen Standpunkt aus nicht gründlich genug. Er schlägt faktorenanalytische Untersuchungen vor, d. h. eine Reihe von statistischen Verfahren, um experimentelle und Testdaten und ihre Korrelationen in bezug auf eine begrenzte Zahl von Faktoren zu erhalten.

Von besonderem Interesse sind für uns Guilford Hypothesen über Faktoren für kreative Fähigkeiten:

(a) Ein Mensch mit Problemsensitivität sieht Probleme dort, wo andere nur mit Routineverhalten reagieren.

(b) Menschen mit einem großen Flüssigkeitsfaktor haben (in der Zeiteinheit) eine große Menge von Ideen und Assoziationen.

(c) Der Grad der Neuartigkeit von Ideen gibt an, wie weit sich die Ideen vom üblichen entfernen.

(d) Die geistige Flexibilität gibt die Leichtigkeit an, mit der Ordnungen gewechselt werden, mit der umstrukturiert wird.

(e) Organisation von Ideen in umfassenden Ordnungen benötigt analysierende und synthetisierende Fähigkeiten.

(f) Reorganisation und Redefinition von organisierten Ganzen wandeln ein vorhandenes Objekt in ein anderes um.

(g) Empfänglichkeit für den Komplexitätsgrad von begrifflichen Strukturen (ist gerade in der Mathematik nötig; wir werden uns noch ausführlich mit der Fähigkeit zur „Veranschaulichung" und zur Vereinfachung durch „Superzeichenbildung" befassen).

(h) Die Fähigkeit zum Bewerten von Lösungen (ist für die Mathematik besonders wichtig: Eleganz, Verallgemeinerungsmöglichkeiten usw.).

Um das Bild Guilfords über Kreativität abzurunden, zitieren wir abschließend aus seinem Vortrag bzw. Aufsatz „Grundlegende Fragen bei kreativitätsorientiertem Lehren" aus dem Jahre 1966:

„... Die sich daraus ergebende Folgerung ist die, daß die allgemeinen Aspekte der Information beim Informationslernen betont und Strategien, die in Verbindung mit neuen Informationen allgemein Anwendung finden, gelernt werden sollten. ...

Aus allen diesen Tatsachen können wir verallgemeinern, daß hohe Werte bei dem, was durch Intelligenztests gemessen wird, eine notwendige, aber kein zureichende Bedingung für hohe Kreativität sind. ...

Es gibt eine Möglichkeit, ... daß es trotz niedriger verbaler Intelligenzscores eine hohe Kreativität bei figuralen und symbolischen Tätigkeiten, wie etwa Malerei, Musik und Mathematik, geben kann. Aber wir können vorhersagen, daß ausgeprägte Fähigkeiten figuraler Kognition und symbolischer Kognition in figuralen und symbolischen Bereichen ebenso notwendig sind wie entsprechende Fähigkeiten hoher verbaler Kognition für hohes kreatives Potential im semantischen Informationsbereich. ...

Ich habe anderswo die These aufgestellt, daß kreatives Denken und Problemlösen wesentlich dasselbe geistige Phänomen sind. ...

Der Kern der Behauptung ist, daß ein echtes Problem eine erkannte Situation darstellt; für deren unmittelbare Bewältigung das Individuum keine sofort verfügbaren Strategien besitzt. Wenn es das Problem löst, indem es eine vorher noch nicht verwendete Strategie anwendet, oder eine Strategie, die es zuvor noch nicht in derselben Weise verwendet hat, benützt, hat es ein gewisses neuartiges Verhalten gezeigt, folglich bis zu diesem Grade ein gewisses, wenn auch geringes Maß an Kreativität. ...

Einer der am meisten vernachlässigten Prozesse bei den gegenwärtigen Verfahren des Kreativitätstrainings und auch einer der wichtigsten bei den allgemeinen kreativen Prozessen, die beim ausgeprägt produktiven Schaffenden gefunden werden, ist der Aufbau von Systemen. Die meisten Beschreibungen davon, was kreative Menschen tun, erwähnen, daß relativ früh in der Gesamtfolge der Begebenheiten irgendeine Art von System auftritt, sei es nun ein Thema, eine Fabel, ein Motiv oder ein andersartiger skizzenhafter Umriß. Das ist das Rückgrat, das Skelett oder das Gerüst der kommenden Hauptproduktion.“

(siehe unsere späteren Ausführungen zur mathematischen Anschauung, zu Handlungsmustern usw.)

Hallmann bringt in seinem Aufsatz „Techniken des kreativen Lehrens“ (1967) eine Zusammenfassung von Forschungsergebnissen. Wir zitieren bzw. berichten ausführlich, weil darin umfassend zusammengestellt wird, was man im Unterricht falsch machen kann (und sehr oft auch falsch macht), und wie man die Voraussetzungen für kreatives Verhalten schafft.

Hindernisse für die Kreativität sind demnach:

(a) Konformitätsdruck durch vom Lehrer gewählte Ziele und Tätigkeiten, durch genormte Praktiken und Tests oder durch ein starres Curriculum.

(b) Autoritäre Haltungen und Umgebungen (auch eine Gruppe kann autoritär gegenüber den einzelnen Mitgliedern sein).

(c) Spöttische (und zynische) Haltungen, Drohungen, Furcht.

(d) Eigenschaften, die zur Rigidität der Persönlichkeit beitragen. Fassaden, die man errichtet, um sich selbst und seine Interessen abzuschirmen, behindern die oft riskanten Unternehmungen, welche kreative Prozesse charakterisieren.

(e) Überbetonung von Belohnungen in der Art von Zensuren, die außerhalb der einzelnen Situationen angesiedelt sind.

(f) Übermäßiges Suchen nach Gewißheit.

(g) Übergroße Akzentuierung des Erfolgs.

(h) Feindseligkeit gegenüber andersartiger Persönlichkeit durch Lehrer und Klassenkameraden bzw. Gruppe.

(i) Intoleranz gegenüber der „Spiel“-Einstellung.

Hilfen für kreatives Lehren:

„Der wirkungsvolle Lehrer muß seine eigenen kreativen Techniken als Teil der spezifisch fortschreitenden Lehroperationen im Unterricht erfinden“.

Im Einzelnen wird von Hallmann aufgeführt:

(a) Selbst-initiiertes Lernen durch die Schüler.

(b) Nicht-autoritäre Lernumgebungen (nicht zu verwechseln mit Zügellosigkeit der Schüler).

(c) „Überlernen" der Schüler, d. h. sich mit Informationen, Eindrücken und Bedeutungen sättigen. Der Schüler sollte an der Plackerei und harten Arbeit, die für selbstangeregte Entdeckungen erforderlich sind, Gefallen finden und die nötige Selbstdisziplin entwickeln.

(d) Kreative Denkprozesse sollten durch Anregung zum Assoziieren, Phantasieren usw. gefördert werden.

(e) Der kreative Lehrer schiebt das Urteil auf, er kündigt nicht Ergebnisse an oder liefert die Lösung. Ganz wichtig: Der kreative Lehrer macht klar, daß Fehler erwartet wie auch notwendig sind.

(f) Förderung der intellektuellen Flexibilität durch Ermutigung zu verschiedenen und unkonventionellen Ansätzen.

(g) Der kreative Lehrer ermutigt zur Selbstbewertung von individuellem Fortschritt und Leistung. Er lehnt Gruppennormen und standardisierte Tests ab.

(h) Der kreative Lehrer hilft seinen Schülern, feinfühlig zu reagieren.

(i) Benutzung von operationalen, offenen und für den Schüler sinnvollen Fragen.

(k) Gelegenheit zum aktiven Umgehen mit Materialien, Ideen, Begriffen, Werkzeugen, Strukturen.

(l) Hilfe bei der Überwindung von Frustration und Fehlschlägen. Die kreative Persönlichkeit muß Unsicherheit und Mehrdeutigkeit akzeptieren und damit leben können.

(m) Probleme sollten als Ganze betrachtet, eher Gesamtstrukturen als einzelne, additive Elemente betont werden.

Wir geben noch einige wichtige Informationen und Eindrücke aus weiteren Arbeiten wieder:

Daß Konformitätsdruck schädliche Auswirkungen auf kreatives Denken hat, ist eine Binsenweisheit. Genau so selbstverständlich ist, daß nonkonformistisches Gehabe nicht Kreativität impliziert. Der Kreative muß dann nonkonformistisch sein, wenn sonst seine Kreativität gehemmt würde, nicht mehr, aber auch nicht weniger.

Besondere Aufmerksamkeit verdient gerade für den Unterricht der Komplex der Motivationen. Äußere und ichbezogene Motivation wirkt nur in Ausnahmefällen beflügelnd in Richtung auf Kreativität. Die angemessene Motivation ist aufgabenbezogen, die Erfüllung ist Freude am kreativen Prozeß.

Sondiert man das vorliegende Material danach, wie man erreichen kann, daß die kreativen Komponenten der Lernprozesse endlich das ihnen zukommende Gewicht im Unterricht an unseren Schulen erhalten, so bleibt nur ein Weg: Der Lehrer muß befähigt werden, kreative Prozesse zu initiieren, zu erkennen und selbst vorzuleben (!). Noch so ausgeklügelte Curricula vermögen im Vergleich dazu kaum etwas auszurichten.

Untersuchungen zeigen, daß Mathematiklehrer, die gute didaktische Erfolge haben, „divergierendes Denken" als wichtig bezeichnen.

Literatur

Umfassende Informationen über die amerikanischen Arbeiten zur Kreativität findet man in

[1]   Kreativität und Schule, Texte (aus dem amerikanischen zusammengestellt und übersetzt) herausgegeben von *Günther Mühle* und *Christa Schell*, Piper, München, 1970.

[2]   *Ulmann, G.:* Kreativität, Beltz, 1968.

[3]   Kreativitätsforschung, Texte, herausgegeben von *Gisela Ulmann,* Kiepenheuer und Witsch, 1973

Unsere Zitate bzw. Zusammenfassungen (Guilford, Hallman) sind vor allem aus [1] entnommen.

2. Beobachtung von Problemlösungsprozessen

Will man Untersuchungsmaterial über kreative Prozesse innerhalb der Mathematik für eine Modellierung gewinnen, so steht man vor einer Reihe von prinzipiellen, zum Teil unüberwindbar scheinenden Schwierigkeiten.

(a)   Selbstbeobachtung kann qualitative Hinweise geben, ist aber mit vielen subjektiven Komponenten belastet. Vor allem wird aber der kreative Prozeß durch bewußte Selbstbeobachtung gestört. Zudem steht dabei stets nur eine Testperson zur Verfügung.

     Wir empfehlen trotzdem dem Leser eindringlich, sich beim Lösen von Problemen zu beobachten und Notizen anzufertigen (und sich dabei nichts vorzumachen!)

(b)   Der Faktor Zufall sollte weitgehend ausgeschlossen sein. Also braucht man Gruppen von gleichwertigen Testpersonen mit gleichartigen Ausgangssituationen. Man geht deshalb in der Regel von vorgegebenen Problemen aus, hat damit jedoch das wohl wichtigste Produkt von Kreativität ausgeklammert: das Sehen und Finden von Problemen.

     Problemlösungsprozesse enthalten nur bedingt und in sehr vielen Fällen praktisch keine kreativen Elemente. Man muß daher genau differenzieren. Wir werden bald darauf zurückkommen.

(c)   Am meisten undurchsichtig und deshalb besonders interessant ist die Phase der Inkubation. Aber wie soll man gerade dazu Beobachtungen anstellen? Man kann nur äußeres Agieren, also Sprechen, Mimik, Schreiben, Gesten, Zeichnen usw. registrieren. Verlangt man von der Testperson, daß sie alle ihre Gedanken, Stimmungen, undeutlichen Vorstellungen, Zusammenhangmuster usw. verbalisiert, so stört man den Prozeß ganz erheblich — abgesehen davon, daß vieles darunter gar nicht verbalisierbar ist.

(d)   Es kommt gerade bei diffizilen Prozessen immer wieder vor, daß die Beobachter verschiedene Deutungen geben bzw. gewisse Formulierungen, Gesten usw. gar nicht verstehen, da sie ganz andere Voraussetzungen haben als die Testpersonen. Und diese Schwierigkeiten bleiben sogar bestehen, wenn man Problemlösungsprozesse filmt und damit die Beobachtung beliebig wiederholbar macht.

(e) Verringert man die Schwierigkeiten der Beobachtung dadurch, daß man sich auf einfachere Probleme beschränkt, so gehen ganz wesentliche Komponenten von Kreativität verloren. Man hat dann zwar besser auswertbare Untersuchungsreihen, kann aber daraus kaum noch Schlüsse über wirklich kreative Prozesse innerhalb der Mathematik ziehen. Wir werden uns nachfolgend ausführlich ein solches in der Literatur immer wieder auftauchendes Problem gerade unter diesem Gesichtspunkt vornehmen.

Mathematische Probleme können gelöst werden durch

(α) Anwendung von Lösungsschemata,

(β) (im wesentlichen) konvergentes Denken: durch logisches Schließen und durch systematisches Sortieren kommt man unter Verwendung vorhandener Mittel auf die Lösung,

(γ) (im wesentlichen) divergentes Denken: man assoziiert entfernt liegende Dinge, man schafft sich neue Mittel bzw. benützt die vorhandenen Mittel in neuartiger Weise.

Nur im Falle (γ) haben wir die Berechtigung, von Kreativität zu sprechen. Natürlich gibt es keinen der drei Fälle in Reinkultur. Auch ist es nicht allein dem beobachteten Lösungsprozeß anzusehen, sondern hängt ganz wesentlich von den Voraussetzungen der Testperson ab, ob dieser Prozeß nach (α), (β) oder (γ) einzustufen ist.

Zu überlegen ist auch, ob Übung in heuristischen Strategien, wie sie in genialer Weise in den Büchern von Polya dargestellt werden, die Voraussetzungen bei der Testperson so abändern, daß viele Problemlösungsprozesse dann nur noch den Kategorien (β) und (α) zugeordnet werden können.

Wir wollen uns jetzt mit einem Problem näher befassen, das in der Literatur zumeist unter der Bezeichnung „Turm von Hanoi" zu finden ist.

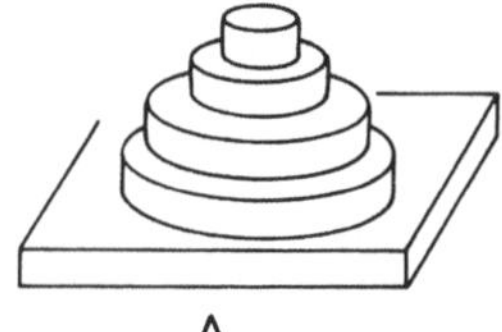
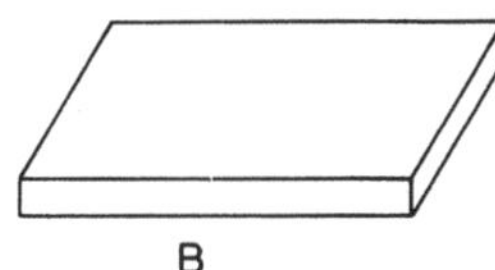
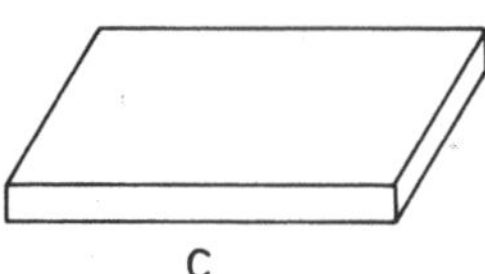

Ein „Turm" von n Scheiben mit von oben nach unten zunehmenden Durchmessern soll von der Ausgangsstation A unter möglicher Zuhilfenahme einer Zwischenstation B auf die Endstation C durch Umlegungen der Scheiben in möglichst wenigen „Zügen" gebracht werden. Die Bedingungen für einen Zug sind:

(a) Es wird genau eine Scheibe umgelegt.

(b) Es darf keine größere auf eine kleinere Scheibe gelegt werden.

Es gibt eine ganze Anzahl von Veröffentlichungen (Klix u. a.) über Untersuchungsreihen zu Lösungsprozessen für dieses Problem. Die Autoren begründen die Auswahl wie folgt:
„Bei denkpsychologischen Untersuchungen besteht die besondere methodische Schwierigkeit darin, einen latenten Vorgang der Beobachtung zugänglich werden zu lassen. Die Methode des ‚lauten

Denkens', verbunden mit einer anschließenden Exploration, reicht in der Regel nicht aus, die einzelnen Denkschritte mit genügender Trennschärfe zu erfassen. Es schien uns daher günstig, ein Problem zu wählen, bei dem sich Denkoperationen unmittelbar in Handlungsphasen umsetzen lassen und Denkprozesse (wenigstens potentiell) in Form von Handlungsabläufen ablesbar werden."

An anderer Stelle steht:

„Eine starke Beschränkung in den Freiheitsgraden, der Zwang, gleichsam nur an einem Scharnier zu denken, wird natürlich auch viel verdecken, was an Eigenschaften in Problemlösungsprozessen untersuchenswert ist."

Wie weit kommt man nun aber bei der Lösung dieses Problems allein mit schlußfolgerndem und damit konvergentem Denken? Die Testperson könnte so überlegen:

(1)

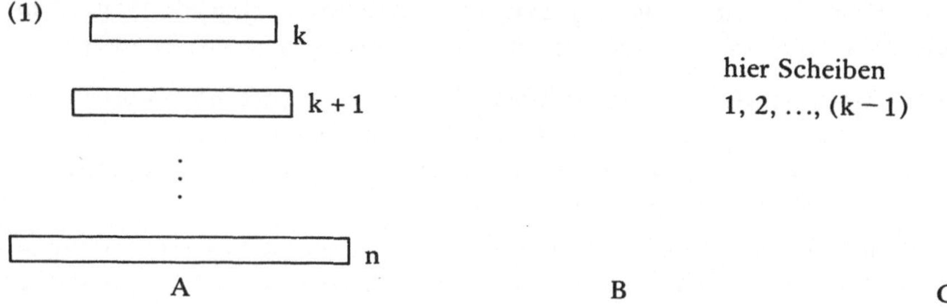

Ich will zum 1. Mal mit der k−ten Scheibe ziehen. Dann liegt diese auf A und unter ihr die $(k + 1)$−te, $(k + 2)$−te, ... n−te Scheiben. Die Scheiben 1, 2, ..., $(k − 1)$ sind irgendwie auf B und C verteilt (Skizze 1).

(2)

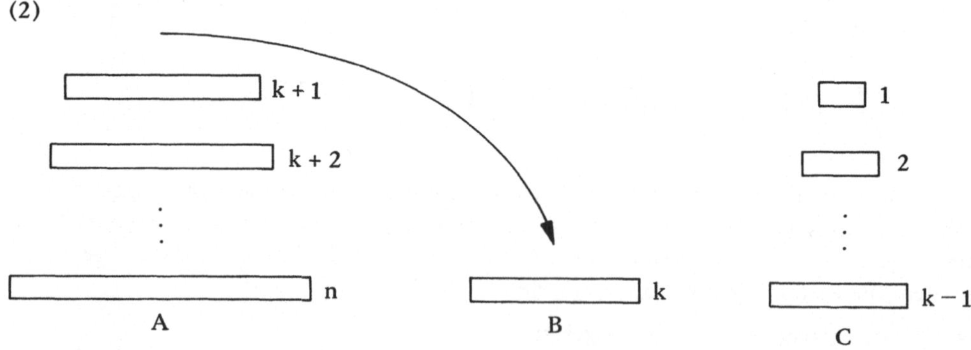

Wird die k−te Scheibe auf B gelegt, so können auf B keine der Scheiben 1, 2, ..., $(k − 1)$ liegen (Bedingung b), alle diese Scheiben müssen auf C sein und dort einen „Turm" bilden (Bedingung b).
B und C sind austauschbar.

(3)

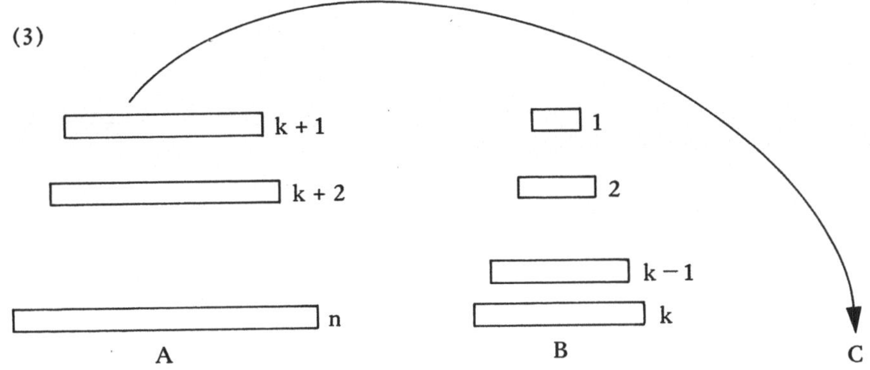

Will ich danach auch die $(k+1)$ − te Scheibe umlegen, so befördere ich den „Turm" aus den Scheiben 1, 2, …, $(k-1)$ von C nach B auf die k − te Scheibe und lege dann die $(k+1)$ − te Scheibe nach C um (Skizze 3).

(4)

Habe ich ein optimales Verfahren zur Umlegung nach B, so besitze ich auch ein optimales Verfahren (und zwar das dazu symmetrische durch Vertauschung von B und C an allen Stellen des Verfahrens) zur Umlegung nach C und umgekehrt.

Der Leser hat sicher schon festgestellt, daß in (1), (2) und (3) notwendige Bedingungen für den Lösungsweg festgehalten sind und daß (4) von der Bedingung „Umlegung nach C" befreit und statt dessen die einfachere Bedingung „Umlegung nach B oder C" stellt.

Kennt die Testperson den Beweis durch vollständige Induktion, so kann sie aus den notwendigen Bedingungen für den Lösungsweg hinreichende machen und das Problem global, d. h. für alle $n \in \mathbb{N}$, lösen.

Kennt die Testperson den Beweis durch vollständige Induktion nicht und ist das Problem für alle $n \in \mathbb{N}$ gestellt, so könnte sie durch einen kreativen Akt die Idee für den Beweis durch vollständige Induktion erfinden.

Wo haben wir sonst noch Elemente divergenten Denkens?

Zu nennen wäre höchstens die „geometrische" Symmetrie in der Skizze zu (4) und die neue Umlegeeinheit „Turm" im Text zu (3).

Klammert man jedoch eine eventuelle Nacherfindung des Beweises durch vollständige Induktion aus, so genügt zur Lösung des vorgegebenen Problems im wesentlichen konvergentes Denken.

Der Anteil von divergentem Denken ist im Verhältnis stärker bei unserem 2., von der Komplexität der nötigen Denkprozesse her wesentlich einfacheren Beispiel, das bei Wertheimer (mit einem Hinweis auf den Physiker Ernst Mach) zu finden ist.

Vorgegeben ist ein einfacher, geschlossener Polygonzug (mit mindestens 3 Ecken) in der Ebene. Gesucht ist die Summe der Innenwinkel.

Die entscheidene Idee ist es nun, in einem anderen Bereich umzudenken und sich vorzustellen, daß man von irgendeiner Stelle A aus diesen Polygonzug einmal auf den vorgegebenen Linien umwandert. Man hat sich dann genau einmal um seine Achse gedreht, also um einen Winkel der Größe $2 \cdot 180°$.

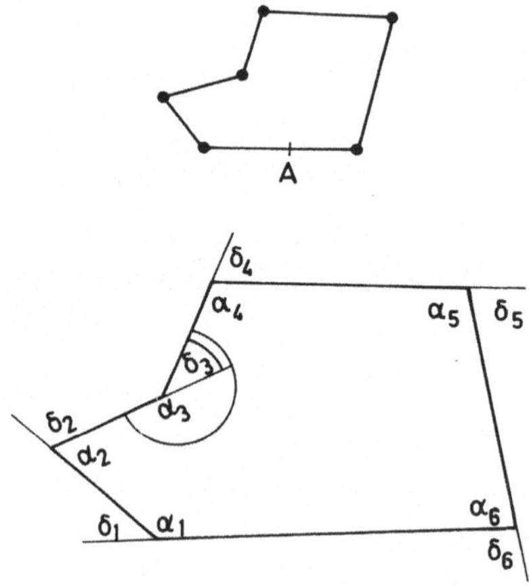

Jetzt brauchen wir nur noch den Beweis nach Standardregeln zu vollziehen. Er sieht so aus:

(a) Es gilt $\alpha_v + \delta_v = 180°$ für $v = 1, 2, ..., n$, dabei ist $\delta_v < 0$ für $\alpha_v > 180°$.

(b) Es gilt $\displaystyle\sum_{v=1}^{n} \delta_v = 2 \cdot 180°$ (Ergebnis des Umlaufens!)

(c) Daraus folgt $\displaystyle\sum_{v=1}^{n} \alpha_v + 2 \cdot 180° = \sum_{v=1}^{n} \alpha_v + \sum_{v=1}^{n} \delta_v = n \cdot 180°$

und damit $\displaystyle\sum_{v=1}^{n} \alpha_v = (n-2) \cdot 180°$.

Natürlich wird man (b) noch mathematisch exakt begründen. Dies ist jedoch relativ einfach und mag vom Leser selbst vollzogen werden, wenn er dies für nötig hält. Wir haben darauf verzichtet, weil wir die Herkunft dieser Beziehung nicht verdecken wollten.

Wir empfehlen dem Leser, die von unserer Darstellung etwas abweichende Lösungsfindung durch Wertheimer nachzulesen (Selbstbeobachtung mit aller darin liegenden Problematik) und sich das weitere Beispielmaterial bei Wertheimer und Duncker und das Aufgabenmaterial bei Lüer kritisch unter den von uns angegebenen Gesichtspunkten anzusehen.

Literatur

[4] *Wertheimer, H.:* Produktives Denken, 2. Auflage, Kramer, Frankfurt, 1964.

[5] *Duncker, K.:* Zur Psychologie des produktiven Denkens, Springer, 1966.

[6] *Lüer, G.:* Gesetzmäßige Denkabläufe beim Problemlösen, Beltz, Weinheim, 1973.

[7] *Klix, F., Neumann, J., Seeber, A.* und *Sydow, H.:* Lösungsprinzip einer Denkanforderung, Zeitschrift für Psychologie, **168**, Heft 1—2, 1963.

[8] *Klix, F.* und *Rautenstrauch-Goede, K.:* Struktur- und Komponentenanalyse von Problemlösungsprozessen, Zeitschrift für Psychologie, **174**, Heft 3—4, 1967.

[9] *Haenschke-Kramer, B.* und *Mehl, J.:* Zur Untersuchung von Spezialbefähigungen auf mathematisch-naturwissenschaftlichem Gebiet, Zeitschrift für Psychologie, **174**, Heft 3—4, 1967.

[10] *Sydow, H.:* Versuch zur strukturellen und metrischen Darstellung von Problemzuständen in Lösungsprozessen, Aus Klix (Herausgeber), Kybernetische Analysen geistiger Prozesse, Berlin, 1970.

Die Aufsätze [7] bis [10] beschäftigen sich u. a. alle mit dem „Turm von Hanoi".

3. Ansätze zu Modellierungen

(a)

Der französische Mathematiker Poincaré (1854—1912), den Felix Klein als den „eigentlich genialen Typ, der überall mit einem Blick das Wesentliche erfaßt", bezeichnet, berichtet in seiner Schrift „Wissenschaft und Methode" über seine Erfahrungen bei eigenen produktiven Prozessen. Er ist einer der wenigen großen Mathematiker, die produktiven Prozessen die ihnen zukommende Wichtigkeit durch Publikationen dokumentieren. Poincaré versucht eine erste Modellierung. Wir zitieren:

„Aus den vorhergehenden Ausführungen soll zu entnehmen sein, daß das unbewußte Ich, oder wie es genannt wird, das unterbewußte Ich, eine sehr bedeutende Rolle bei Entdeckungen in der Mathematik spielt. Im allgemeinen nimmt man jedoch an, daß das Unterbewußtsein rein automatisch funktioniert. Nun haben wir aber gesehen, daß es sich bei mathematischer Arbeit um eine nicht rein mechanische Tätigkeit handelt, die von keiner Maschine ausgeführt werden könnte, selbst wenn eine solche Maschine mit dem höchsten Grad an Perfektion arbeiten würde, den man sich vorstellen kann. Es geht nicht nur darum, bestimmte Regeln anzuwenden, möglichst viele Kombinationen nach bestimmten festgelegten Gesetzen herzustellen. Die so entstandenen Kombinationen wären außerordentlich zahlreich, nutzlos und lästig. Die wirkliche Arbeit des Entdeckers besteht darin, zwischen diesen Kombinationen diejenigen zu eliminieren, die nutzlos sind, oder sich gar nicht erst die Mühe geben, solche nutzlosen Kombinationen zu schaffen. Die Regeln, nach denen eine solche Auswahl erfolgen muß, sind von besonderer Subtilität; und sie in präziser Sprache zu formulieren, ist praktisch unmöglich; sie müssen eher erfühlt als formuliert werden."

„Das Folgende beinhaltet nun eine erste Hypothese. Das unterbewußte Ich steht an Bedeutung keinesfalls hinter dem bewußten Ich zurück. Es ist nicht rein automatisch; es hat die Fähigkeit, eine Unterscheidung zu treffen; es hat Takt und Feingefühl; es versteht eine Auswahl zu treffen und es kann sich einfühlen. Mehr als das, es kann sich besser einfühlen als das bewußte Ich, denn es hat Erfolg, wo das bewußte Ich versagt."

„Vielleicht müssen wir nach einer Erklärung in jener Phase bewußter Vorarbeit suchen, die jeder fruchtbaren unbewußten Arbeit vorausgeht. Gestatten sie mir einen groben Vergleich: stellen wir die künftigen Elemente unserer Kombinationen so dar, als ähnelten sie Epikurs Atomen. Wenn sich der Geist in vollständiger Ruhe befindet, sind diese Atome unbeweglich; sie sind sozusagen an der Wand befestigt. Dieser komplette Ruhezustand kann unendlich lange anhalten, ohne daß die Atome miteinander in Berührung kommen und ohne daß sich daher irgendwelche Kombinationen bilden können".

Dagegen werden während einer Phase scheinbarer Ruhe, aber unbewußter Arbeit, einige der Atome von der Wand gelöst und in Bewegung gesetzt. Sie schweben in allen Richtungen durch den Raum, wie ein Schwarm Mücken z.B., oder wenn ein gelehrtes Beispiel bevorzugt wird, wie die Gasmoleküle in der Kinetik der Gase. Durch ihre gegenseitigen Zusammenstöße werden dann neue Kombinationen produziert.

Welche Rolle spielt dabei die bewußte Vorarbeit? Das ist klar: sie dient zur Befreiung von einigen dieser Atome, zu deren Loslösung von der Wand, damit sie in Bewegung versetzt werden. Wir denken, wir hätten nichts vollbracht, wenn wir die Elemente auf tausend verschiedene Weisen durcheinander gewürfelt haben, um sie zu ordnen, und es uns nicht gelungen ist, eine zufriedenstellende Anordnung herzustellen. Aber nachdem wir sie durch unseren Willen in Bewegung versetzt haben, kehren sie nicht an ihren ursprünglichen Ruhepunkt zurück, sondern schweben weiter frei herum.

Nun wählte unser Wille diese Elemente aber nicht zufällig aus, sondern auf der Suche nach einem vollständig festgelegten Ziel. Die befreiten Atome sind also nicht durch einen glücklichen Zufall freigesetzt worden; es sind diejenigen, von denen wir vernunftsgemäß die gewünschte Lösung erwarten können. Zwischen den befreiten Atomen wird es nun zu Kollisionen kommen, entweder sie geraten miteinander in Kollision oder mit den stationären Atomen, die sie während ihrer Bewegung anstoßen. Mein Vergleich ist sehr grob, aber ich habe keine Vorstellung, wie ich meinen Gedankengang anders erklären kann.

Wie dem auch sei: es können nur solche Kombinationen zustandekommen, in denen zumindest einer der Bestandteil eines der durch unseren Willen ausgewählten Atome ist. Dadurch muß also selbstverständlich unter diesen das gefunden werden, was ich eben als *richtige* Kombination bezeichnete."

(b)

Am Institut für allgemeine und pädagogische Psychologie der Akademie der Pädagogischen Wissenschaften der UdSSR gibt es ein Laboratorium für Heuristik. Leiter ist Venjamin Puschkin, Mitverfasser des Zeitschriftenartikels „Beschreibungsgrenzen des produktiven Denkens", dem wir weitere Anregungen und Informationen entnehmen wollen.

Ein Extrakt aus den Ergebnissen der Verfasser steht direkt und hervorgehoben unter der Überschrift dieses Artikels:

„In der modernen Automatentheorie spielt die Aufstellung mathematischer Verfahrensregeln eine tragende Rolle. Will man sie allerdings auf menschliche Denkprozesse übertragen, zeigen schon Untersuchungen über die Lösbarkeit einfacher Kombinationsspiele, daß das produktive Denken mit solchen Regeln nicht zu fassen ist. Doch bedeutet diese Grenze der algorithmischen Beschreibung keine Einschränkung der angewandten Kybernetik."

Wir zitieren einige weitere Stellen, aus denen ein Ansatz zur Modellierung einfacherer produktiver Prozesse deutlich wird:

„In diesen Experimenten wurde Schachspielern mit viel Erfahrung eine komplizierte Spielposition vorgelegt, die eine noch verborgene Kombination ermöglichte, die zu einem erheblichen Vorteil führt. Die Versuchsperson sollte diese Kombination in 10 sec. finden. Im Verlauf der Denktätigkeit wurde bei ihr die Augenbewegung registriert." (Genial einfach ist das Verfahren: Es wird durch ein kleines Loch im Schachbrett gefilmt.) „Bei der Analyse erwies sich, daß die Versuchsperson wiederholte Suchbewegungen zwischen einigen Schachfiguren vollführte, die in der Folge in eine bestimmte Lösungsvariante einschwenkten. Es ist hier typisch, daß der Schachspieler bei der Lösung der Aufgabe mehr als die Hälfte der auf dem Brett stehenden Figuren vergaß."

„Zur Kontrolle wurde mit Hilfe derselben Ausgangssituation folgender Versuch gemacht: Die Versuchsperson sollte sich die Position anschauen und sich die Anordnung der Figuren merken. In diesem Falle war die „Marschroute" der Augenbewegung anders. Das Auge umfuhr alle Figuren."

„Die Gegenüberstellung dieser Blickwege mit den oben angeführten Ergebnissen gestattet mit großer Zuverlässigkeit die Vermutung, daß diese wiederholten Bewegungen die Funktion der Bildung des Materialgraphen der Aufgabe erfüllten.

Schach ist ein komplizierteres Spiel ..., jedoch auch in diesem Spiel, das als Modell schöpferischer intellektueller Tätigkeit anerkannt ist, bringt die Bildung des Materialgraphen den zur Lösung führenden Graph der Umformungen hervor."

„Jedes Problem stellt sich dem Menschen, der es zu lösen hat, in Form einer Gesamtheit isolierter Elemente dar (diskrete Gesamtheit). Die Schachposition besteht z. B. aus der Anordnung von Figuren, ... Da zwischen den Elementen der vorgegebenen diskreten Gesamtheit die verschiedensten Beziehungen aufgestellt werden können, wobei selbst die Ordnung des Aufstellens dieser Beziehungen sehr verschiedenartig sein kann, kann man die vorgelegte diskrete Gesamtheit nicht als eindeutig vorgegebenes Objekt der Umformung ansehen.

So können z. B. in ein und derselben Schachposition verschiedene Schachspieler verschiedene Beziehungen zwischen den Figuren aufstellen und folglich verschiedene Materialgraphen bilden."

(c)

Die Informationstheorie stellt eine Reihe von Begriffen wie „Redundanz", „Ordnungsgewinn" und „Superzeichen" für Modellierung von Denk- und Lernprozessen bereit. Diese sollten auch Anregung und Hilfe für die Modellierung kreativer (Denk- und Lern-) Prozesse sein. Wir interessieren uns dabei vor allem für die Superzeichenbildung.

Sehen wir uns zur Klärung der Zusammenhänge ein alltägliches Beispiel an:

Wir wollen uns Telefonnummern merken, und zwar die Nummern

(α) 91475   und   (β) 13531

Welche von beiden merkt man sich leichter?

Doch wohl die zweite Nummer. Und warum ist das so? Man kann aus dieser Nummer ein (optisch aufnehmbares, also in diesem Sinne konkretes) Superzeichen herstellen.

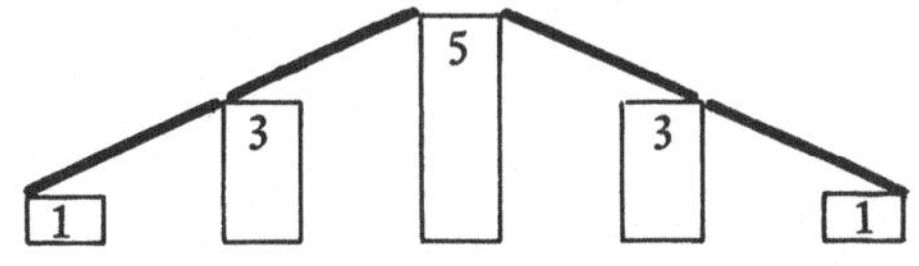

Man hat damit aus den Einzelinformationen eine „Gestalt" (= Superzeichen) gewonnen. Merkt man sich zu dieser Gestalt zusätzlich, daß die erste Ziffer 1 und die Differenz 2 beträgt, so kann man alle Einzelinformationen (1 an 1. Stelle, 3 an 2. Stelle, 5 an 3. Stelle usw.) zurückgewinnen. Diese Gestalt ist eine bereits bekannte Gestalt bzw. bereits bekannten Gestalten (hier: geometrischen Figuren) ähnlich.

Insgesamt braucht man dann zum Merken von (β) sich weniger Informationen einzuprägen, als wenn man sich die unstrukturierte Nummer (α) merken will.

An solchen optisch erfaßten Superzeichen kann man Ähnlichkeiten feststellen, z. B. zwischen (β) und

(γ)   23432

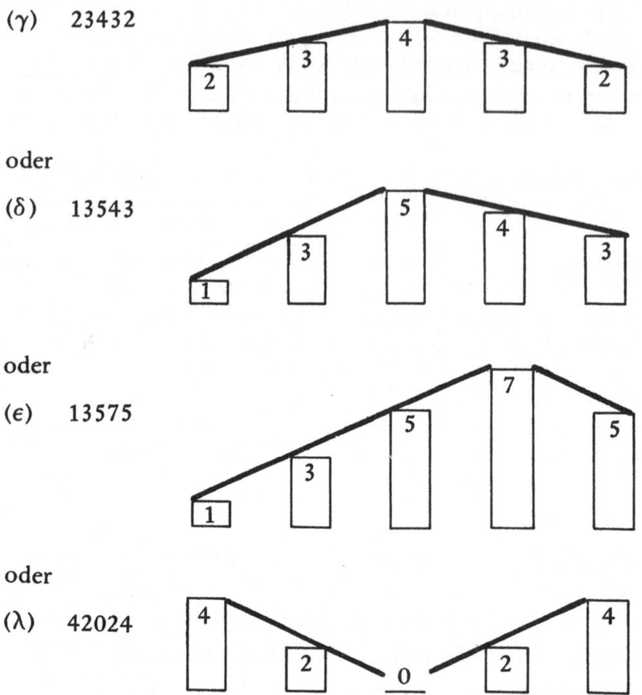

oder

(δ)   13543

oder

(ϵ)   13575

oder

(λ)   42024

Dieses Feststellen von Ähnlichkeiten ist möglich geworden durch den Übergang zu einem Niveau vergleichbarer Superzeichen.

Kommt man nun allerdings auf die Idee, den einzelnen Nummern nicht geometrische Figuren, sondern nach dem Verschlüsselungsverfahren

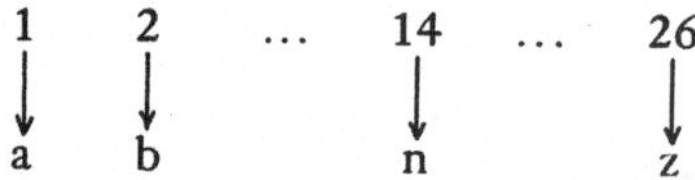

Buchstaben-Zusammenstellungen zuzuordnen, so erhält man zu (α) das Wort „Inge". Man hat dann die vorhandene Superzeichenbildung innerhalb unserer Umgangssprache (Superzeichen = sinnvolles Wort) und kann sich jetzt auch die Telefonnummer (α) relativ leicht merken. Die Nummer (β) ergäbe „aceca", das nicht zu unserem Sprachschatz gehört, kaum Assoziationen zu Vorhandenem liefert und deshalb weniger nützt.

In beiden Fällen konnten wir einen Übergang in Bereiche finden, mit denen wir vollkommen vertraut sind und die eine reiche Strukturierung und Superzeichenbildung besitzen: In der Vorstellungsebene haben wir Figuren, in der Umgangssprache haben wir Wörter und (als Superzeichen aus Wörtern) Sätze.

Wir wollen in allen solchen Fällen, in denen wir zur Superzeichenbildung vertraute Bereiche mit wie selbstverständlich vorhandener bzw. möglicher Strukturierung zu Hilfe nehmen, von „anschaulicher" Superzeichenbildung bzw. von „Anschauung" sprechen. Wer sich mit Kreativität innerhalb der Mathematik beschäftigt, muß zur Überzeugung kommen, daß „anschauliche" Superzeichenbildung für das Lernen von Mathematik und insbesondere für kreative Prozesse von nicht zu überschätzender Wichtigkeit ist. Wir haben bei der Beobachtung von Problemlösungsprozessen unsere besondere Aufmerksamkeit der Verwendung und Herausbildung von solcher Anschauung zu widmen. Wir werden in einem späteren Abschnitt über solche Beobachtungen berichten.

(d)

Es gibt einen Zugang zu möglichen Modellierungen von Lernprozessen, den professionelle Pädagogen leider nur selten, wenn überhaupt, in ihre Überlegungen einbeziehen: die Biologie der Lernvorgänge. Wir jedoch wollen uns voll und ganz einer Aussage anschließen, welche auf dem Umschlag des populärwissenschaftlich geschriebenen und einführenden Buches von Vester „Denken, Lernen, Vergessen" steht: Wenn man beim Lehren und Lernen gegen biologische Grundsetze verstößt, ist alle Mühe umsonst.

Mögen auch die (biologischen) Forschungen über das Funktionieren des menschlichen Gehirns und die daraus resultierenden Modelle nur vorläufig gesichert erscheinen, so muß es für uns von besonderem Interesse sein, welche Vorstellungen gerade für Kreativität daraus erwachsen. Wir zitieren Vester:

„Wir haben in einem früheren Kapitel unsere Gehirnleistungen mit Computerprogrammen verglichen. Diesen Vergleich müssen wir jetzt stark einschränken, denn die schöpferische Tätigkeit, das kreative Element unserer vielfältigen Gehirnleistungen ist ja nun genau die Tätigkeit, zu der ein Computer sicher nicht fähig ist. Und doch entstehen auch schöpferisches Denken, Einfälle und Intuitionen aus stofflichen, also materiell gespeicherten Informationen. Wir haben erfahren, daß diese Informationen in vielen einzelnen Neuronen und ihren Fasern kodifiziert sind, also in einer ungeheuren Vielzahl gleichzeitiger Speicherungen von Code-Molekülen, diffus über die ganze Großhirnrinde verteilt, also nicht streng lokalisiert. Und nur, weil die Speicherung auf diese Weise erfolgt, ist überhaupt Kreativität möglich. Wieso?
Durch diese vervielfachte Anordnung ergeben sich unter den entstehenden Informationsmustern sogenannte Resonanzen („Mitschwingungen") und Interferenzen („Schwingungswechselwirkungen"). Und diese können von Zeit zu Zeit aus sich heraus völlig neue Sinninhalte, das heißt ein neues, originales Informationsmuster und damit eine schöpferische Idee erzeugen. Ein sehr schwer zu beschreibender informationstheoretischer Vorgang, der eigentlich nur durch Vergleiche, durch Analogien veranschaulicht werden kann." ...
„Ähnlich wie ein solches Hologramm scheint auch unser Gedächtnis ein Wellenmuster aller gespeicherten Wahrnehmungen zu sein, das jederzeit auf Abruf entschlüsselt werden kann. Und genauso, wie man auf einer Fotoplatte sogar mehrere Hologramme übereinanderlagern und die Bilder daraus unabhängig voneinander reproduzieren kann, mag auch das Gedächtnis Eindruck auf Eindruck speichern und dabei selbst zu einem verkleinerten multidimensionalen Modell seiner Umwelt werden." ...
„Nur weil die Speicherung auf diese holographische Weise erfolgt, ist wie gesagt Kreativität möglich: Aus dem Zusammenspiel der vielen fast gleichen, aber doch immer ein bißchen verschiedenen übereinandergelagerten Speicherbilder entsteht der schöpferische Vorgang, der sich immer wieder in eigenen Varianten ausdrückt. Kreativität, Intuition, Einfälle haben somit keinen bestimmten Sitz im Gehirn, sie entstehen vielmehr aus dem Wechselspiel der Vielfachspeicherung der äußeren und inneren Wahrnehmungen, ja sie *sind* dieses Wechselspiel." ...
„Je mehr Eindrücke wir speichern, desto eher melden sich Gedankenverbindungen und desto größer ist die Chance, aus deren Wechselspiel heraus neue Ideen zu bilden."

Literatur

[11] *Poincaré, H.:* Wissenschaft und Methode, Leipzig, 1914; bzw. Science and Method, Dover Publ., 1952, (auch in [3] ist ein wichtiger Abschnitt abgedruckt).

[12] *Klykow, J., Pospelow, D.* und *Puschkin, V.:* Beschreibungsgrenzen des produktiven Denkens, Ideen des exakten Wissens (Zeitschrift), 12, 1971.

[13] *v. Cube, F.:* Was ist Kybernetik? dtv, München, 1970.

[14] *v. Cube, F.:* Kybernetische Grundlagen des Lernens und Lehrens, Klett, Stuttgart, 1971.

[15] *Vester, F.:* Denken, Lernen, Vergessen. DVA, Stuttgart, 1975.

4. Analyse eines kreativen Findungsprozesses

Unter den wenigen Veröffentlichungen von Mathematikern über eigene Findungsprozesse gibt es eine, welche aus einer ganzen Reihe von Gründen fasziniert. Sie weist deutlich in Richtung auf eine günstige Konstellation für die Beobachtung von Problemlösungsprozessen. Sie gibt Einblick in die Vorgehensweise von namhaften Mathematikern. Der bewiesene Satz ist — inzwischen verschiedentlich etwas anders bewiesen und verallgemeinert — auch für die heutige mathematische Forschung noch interessant und läßt sich trotzdem für jeden zugänglich und einfach — da praktisch voraussetzungslos — formulieren. Ich meine den Bericht von van der Waerden darüber, „wie der Beweis der Vermutung von Baudet gefunden wurde".

Wir lassen uns zuerst einmal von van der Waerden über die besonderen Umstände und Konstellationen für die Ingangsetzung und Beobachtung des Findungsprozesses berichten:

„*Artin, Schreier* und ich gingen im Jahr 1926 öfter im Curiohaus in Hamburg essen und unterhielten uns dabei über mathematische und andere Fragen. Einmal erzählte ich ihnen über eine Vermutung des früh verstorbenen holländischen Mathematikers *Baudet.* Sie lautete:

> Teilt man die Gesamtheit der natürlichen Zahlen 1, 2, 3 ... in zwei Klassen ein, so enthält mindestens eine dieser Klassen eine arthmetische Progression von l Gliedern, wobei l eine beliebig große, vorgegebene Zahl ist.

Nach dem Essen gingen wir in *Artins* Zimmer im damaligen Mathematischen Institut an der Rothenbaumchaussee und überlegten uns gemeinsam vor der Wandtafel an Hand von kleinen Kreidezeichnungen, wie man wohl die Vermutung beweisen könnte. Wir stellten allerlei Überlegungen an und hatten ein paar Einfälle, die der Überlegung eine neue Richtung gaben und schließlich zur Lösung führten.

Die Psychologie des Findens in der Mathematik ist eine schwierige Sache. Die meisten Mathematiker publizieren nur ihre Endergebnisse mit möglichst kurzen Beweisen, aber sie verraten uns nicht, wie sie darauf gekommen sind. Auch erinnern sie sich nachträglich nicht an alles, was ihnen durch den Kopf gegangen ist. Es fällt uns schwer, die eigenen vorbereitenden Überlegungen so wiederzugeben, daß auch andere sie verstehen. Die kurzen Andeutungen, in denen man mit sich selbst spricht, lassen sich ohne Präzisierung und Erläuterung nicht mitteilen, und durch die Präzisierung werden die Gedanken geändert.

Im Fall unseres Gesprächs über die Vermutung von *Baudet* liegen aber die Bedingungen für die Wiedergabe viel günstiger. Denn alle Gedanken, die sich bei uns bildeten, wurden sofort ausgesprochen und durch Zeichnungen an der Tafel verdeutlicht. Wir veranschaulichten die Zahlen 1, 2, 3, ... der beiden Klassen durch äquidistante Kreidestriche auf zwei parallelen Geraden. Was ausgesprochen und gezeichnet wird, kann man viel besser festhalten und reproduzieren als bloße Gedanken. Also ein idealer Fall, um den Prozeß des Findens zu analysieren ...“

Wir heben durch die nachfolgende Gliederung wesentliche Schritte des Findungsprozesses hervor und erläutern diese ausführlich.

(a)

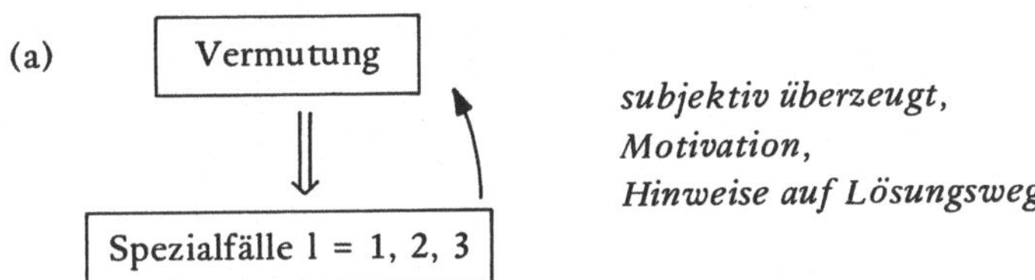

Die Spezialfälle l = 1, 2, 3 hatte van der Waerden schon vor der Zusammenkunft mit Artin und Schreier durchdacht. Da er nur kurz darüber berichtet, können wir nur vermuten, wie sein Vorgehen ausgesehen hat. Vielleicht so:

Der Fall l = 1 ist trivial, ebenso der Fall l = 2, denn wenn man die Zahlen 1, 2, 3 auf 2 Klassen verteilt, so gehören mindestens 2 zur selben Klasse und bilden dort eine 2-elementige arithmetische Progression.

Interessanter ist der Fall l = 3. Man kann dann nach dem folgenden Verfahren systematisch vorgehen. Man versucht dabei eine Zerlegung von $\mathbb{N}$ in zwei Klassen unter Vermeidung einer arithmetischen Progression der Länge l = 3 herzustellen. Man sortiert soweit unter der gegebenen Bedingung möglich, und mit der Zahl 1 anfangend, die natürlichen Zahlen in die erste Klasse und notiert sich durch „*“ die Stellen, wo man auch anders verfahren könnte. O.B.d.A. soll die Zahl 1 in der ersten Klasse liegen. Im ersten Anlauf erhält man

1. Klasse	1	2		4	5			8
2. Klasse		*	3	*	*	6	7	8

Die Zahl 8 ist nicht mehr unterzubringen: Sortiert man sie in die erste Klasse, so erhält man die Progression 2 — 5 — 8, sortiert man sie in die zweite Klasse, so erhält man die Progression 6 — 7 — 8.

Wir nehmen deshalb einen zweiten Anlauf und sortieren an der am weitesten rechts liegenden Ausweichstation anders (d.h. 5 in die 2. Klasse)

1. Klasse	1	2		4			7
2. Klasse		*	3	*	5	6	7

Jetzt ist schon die 7 nicht mehr unterzubringen. Also unternehmen wir weitere Versuche.

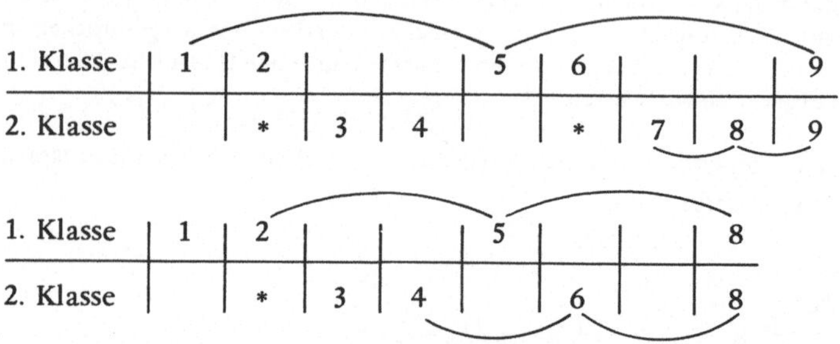

(bei beliebiger Eintragung der 7)

Man setzt entsprechend fort und stellt fest: Spätestens die Zahl 9 ist nicht mehr unterzubringen.

Anders ausgedrückt: Verteilt man die natürlichen Zahlen 1, 2, ..., 9 auf 2 Klassen, so enthält mindestens eine dieser Klassen eine arithmetische Progression der Länge $l = 3$.

Für das Verständnis der weiteren Schritte aus dem Bericht von van Waerden ist die folgende Bemerkung besonders wichtig:

Es gibt kürzere und „anschaulichere" Darstellungen der Verteilung von natürlichen Zahlen auf die beiden Klassen.

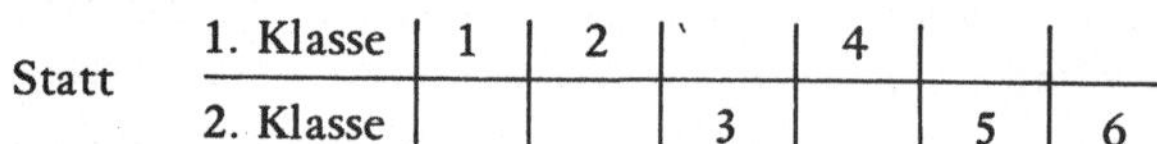

könnte man benutzen

(α)   1   1   0   1   0   0   (= Zahl im Zweiersystem)

oder

(β) 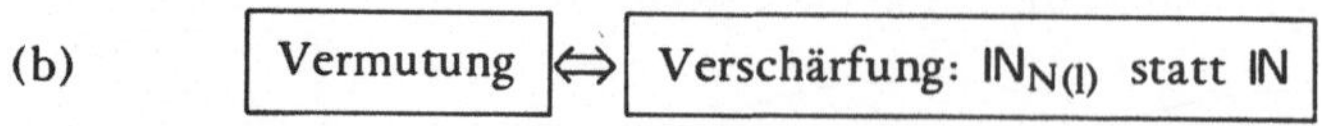   (= Strichmuster)

und sich dadurch der Strukturierung und Superzeichenbildung aus den angesprochenen beiden Bereichen bedienen.

(b)   Vermutung $\Longleftrightarrow$ Verschärfung: $\mathbb{N}_{N(l)}$ statt $\mathbb{N}$

Eine ganz wichtige Station bei Problemlösungsprozesses ist die Schaffung einer „Umgebung" von Zusammenhängen um die Vermutung. Van der Waerden berichtet:

„Schreier stellte nun die Frage, ob die Vermutung von *Baudet* ganz allgemein (wie in den Fällen $1 = 2$ und $1 = 3$) sich dahin verschärfen ließe, daß immer nur ein endlicher Abschnitt der Zahlenreihe in Betracht gezogen werden muß, mit anderen Worten, ob es eine Schranke $N = N(1)$ gibt, so daß bereits bei der Einteilung der Zahlen von 1 bis N in zwei Klassen eine von diesen Klassen eine l-gliedrige Progression enthält. Die Frage war nicht schwer zu beantworten. Wenn die Vermutung von *Baudet* überhaupt richtig ist, so überlegten wir uns, dann gibt es auch ein solches N. Eine bekannte mengentheoretische Schlußweise, das „Diagonalverfahren", führt zu diesem Ergebnis."

Verdeutlichen wir uns, weshalb wir hierbei von einer Verschärfung sprechen. Die Vermutung von Baudet bringen wir in die „Wenn-dann-Form", damit Voraussetzung und Behauptung hervortreten:

Wenn: $\mathbb{N}$ in zwei Klassen erlegt und
           l eine natürliche Zahl   (V)

dann: es gibt in einer der beiden Klassen
           eine l-gliedrige arithmetische Progression.   (B)

Formulieren wir die Verschärfung entsprechend aus, so erhalten wir

Wenn: $\mathbb{N}$ in 2 Klassen zerlegt und
           $1 \in \mathbb{N}$ (V)

dann: es gibt in einer der beiden Klassen
           eine l-gliedrige arithmetrische Progression   (B)
           und
           es gibt $N(1) \in \mathbb{N}$
           (von der speziellen Zerlegung unabhängig),
           so daß alle Glieder dieser Progression   (Z)
           in $\mathbb{N}_{N(1)} = \{1, 2, 3, \ldots N(1)\}$ liegen.

Hat unsere Vermutung die Form
      Voraussetzung (V) $\Rightarrow$ Behauptung (B),

so hat die Verschärfung die Struktur
      Vor. (V) $\Rightarrow$ (Beh. (B) und Zusatz (Z))

Offensichtlich folgt aus dieser Verschärfung die Vermutung von Baudet. Den Beweis für die Umkehrung bringt van der Waerden in seinem Bericht ausführlich. Er kann dort nachgelesen werden.

Wir wollen festhalten, daß Vermutung und Verschärfung äquivalent und damit austauschbar sind. Welchen Vorteil kann es jedoch haben, die Verschärfung und damit mehr zu beweisen? Der Bericht von van der Waerden enthält dazu folgende

Hinweise:

„Auf Grund dieser Bemerkung von *Schreier* versuchten wir nun, die Existenz einer Schranke N = N (l) zu beweisen. Da die Fälle l = 2 und l = 3 schon erledigt waren, konnten wir versuchen, einen Schluß von l − 1 auf l durchzuführen. *Artin* bemerkte dazu, daß die finite Verschärfung für die vollständige Induktion nur von Vorteil sein kann. Wenn man für l − 1 die Existenz einer Schranke N (l − 1) voraussetzen kann, so hat man mehr Möglichkeiten, für l etwas zu beweisen."

(c)

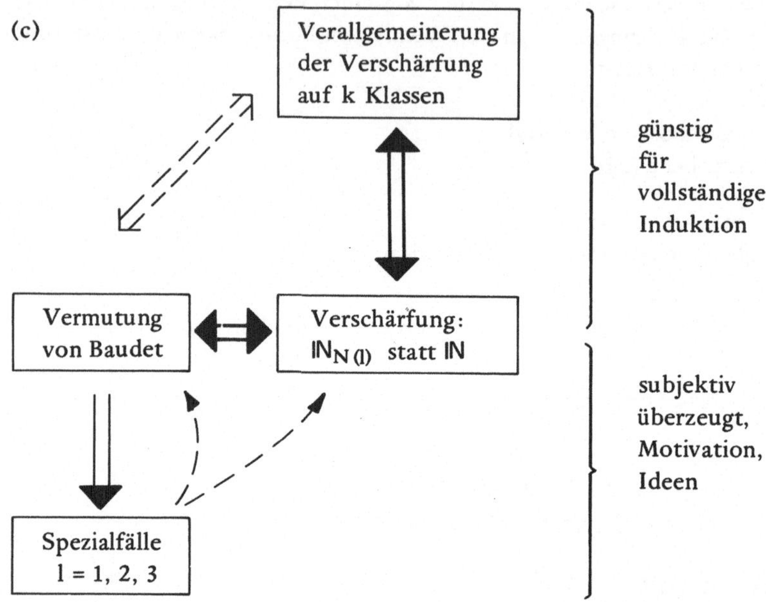

Die 3 Teilnehmer am Findungsprozeß vollenden schließlich die oben skizzierte „Umgebung" um die Vermutung von Baudet durch folgende Überlegung. Wir folgen wieder dem Bericht von van der Waerden:

„*Artin* machte sodann die Bemerkung, daß die Vermutung, wenn sie für zwei Klassen allgemein richtig ist, auch für k Klassen gelten muß. Es sei zum Beispiel k = 4. Dann kann man die Klassen zunächst zu zwei und zwei zusammennehmen. So erhält man eine gröbere Einteilung in nur zwei Klassen. In einer dieser beiden muß eine arithmetische Progression von N(l) Gliedern liegen. Die Glieder dieser Progression kann man von 1 bis N(l) numerieren. Diese Nummern erscheinen nun wieder in zwei Klassen der feineren Klasseneinteilung eingeteilt, und nach dem Satz, den wir für zwei Klassen als richtig angenommen haben, muß in einer dieser Klassen eine Progression von l Gliedern liegen.

So kommt man von zwei auf vier Klassen, genau so von vier auf acht Klassen usw. Die Klassenzahl kann also beliebig groß sein."

Lassen wir uns nun noch ein plausibles Argument dafür geben, die weitaus mehr verlangende Verallgemeinerung der Verschärfung an die Stelle der viel einfacheren Vermutung von Baudet zu setzen. Der Leser beachte, daß hier viel Erfahrung und Gespür für Beweise durch vollständige Induktion eingehen:

„*Artin* erwartete — und der Erfolg hat ihm recht gegeben —, daß die Verallgemeinerungen von zwei auf k Klassen für die Induktion von Vorteil sein würde. Man kann nämlich, so meinte er, nun versuchen, die Vermutung für ein beliebiges k und für die Länge l zu beweisen, unter der Induktionsvoraussetzung, daß sie für *alle* k und für die Länge l − 1 schon bewiesen sei."

(d) Der für den von van der Waerden berichteten Findungsprozeß des Beweises der Vermutung von Baudet wichtigste kreative Schritt bestand aus Superzeichenbildung, also der Zusammenfassung von mehreren Einzelinformationen zu einem Ganzen. Wir erläutern dies ausführlich:

Nehmen wir an, wir hätten die ersten 10 Zahlen in der folgenden Weise auf 2 Klassen verteilt:

1. Klasse	1	2		4		6	7			10
2. Klasse			3		5			8	9	

Wie wir schon wissen, könnten wir diese Verteilung auch so angeben:

$$1 \quad 1 \quad 0 \quad 1 \quad 0 \quad 1 \quad 1 \quad 0 \quad 0 \quad 1$$

oder so:

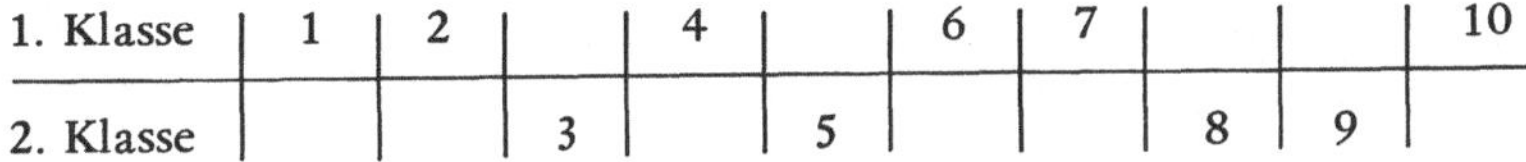

Durch unsere Verteilung sind schließlich die nachstehenden Folgen von „dreielementigen" Mustern festgelegt, und umgekehrt:

(α) 1 1 0 1 0 1   0 1 0 1 0 1 0 1 1 1 1 0 1 0 0 0 0 1

(β)

Es gibt genau 8 dieser dreielementigen Muster. Ihnen ordnen wir die Zahlen 0, 1, 2, ..., 7 zu:

000	bzw.		wird zugeordnet	0
100	bzw.		wird zugeordnet	1
010	bzw.		wird zugeordnet	2
001	bzw.		wird zugeordnet	3
011	bzw.		wird zugeordnet	4
101	bzw.		wird zugeordnet	5
110	bzw.		wird zugeordnet	6
111	bzw.		wird zugeordnet	7

Unsere eingangs angegebene Verteilung kann also auf diese Weise verschlüsselt geschrieben werden als

6 5 2 5 4 6 1 3

oder als

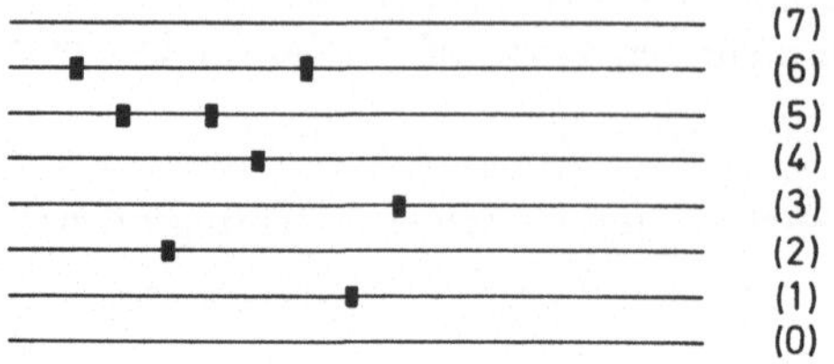

	(7)
	(6)
	(5)
	(4)
	(3)
	(2)
	(1)
	(0)

Wir können nun gut verstehen, was van der Waerden direkt im Anschluß an das letzte, in (c) wiedergegebene Zitat schreibt:

„Diese zunächst etwas unbestimmte Überlegung wurde im weiteren Verlauf der Diskussion, in der Hauptsache durch *Artin*, folgendermaßen verschärft. Es soll etwa die Vermutung für zwei Klassen und für Progressionen der Länge l bewiesen werden. Sind alle ganzen Zahlen in zwei Klassen eingeteilt, so sind zum Beispiel die Tripel aufeinanderfolgender Zahlen automatisch in acht Klassen eingeteilt, denn die drei Zahlen des Tripels können unabhängig voneinander in Klasse 1 und 2 liegen, und das gibt $2^3 = 8$ Möglichkeiten. Man kann nun diese Zahlentripel durchnumerieren, etwa indem man jeweils die Anfangszahl des Tripels als Nummer nimmt, so daß Tripel Nummer n aus den Zahlen n, n + 1 und n + 2 besteht. Die Nummern scheinen dann in acht Klassen eingeteilt, und auf diese acht Klassen kann man unbedenklich die Induktionsvoraussetzung anwenden.

Dasselbe gilt, wenn man „Blöcke" von mehr als drei aufeinanderfolgenden Zahlen betrachtet. Nach der Induktionsvoraussetzung gibt es unter genügend vielen aufeinanderfolgenden Blöcken eine (l − 1)-gliedrige arithmetische Progression von Blöcken. Das „Muster" der Verteilung der Zahlen auf die Klassen, das wir in einem dieser Blöcke vorfinden, wiederholt sich genau so in allen l − 1 Blöcken der Progression. Vielleicht, so meinte *Artin*, geben diese sich wiederholenden Muster uns die Mittel zur Konstruktion einer l-gliedrigen Folge. Außerdem enthalten die Blöcke selbst, wenn sie genügend lang sind, (l − 1)-gliedrige arithmetische Progressionen von Zahlen einer Klasse. Auch diese können zur Konstruktion benutzt werden."

(e) Die bisher dargestellten Überlegungen des Teams *Artin/Schreier/*van der *Waerden* zielen ganz deutlich auf einen Induktionsbeweis hin. Der Induktionsanfang ist offensichtlich gegeben (l = 1!). Zu finden ist der Beweis für den Induktionsschritt:

> Aus der Gültigkeit der Vermutung für „l − 1 und alle k" ist zu schließen die Gültigkeit für „l und alle k".

Ganz deutlich richtet sich das weitere Vorgehen des Teams nach heuristischen Strategien, welche ganz typisch für die Arbeitsweise von Mathematikern sind. (Eine ausführliche Darstellung und sehr viel Beispielmaterial findet man bei Pólya). Es wird zuerst versucht, einen Spezialfall zu beweisen, um aus diesem speziellen Beweis Anregungen und vielleicht sogar die Beweisstruktur für den allgemeinen Beweis zu erhalten. Der zuerst betrachtete Spezialfall ist:

> Aus der Gültigkeit der Vermutung für „l = 2 und alle k" ist zu schließen die Gültigkeit für „l = 3 und k = 2".

Nehmen wir nun an, wir hätten eine Zerlegung von IN in 2 Klassen vorgegeben. Das Team stellt noch die Überlegung bereit:

„Unter je drei aufeinanderfolgenden Zahlen muß es nach der Induktionsvoraussetzung, das heißt in diesem Fall nach dem Schubfachprinzip, zwei geben, die derselben Klasse angehören, etwa der ersten. Setzen wir nun die arithmetische Progression, die mit diesen beiden Strichen anfängt, fort, so können wir annehmen, daß der dritte Strich nicht mehr der ersten Klasse angehört (sonst wären wir ja schon fertig), sondern der zweiten. Somit ergibt sich das Bild der Figur 1.“

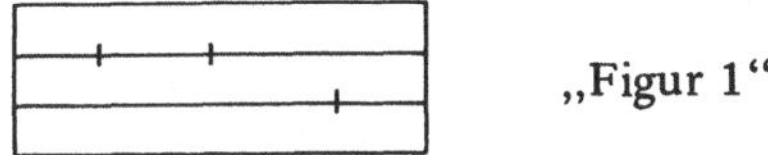

„Figur 1“

Geben wir einige Beispiele. Der Leser beachte, daß das Muster aus Figur 1 nicht aus der Verteilung von direkt aufeinanderfolgenden Zahlen entstehen muß (Beispiel α).

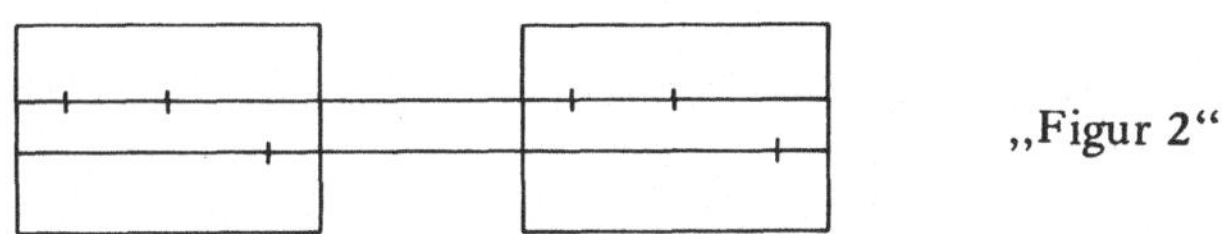

Van der Waerden überlegt nun weiter:

„In jedem Block von fünf aufeinanderfolgenden Zahlen muß ein Muster von der Art der Figur 1 vorkommen, denn unter den ersten drei Zahlen des Blockes muß es schon zwei geben, die derselben Klasse angehören, und diese zweigliedrige Progression kann dann innerhalb des Blockes zu einer dreigliedrigen Progression fortgesetzt werden.
Solche Muster wiederholen sich. Denn die Blöcke von fünf Zahlen sind ja in $2^5 = 32$ Klassen eingeteilt, und unter 33 aufeinanderfolgenden Blöcken [1] muß es nach dem Schubfachprinzip mindestens zwei gleiche geben. So ergibt sich das Bild der Figur 2, wobei der waagerechte Abstand zwischen dem Anfang des ersten und des zweiten Blockes höchstens 32 beträgt.“

„Figur 2“

Um ganz deutlich werden zu lassen, was hier unter „Muster“ und „Block“ gemeint ist, geben wir ein Beispiel. In der nachfolgenden „Figur 3“ von van der Waerden ist nur berücksichtigt was in den kleinen Kreisen enthalten ist.

---

1) „ Aufeinanderfolgend“ soll heißen: jeweils um Eins verschoben.

(δ)

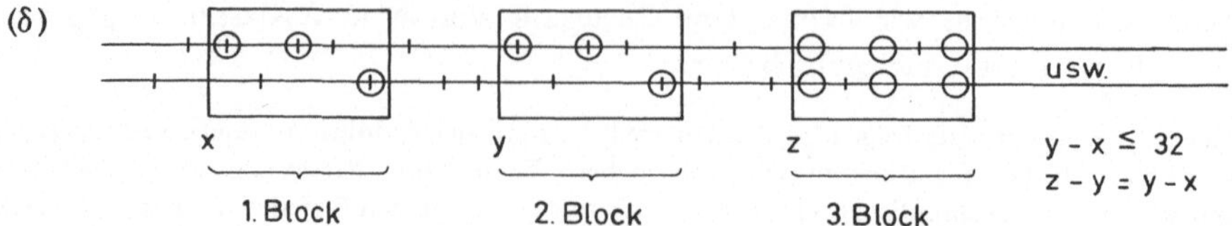

Rückschauend auf die Situation, in der ihm der Einfall zum Beweis kam, schreibt van der Waerden:

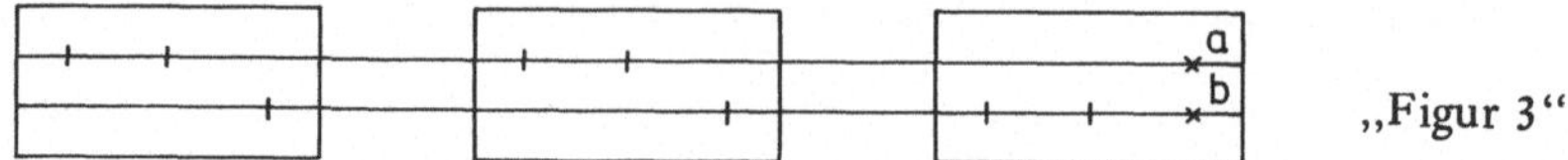

„Figur 3"

Die Figur 2 zeigt immer noch keine dreigliedrige Progression in einer Klasse. Wie könnte man sie erhalten? Wir schauten die Striche auf der Tafel einige Zeit schweigend an. Auf einmal hatte ich einen Einfall, begleitet von dem sicheren Gefühl: Das ist die Lösung. Ich verschob den zweiten Block der Fig. 2 noch einmal um dieselbe Strecke und erhielt so die Figur 3, in der die dritte Zahl des dritten Blockes in eine Zwangslage gerät, ähnlich wie die Zahl 9 in der früheren Überlegung in eine Zwangslage geraten war.

Der Einfall lag eigentlich ganz nahe. Die einzige Zahl in Fig. 3, die sowohl mit zwei Zahlen aa der ersten Klasse als mit zwei Zahlen bb der zweiten Klasse je eine arithmetische Progression aaa oder bbb bildet, ist die dort angekreuzte dritte Zahl des dritten Blockes."

„Dieser Beweis galt zunächst nur für den bereits früher erledigten Fall $k = 2$, $l = 3$. Trotzdem hatte ich, als ich ihn vorbrachte, das sichere Gefühl, nun den allgemeinen Beweis in Händen zu haben."

(f) Der Leser sollte bei van der Waerden nachlesen, wie man auf ähnliche Weise Beweise für die Fälle $l = 3$, $k = 3$ und $l = 4$, $k = 2$ findet und wie daraus schließlich der (allgemeine) Beweis für den Induktionsschritt entsteht.

Der Leser sollte vielleicht auch ein wenig in der unten angegebenen Literatur nachspüren, wie der dargestellte Beweis Ausgangspunkt wurde für Beweisverbesserungen (einfacher, bessere Abschätzungen für $N(l)$) und für Verallgemeinerungen (z.B. auf mehrdimensionale Punktgitter).

Literatur

[16]   *v. d. Waerden, B. L.:* Wie der Beweis der Vermutung von Baudet gefunden wurde, Abhandl. Math. Sem. Hamburg, 1965.

[17]   *v. d. Waerden, B. L.:* Einfall und Überlegung. Birkhäuser, Basel/Stuttgart.

[18]   *Chintschin, A. T.:* Drei Perlen der Zahlentheorie, Akademie-Verlag, Berlin, 1951.

[19]   *Rado, R.:* Verallgemeinerung eines Satzes von van der Waerden mit Anwendungen auf ein Problem der Zahlentheorie, Sitzungsberichte d. Preuß. Akad. d. Wiss., 1933.

[20]   *Witt, E.:* Ein kombinatorischer Satz der Elementargeometrie, Math. Nachr. 6 (1951/52).

[21]   *Polya, G.:* Mathematik und plausibles Schließen, Birkhäuser, Basel, 1962, 2 Bände.

[22]   *Polya, G.:* Vom Lösen mathematischer Aufgaben, Birkhäuser, Basel, 1966, 2 Bände.

[23]   *Polya, G.:* Schule des Denkens, Sammlung Dalp, Band 36, 1949.

5. Bericht über eigene systematische Beobachtungen von Problemlöseprozessen

An der Fakultät für Mathematik der Universität Bielefeld stehen Fernsehkameras und Videorekorder zur Verfügung. Es lag deshalb nahe, geeignete Problemlöseprozesse aufzuzeichnen und sie damit einer beliebig wiederholbaren Beobachtung zugänglich zu machen.

Es mußte uns daran gelegen sein, möglichst viele und wesentliche akustische und optische Signale zu erhalten, also Sprechen über die jeweiligen Einfälle und Skizzieren der jeweiligen Vorstellungen. Wir wurden deshalb dazu gedrängt, jeweils zwei Testpersonen zusammen den Problemlöseprozeß bzw. den Versuch einer Lösung durchlaufen zu lassen. Die Testpersonen brauchen dann nur noch ganz natürlich und ohne Hintergedanken zu agieren. Sie vergessen auch wirklich bald ihre Ausnahmesituation, sprechen wie sonst auch mit dem Partner und erläutern durch Skizzen und Schreiben an der Tafel. Bewußtes Sprechen über die eigenen Einfälle, wie dies bei der Beobachtung von einzelnen Testpersonen von diesen verlangt werden muß, hätte den Prozeß in unzulässiger Weise gehemmt und verfälscht.

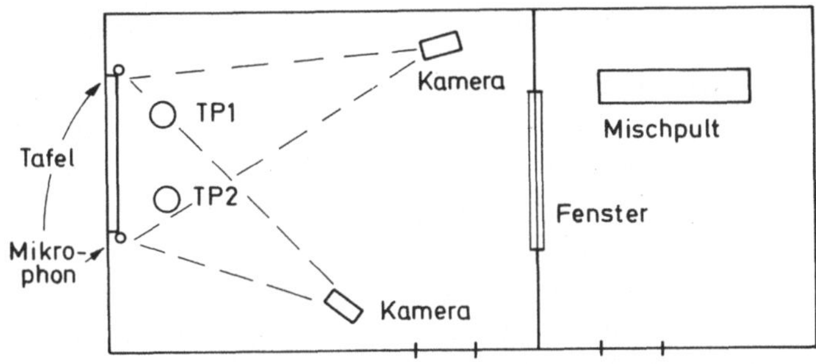

(Aufnahmeraum mit Testpersonen TP 1/2)

Das Aufzeichnen mit Hilfe unserer Fernsehkameras hat unsere Testpersonen zu unserer freudigen Überraschung praktisch nicht gestört, zumal wir sie im Aufnahmeraum sich selbst überließen und die Kameras an einem Mischpult aus dem Nebenraum schalteten und dort auch Rekorder usw. stehen hatten.

Um eine gute Zusammenarbeit und insbesondere einen effektiven Dialog zu gewährleisten, mußten bei den Testpersonen gleiche Voraussetzungen gewährleistet sein. Außerdem sollten Testpartner schon vorher zusammengearbeitet haben, und es durften durch die Paarbildung nicht bei einem Partner hemmende psychische Spannungen ausgelöst werden.

Wir konnten Testpersonen aus den folgenden Gruppen werben. Partnerbildung geschah dann selbstverständlich innerhalb dieser Gruppen.

(a)　Schüler von Gymnasien im Alter von ca. 13 Jahren

(b)　Schüler von Gymnasien im Alter von ca. 18 Jahren

(c)　Studenten der Universität aus den Anfangssemestern Mathematik

(d) Studenten der Universität aus ihren letzten Semestern Mathematik

(e) Studenten von der pädagogischen Hochschule Bielefeld

(f) Studenten von der Fachhochschule Bielefeld

(g) an der Universität Bielefeld tätige, fertige Mathematiker (Assistenten, wissenschaftliche Mitarbeiter, Professoren)

Ganz besonders dankbar waren wir dafür, daß sich auch einige Mathematikprofessoren als Testpersonen zur Verfügung stellten. Zum einen wollten wir sehen, wie sich in der Forschung erfolgreiche Mathematiker im Vergleich zu unseren anderen Testpersonen verhielten. Zum anderen können wir dadurch das vielleicht auch beim Leser unterschwellig vorhandene Vorurteil ausräumen. daß Mathematikprofessoren diejenigen Mathematiker sind, welche keine Fehler machen. Nun, auch in den Lösungsprozessen von Mathematikprofessoren waren Fehler enthalten, wurden Fehlversuche gemacht. Wir formulieren hier diesen Sachverhalt so deutlich, weil wir dem Leser, der Mathematik unterrichten wird, helfen wollen, sich selbst gegenüber ehrlich zu sein und dadurch in seiner Klasse die für kreative Prozesse notwendige Atomsphäre zu erzeugen. Erinnern wir uns an den Bericht von Hallmann: „Fassaden, durch die man sich selbst und seine Interessen abschirmt, behindern die oft riskanten Unternehmungen, welche kreative Prozesse charakterisieren".

Es gibt viele Probleme, deren Lösung einfach aussieht, wenn man sie kennt. Der Lehrer kann auch in diesem Zusammenhang viel Unheil bei seinen Schülern anrichten. Geben wir deshalb noch eine zweite Beobachtung wieder, welche wir auch an in der Forschung erfolgreichen und fertigen Mathematikern gemacht haben: Sogar von diesen werden öfter einfach erscheinende Probleme nicht im ersten Anlauf gelöst.

Solche Beobachtungen, aber auch Erfahrungen an mir selbst und an Schülern und Studenten im normalen Lehr- und Lernbetrieb, veranlassen mich zu den folgenden pointierten Formulierungen: Fehler sind notwendige Bestandteile von kreativen Prozessen, Fehlversuche müssen durchlaufen werden, um mit ihrer Hilfe dann eine Lösung zu gewinnen. Durch Fehler und Fehlversuche wird das Feld der Möglichkeiten abgetastet und dann das Material für den Lösungsprozeß aussortiert bzw. ergänzt. Es braucht Zeit, bis die nutzlosen der sich im ersten Moment dominant anbietenden Assoziationen verdrängt sind, und besonders viel Zeit, wenn am Anfang ausschließlich nutzlose Assoziationen dominieren, wenn der Lösungsprozeß also besonders viel an (relativer) Kreativität erfordert.

Der Leser sollte sich klar machen, daß bei in hohem Maße kreativen Personen das von ihnen dann ins Auge gefaßte Feld von Möglichkeiten sehr umfangreich ist. Wer ein solches Feld nicht produziert, hat weder die Chance, Fehler zu machen, noch die Chance, eine Lösung zu finden, wenn dafür Routine nicht ausreicht.

Kehren wir wieder zu den vorbereitenden Überlegungen für unsere Beobachtungsreihen zurück: Eine große Schwierigkeit bestand darin, geeignete Probleme zu finden. Diese sollten Testpersonen aus möglichst vielen der Gruppen (a)–(g) gestellt werden können und bei allen diesen Testpersonen die Aussicht auf kreative Elemente im jeweiligen Lösungsprozeß bieten. Wir suchten also schon in der Formulierung praktisch voraussetzungslose Probleme mit einem breiten Spektrum an Lösungsmöglichkeiten, die wir dann auch älteren Mathematikstudenten und fertigen Mathematikern stellen konnten. Jedoch mußte vermieden werden, aus dem Bereich der Mathematik in den Bereich der Denksportaufgaben hinüber zu wechseln.

Eine zweite große Schwierigkeit besteht in dem Zeitaufwand für unsere Beobachtungen. Die Auswertung wurde zusammen mit engagierten Studenten aus einem Seminar über „heuristische Prozesse in der Mathematik" durchgeführt, das ich in zwei aufeinanderfolgenden Semestern im Jahre 1974 veranstaltet habe. Der Zeitaufwand wurde freiwillig in Kauf genommen und konnte nicht aus den Mitteln eines Forschungsprojektes honoriert werden. Der Leser sollte sich vor Augen halten, daß wir für unsere Fernsehaufzeichnungen in der Regel zwischen 30 Minuten und 1,5 Stunden brauchten und daß für eine ergiebige Beobachtung des jeweiligen Prozesses dann das Zwei- bis Dreifache dieser Zeiten angesetzt werden muß.

Wir haben bisher nur für eines der von uns verwendeten Probleme einen abgerundeten Erfahrungsbereich gewonnen. Ich werde dieses Problem, von uns aus mehrerlei Gründen „Schokoladenaufgabe" genannt, vorstellen und eine Reihe von eingeschlagenen bzw. angefangenen Lösungswegen und die Beobachtungen über die Lösungsprozesse skizzieren. Hingewiesen sei vorab auf eine weitere Schwierigkeit bei Untersuchungen unserer Art. Wirklich kreative Prozesse brauchen meist viel mehr Zeit, als für unsere Fernsehaufzeichnungen zur Verfügung stand. Fortschritte zeigen sich häufig sprunghaft nach im Verhältnis zur Dauer der Anfangsaktivität relativ langer Zeit scheinbarer Ruhe. Ich kann deshalb hier vor allem über die Phase der Präparation und die Phase der Inkubation berichten, während die Inspiration und die Phase der Verifikation, zusammen mit den Versuchen von Verallgemeinerung und Verbesserung, häufig fehlten. Damit bei allen dargestellten Lösungsansätzen jedoch schließlich die Lösung sichtbar und durchsichtig wird, habe ich diese Teile von mir aus nachempfunden und ergänzt.

(1) Das Problem „Schokoladenaufgabe"

Die von uns für alle Testpersonen gebrauchte Formulierung ist:
Zur Vorbereitung eines Kindergeburtstages müssen Schokoladentafeln von $8 \cdot 4 = 32$ Einzelstücken (längs der Einkerbungen) in diese Einzelstücke zerbrochen werden.

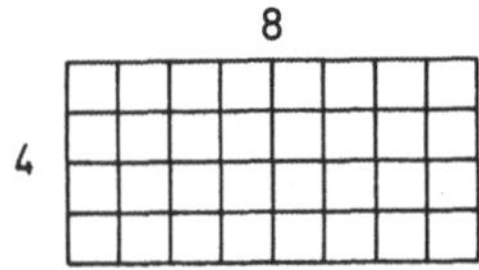

Die von der Mutter mit der Arbeit beauftragten Kinder geraten in Diskussion darüber, wie dieser Auftrag besonders günstig, d.h. mit möglichst wenigen Brechungen ausgeführt werden kann.

Gesucht ist also die Minimalzahl von (Einfach-)Brechungen (Nicht erlaubt ist es, zwei oder mehrere Teile der Tafel übereinander oder nebeneinander zu legen und dann gleichzeitig zu brechen).

(2) Die Standardlösung

Am Anfang stand bei allen Testpaaren mit diesem Ansatz eine probierende und induktive Phase. Die Testpersonen aus den Gruppen (c) und vor allem (g) kamen durch systematisches Vorgehen sehr schnell auf eine Gesetzmäßigkeit. Bei den anderen Gruppen, auch bei der Gruppe (a) der Schüler von ca. 13 Jahren, waren schon an dieser Stelle deutliche Unterschiede zwischen einzelnen Testpaaren festzustellen. So wurde zum Teil nur herumprobiert, und dann gab es sogar noch Vorstellungs- und Zusammenzählfehler, wenn es darum ging, die Zahl der Brechungen zu bestimmen.

Systematisches Brechen vermeidet solche Fehler. Es wurde unter anderem benutzt:

(α) Fortlaufendes Halbieren führt zu

$$1 + 2 + 4 + 8 + 16 = 31 \quad \text{Brechungen.}$$

(β) Zerbrechen in Querriegel (siehe Skizze) führt zu

$$3 + 4 \cdot 7 = 31 \quad \text{Brechungen.}$$

(γ) Zerbrechen in die in der anderen Richtung liegenden Riegel führt zu

$$7 + 3 \cdot 8 = 31 \quad \text{Brechungen.}$$

Bei keinem unserer Testpaare wurde der Fortgang des Lösungsprozesses dadurch beeinträchtigt, daß wir in der Aufgabenstellung von einer Minimalzahl gesprochen hatten, während die Zahl der Brechungen doch offensichtlich gleich groß blieb.

Hatten unsere Testpaare diesen Sachverhalt festgestellt, so überzeugten sie sich noch einmal durch das Durchspielen eines weiteren Brechungsvorgangs. Nur ganz wenige Testpaare konnten sich nicht von der vorgegebenen Tafelgröße lösen. Alle anderen versuchten sofort (vor allem aus den Gruppen g und c) oder später, Gesetzmäßigkeiten an kleineren Tafeln zu finden. Ein Testpaar aus älteren Schülern blieb an Tafeln aus 2^n Stücken hängen und wollte dann auch vollständige Induktion über das n aus diesem 2^n durchführen (was natürlich nicht funktionieren kann).

Wir haben hier ein ganz wesentliches Moment im Lösungsprozeß angesprochen: Das zu lösende Problem wird in eine ganze Klasse von ähnlichen Problemen eingebettet. Die Lösung des Problems erfolgt dann dadurch, daß man eine Gesetzmäßigkeit für die ganze Klasse beweist. Dies ist z.B. dann einfacher als die Lösung des einzelnen Problems, wenn man, wie in unserem Fall, vollständige Induktion verwenden kann.

Von fast allen unseren Testpaaren wird schließlich (mehr oder weniger exakt) formuliert:

Für Tafeln mit n Stücken braucht man $n - 1$ Brechungen. Dies gilt für alle $n \in \mathbb{N}$.

Dabei wurden, zumindest beim Durchprobieren, aber auch für diese Formulierung, von einigen Testpaaren Tafeln zugelassen, die keine Rechteckform haben.

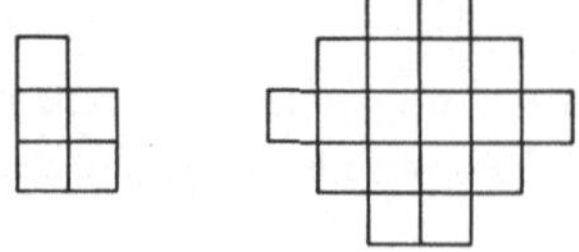

Unterstufenschüler waren jetzt mit ihrer Weisheit am Ende, da sie keine vollständige Induktion kannten und in der Kürze der Zeit nicht nacherfinden konnten.

Oberstufenschüler sprachen zwar in der Regel von vollständiger Induktion, schafften den Beweis aber dennoch nicht. Bei dem größten Teil dieser Testpersonen bestanden nur unklare Vorstellungen über dieses Beweisverfahren. Bestenfalls konnten sie sich an den Beweis von Gleichungen der Art $1 + 2 + 3 \ldots n = \frac{1}{2} \cdot n \cdot (n + 1)$ erinnern.

War jedoch die logische Struktur der in der Regel benutzten Fassung des Satzes über die vollständige Induktion genauer bekannt, und hatten die Testpersonen schon größere Übung mit diesem Beweisverfahren, so tat sich ein neues Hindernis auf:

Zerbricht man nämlich eine Tafel aus n + 1 Einzelstücken in zwei Teile, so besteht im Regelfall keiner dieser Teile aus n Einzelstücken, wie die für die unmittelbare Anwendung der Induktionsannahme nötig wäre.

Man kann dann auf die folgende, etwa allgemeinere Fassung der vollständigen Induktion umdenken:

Gilt für die Aussageform $A(n)$ über $\mathbb{N}$

$$\text{(I)} \quad A(1) \quad \text{und} \quad \text{(II)} \quad \bigwedge_{n \in \mathbb{N}} [(\bigwedge_{k \leq n} A(k)) \Rightarrow A(n + 1)],$$

dann gilt auch $\bigwedge_{n \in \mathbb{N}} A(n)$

Nur die Testpaare aus der Gruppe der älteren Studenten (erst nach längerer Überlegungszeit) und natürlich die Testpaare aus der letzten Gruppe g (sofort, da Routine) kamen innerhalb unserer Beobachtungszeit auf diese Weise zur Lösung unseres Problems. Bei allen anderen Testpaaren war offensichtlich vollständige Induktion mit allen ihren Aspekten nicht unter dem sofort verfügbaren mathematischen Handwerkszeug. Unter den Mathematikanfängern aus dem Bereich der Universität gab es jedoch einige Testpaare, bei denen es nur ein Frage der (kurzen) Zeit schien, bis sie ebenfalls diese Lösung hatten.

Zur Vervollständigung des Bildes möchte ich für den Leser von mir aus einen Beweis mit der speziellen Fassung der vollständigen Induktion ergänzen. Dieser ist von unseren Testgruppen zwar nicht gebracht worden, hätte aber nach längerer Inkubationszeit, vielleicht — nach einem guten Schlaf — am nächsten Tag, gefunden werden können. Der Induktionsschritt sieht dabei so aus:

Man betrachtet neben der gegebenen Tafel aus n + 1 Einzelstücken eine um ein Einzelstück kleinere Tafel, die man aus der vorgegebenen dadurch erhält, daß man ein erstes oder letztes Stück aus einer äußeren Reihe wegläßt (siehe Skizze). Dann denkt man sich zu jeder Zerbrechungsfolge für die größere Tafel die analoge Zerbrechungsfolge für die kleinere Tafel vorgenommen. Diese hat jedoch genau eine Brechung weniger, nämlich diejenige, die bei der größeren Tafel das Stück wegbricht, welches bei der kleineren Tafel fehlt. Für die kleinere Tafel sind nach Induktionsannahme n − 1 Brechungen nötig, für die große Tafel also n Brechungen.

(3) Ein Graph als Darstellung der Brechungsfolge

Der Leser wird nach dem Anfangsteil meines Berichtes mit Recht fragen, wo denn bei den von uns beobachteten Problemlöseprozessen kreative Elemente anzutreffen waren. Über Beobachtungen in dieser Richtung will ich nun berichten.

Eines unserer Testpaare aus Oberstufenschülern blieb während der ganzen Zeit, in der sie von unseren Kameras aufgenommen wurden, an der folgenden Veranschaulichung des unter 2, α angegebenen systematischen Brechungsvorgangs „dauerndes Halbieren" hängen. Aus Platzgründen zeichnen wir diesen „Brechungsgraphen" für eine Tafel aus nur 8 Einzelstücken.

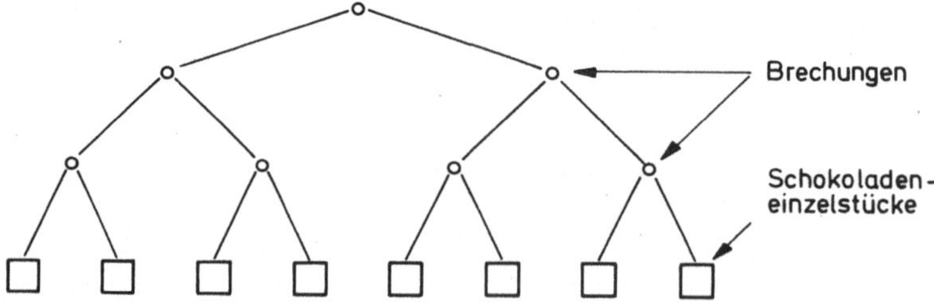

Wir geben damit den Übergang in einen Darstellungsbereich an, der prinzipiell vertraut ist, auch wenn die daraus benutzten Superzeichen — hier also dieser Brechungsgraph — von dem Testpaar neu geschaffen werden mußten. Aber gerade dies ist ja ein Zeichen von Kreativität.

Unser Testpaar war natürlich dann auch in der Lage, andere Brechungsvorgänge in dieser Weise darzustellen. Wir reduzieren wieder auf eine Tafel mit 8 Einzelstücken, während unser Testpaar stets nur mit der vorgegebenen Tafel aus 32 Einzelstücken arbeitete und deshalb zuweilen die Übersicht verlor.

Damit der Leser leichter den Zusammenhang herstellen kann, sind links die ersten 5 Brechungen angegeben.

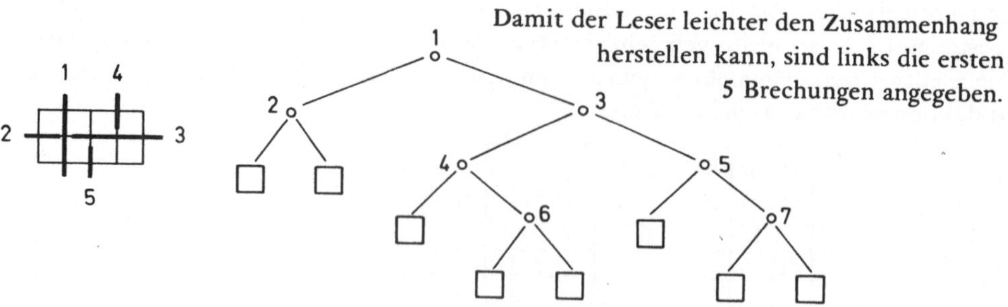

Unser Testpaar war nahe am exakten Beweis mit der immer wieder geäußerten Vermutung, daß man jeden solchen unsymmetrischen Brechungsgraphen zu dem (vorher skizzierten) symmetrischen Brechungsgraphen „umbauen" kann, vermochte es aber nicht, die Vermutung zu beweisen.

Damit der Leser die Zusammenhänge voll und ganz durchschaut, werde ich wieder von mir aus ergänzen.

Man kann an diesem Darstellungsgraphen sehr schön, da sehr anschaulich, die Induktionsschritte aus (2) illustrieren bzw. durchführen.

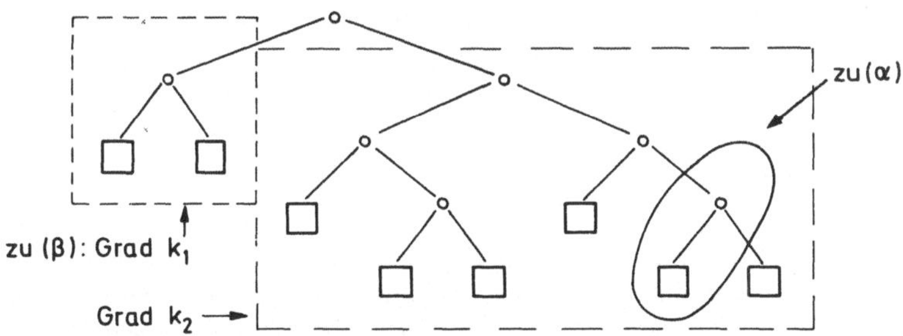

(α) mit der speziellen Fassung der vollständigen Induktion:

Man denkt sich aus dem vorgegebenen Graphen vom Grad $n + 1$ (= Zahl der Einzelstücke) das umringte Paar aus einer Brechung und einem Einzelstück weggenommen und bekommt dann einen Brechungsgraphen vom Grad n, der nach Induktionsannahme $(n - 1)$ Knoten (= Brechungen) enthält. Der Leser vergleiche den von mir ergänzten Beweis am Ende von (2).

(β) Mit der allgemeineren Fassung der vollständigen Induktion:

Man zerlegt den Graphen vom Grade $n + 1$ in einen Knoten und 2 Brechungsgraphen vom Grade k_1 bzw. k_2 mit $n + 1 = k_1 + k_2$ (siehe die gestrichelten Rechtecke in unserer Skizze). Dann hat man in diesen beiden Brechungsgraphen $k_1 - 1$ bzw. $k_2 - 1$ Knoten, insgesamt also im Ausgangsgraphen $k_1 - 1 + k_2 - 1 + 1 = k_1 + k_2 - 1 = n$.

Ergänzt sei hier von mir aus auch noch eine Beweismöglichkeit mit Hilfe des Eulerschen Polyedersatzes.

Es bezeichne n die Zahl der Schokoladenstückchen, in unserem Brechungsgraphen also die Zahl der kästchenförmig gezeichneten Endknoten. Außerdem bezeichne b die Zahl der Brechungen, also die Zahl der in unserem Brechungsgraphen rund gezeichneten inneren Knoten. Von n Knoten gehen dann jeweils 1 Kante, von $(b - 1)$ Knoten jeweils 3 Kanten und von 1 Knoten zwei Kanten aus. Insgesamt gilt also für unseren Graphen:

Kantenzahl　$k = \frac{1}{2} (n + 3 (b - 1) + 2)$

Knotenzahl　$e = n + b$

Flächenzahl　$f = 1$

Da unser Graph eben und zusammenhängend ist, gilt für ihn der Eulersche Polyedersatz, also

$$e + f = k + 2 \ .$$

Damit erhält man

$$n + b + 1 = \tfrac{1}{2}\,(n + 3b - 1) + 2 \ ,$$

woraus man

$$b = n - 1$$

gewinnt.

(4) Der stimulierende Spezialfall

Der aufmerksame Leser erinnert sich sicher an das in (I) wiedergegebene Zitat von Guilford, daß bei kreativen Menschen relativ früh in der Gesamtfolge der Begebenheiten irgend eine Art von System auftritt, sei es ein Thema, eine Fabel, ein Motiv oder ein andersartiger skizzenhafter Umriß, der dann Rückgrat, Skelett oder Gerüst der kommenden Hauptproduktion wird. Bei den von uns beobachteten Prozessen trat immer wieder der Sonderfall in den Vordergrund,

daß die Schokoladetafel nur aus einer Reihe von Einzelstücken besteht. Dann ist das Problem offensichtlich gelöst und analog der Feststellung, daß es zwischen n Zaunpfählen bei linearer Anordnung genau $n - 1$ Zaunfelder gibt. Interessant war, daß dieser Spezialfall motivierend und (subjektiv) überzeugend im Hinblick auf die vermutete Gesetzmäßigkeit wirkte und daß unbewußt versucht wurde, unser allgemeines Problem mit diesem Spezialfall zu identifizieren, während der Sachverstand und die Logik unüberbrückbar scheinende Hürden für dieses Unternehmen aufbauten. Es war deshalb nicht verwunderlich, daß in der Beobachtungszeit der Gedanke an eine Gleichwertigkeit von speziellem und allgemeinem Fall nicht Platz greifen konnte und deshalb eine Begründung für diese Gleichwertigkeit auch gar nicht in Angriff genommen wurde. Ich werde wieder von mir aus ergänzen, wie es hätte weitergehen können. Dem Leser sei mitgeteilt, daß mir die folgende Skizze für die Darstellung dieses Zusammenhanges erst beim Schreiben dieser Zeilen, also etwa ein ganzes Jahr nach den Beobachtungen, einfiel. Zur Vereinfachung gehen wir von einer Tafel aus 6 Einzelstücken aus.

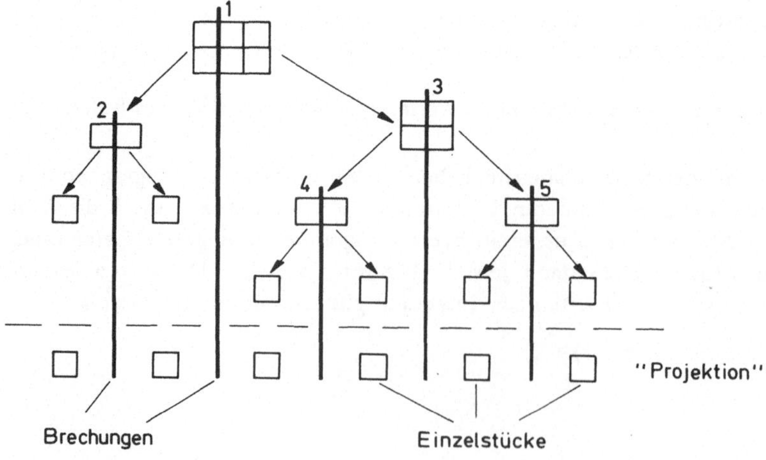

Man sieht deutlich, daß es zu jedem Brechungsvorgang an einer vorgegebenen Normaltafel aus 6 Einzelstücken einen „homomorphen" Brechungsvorgang an einem Riegel aus 6 Einzelstücken gibt, daß beide Brechungsvorgänge gleichviel Einzelbrechungen enthalten und daß das Verfahren auf Tafeln beliebiger Größe anwendbar ist.

(5) Vereinfachung durch Abstraktion

Als wir einem unserer Mathematikprofessoren unsere Schokoladeaufgabe stellten, hatte er gleich eine Lösung parat, da er den Typ von Problemen kannte. Ich werde diese eleganteste und kürzeste Lösung entwickeln und gleichzeitig auch von anderen Lösungsideen berichten, die wir bei Gesprächen innerhalb der Seminarveranstaltungen und bei der Auswertung der Beobachtungen durchdachten.

Die Lösung eines konkreten Problems mit Hilfe von Mathematik benutzt im Idealfall den folgenden Weg:

Man geht vom konkreten Sachverhalt zu einem passenden mathematischen Modell über, löst das (zugeordnete mathematische) Problem in diesem Modell und kehrt dann wieder zum konkreten Sachverhalt zurück (und ist davon überzeugt, daß man dann auch das von dort stammende konkrete Problem gelöst hat).

Umwelt	Mathematik
konkretes Problem, eingebettet in konkrete Gegebenheiten $\longrightarrow$	mathematisches Problem im mathematischen Modell $\downarrow$
konkretes Problem ist gelöst $\longleftarrow$	Lösung des mathematischen Problems im mathematischen Modell

Wir geben nun mehrere mathematische Modelle an, welche für die Lösung unserer Schokoladeaufgabe verwendet werden können:

(a) 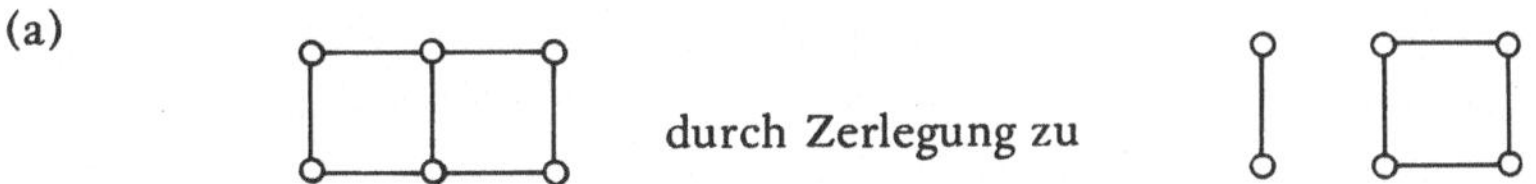 durch Zerlegung zu

Eine Schokoladetafel wird im mathematischen Modell „Graphentheorie" zu einem zusammenhängenden Graphen. Eine Brechung wird zu einer Zerlegung dieses Graphen in zwei zusammenhängende Teilgraphen durch Weglassen von Kanten.

(b) 

Eine Schokoladetafel wird im mathematischen Modell „euklidische Ebene" zu einem konvexen Gebiet (= offene, zusammenhängende Teilmenge.) Ist g eine Gerade, für die $g \cap T \neq \phi$ gilt, so erhält man in

$T - g = \{x|x \in T, x \notin g\}$ zwei voneinander isolierte konvexe Gebiete.

(c)

       $\{1, 2, 3, 4, 5, 6\}$ durch Zerlegung zu $\{1, 2\}, \{3, 4, 5, 6\}$

In dem dritten mathematischen Modell ist dann die schon angekündigte eleganteste und kürzeste Lösung unseres Problems beheimatet.

Aus der Schokoladentafel mit n Einzelstücken wird jetzt einfach eine Menge aus n Elementen, und aus der Brechung wird einfach eine Zerlegung dieser Menge in zwei Teilmengen. Wir vernachlässigen hier somit gewisse Eigenschaften des Zusammenhangs (Nachbarschaft usw.).

Hat man begriffen, daß man mit *einer* Menge anfängt, daß *bei jeder Zerlegung eine Menge mehr* dazukommt und daß man auf diese Weise schließlich n einelementige Mengen erhält, so besitzt man die Lösung. Diese kann dann noch (wenn man ganz mathematisch exakt sein will) mit Hilfe der vollständigen Induktion gefaßt werden. Wir werden darauf verzichten und statt dessen einige in unserem Zusammenhang wichtigere Überlegungen anschließen:

Gerade an dieser eleganten Lösung wird für den Didaktiker ein Mangel solcher mathematischen Modellierungen sichtbar. Das Handlungsmuster

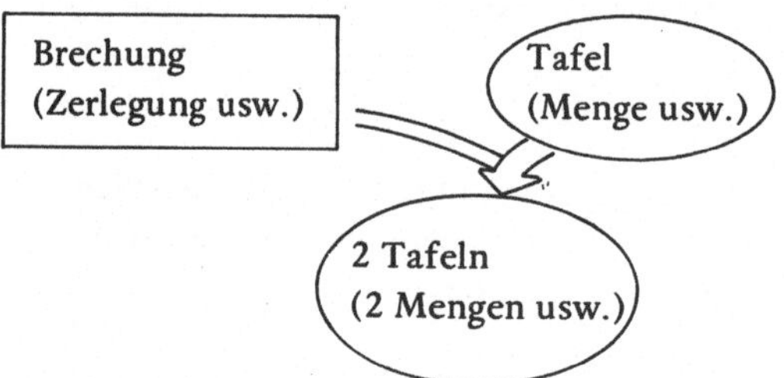

das für diese Lösung vom konkreten Tun beim Brechen von Schokoladetafeln (ebenfalls) abgehoben werden muß, tritt nicht sofort ins Auge (könnte jedoch aus dem Beweis durch vollständige Induktion herausinterpretiert werden).

Solche Handlungsmuster, also „dynamische Muster", sind in mathematischen Modellen nicht unmittelbar formulierbar. Diese Modelle beschreiben unmittelbar nur statische Muster, also Strukturen. Für den Lehrer ist ein solcher Hinweis besonders wichtig, weil Denkprozesse sehr viele solcher dynamischer Muster enthalten. Die Mathematik ist, auch bei Berücksichtigung aller erreichten enormen Leistungen, in diesem Sinne eine arme Sprache.

(6) Bewertung und Verallgemeinerung

Kein mathematischer Problemlöseprozeß kann (subjektiv) ganz abgeschlossen werden, da immer wieder die Möglichkeit einer Verbesserung und Ausweitung besteht, wenn man später unter anderen Gesichtspunkten sich mit einem ähnlichen Problemkreis beschäftigt. Dies ist aber nicht vorhersehbar.

Jedoch sollte man sich ganz bewußt die Frage stellen, ob die verwendeten Methoden und Verfahren nicht weiter reichen als nur zur Lösung des Ausgangsproblems (siehe z. B. Pólya). Ich werde für den Leser solche Überlegungen ergänzen:

In der Lösung (c) haben wir weitgehend von der Art des Zusammenhängens der einzelnen Schokoladestückchen abstrahiert. Es steht dort auch nichts mehr über eine Rechteckform. Jedoch sind, genauso wie bei (a), n ganz bestimmte Elemente vorgegeben. Wir können uns deshalb z. B. von der ebenen Anordnung unserer Einzelstückchen lösen, auch ist nicht die Anordnung auf irgendeiner Fläche notwendig. Unsere Überlegungen bleiben deshalb auch richtig, wenn wir einen Quader aus Einzelstückchen mit vorgegebenen Markierungen für Schnitte voraussetzen.

(b) könnte man so ausbauen, daß auch dieser Fall erfaßt wird. Man geht dazu in den euklidischen Raum. Dafür ist ein komplizierteres Begriffssystem als bei (a) und (c) nötig. Jedoch hat der Ansatz (b) auch Vorteile. Man weiß: ganz gleich, wie ich eine Tafel (ohne vorgegebene Einkerbungen und damit Einzelstücke) breche, bei k Brechungen erhalte ich $k + 1$ einzelne Teile. Soll ich also irgendwie in n Teile zerlegen, so benötige ich $n - 1$ Brechungen.

(7) Weitere Beobachtungen und Bemerkungen

Eine der Testpersonen aus dem Bereich (g) der fertigen Mathematiker verfolgte den Standardlösungsweg und war zur Erkenntnis gekommen, daß wohl jede Tafel aus 32 Stücken mit genau 31 Brechungen zerlegt werden kann. Da fiel der Satz: „Es gibt gar keine Minimalzahl". Dieser Satz ist jedoch nur im umgangssprachlichen Sinne richtig — dort sind solche Bildungen wie „leere Menge" und „Menge aus einem Element" unsinnig. Der Satz ist jedoch falsch, wenn man die mathematische Definition von Minimalzahl zugrunde legt. Was folgt daraus? Doch: Auch in der Forschung erfolgreiche Mathematiker denken in ihren Problemlöseprozessen nicht ausschließlich exakt, d. h. innerhalb des mathematischen Begriffssystems.

Der Abstraktionsprozeß zu dem in (5) beschriebenen und skizzierten Handlungsmuster wurde während unseres Beobachtungszeitraums von keiner unserer Testpersonen vollzogen. Der schon erwähnte Mathematikprofessor kannte den Typ von Aufgaben. Die anderen fertigen Mathematiker blieben genauso in konkreter gefaßten Situation wie alle übrigen Testpersonen. Am nächsten kam der Abstraktion noch eine Gruppe von 13—14jährigen Schülern, die jedoch nicht über die Sprech- und Denkroutine verfügte, welche zum Nutzbarmachen ihrer Assoziationen nötig war. Der zukünftige Lehrer sollte einige Überlegungen anknüpfen: Wird nicht der Schüler vielfach überfordert, wenn der Lehrer zu einer vorgegebenen Aufgabe nur die ihm sehr einfach erscheinende Lösung im Auge hat, die er durch seine Routine oder aus der Literatur erhält? Steht nicht vielmehr sehr oft die Einfachheit der Lösung im umgekehrten Verhältnis zum Schwierigkeitsgrad des Abstraktionsprozesses, der zu dieser Lösung führt?

6. Eine erste Modellierung von kreativen Problemlösungsprozessen

Vorangestellt seien einige Bemerkungen und Andeutungen über wissenschaftstheoretische Vorstellungen und Zusammenhänge, die unseren weiteren Überlegungen zugrunde liegen. Der Leser kann sich außerdem in der am Ende dieses Abschnitts aufgeführten Literatur informieren.

Ein ganz wesentliches Moment unseres menschlichen Erkenntnisprozesses besteht darin, daß wir in unserer Umwelt, aber auch im geistigen Bereich, gewisse, sehr oft regelmäßig wiederkehrende Muster (des Handelns, Verhaltens, Sortierens usw.) durch Symbole (Zeichen, Wörter, Gesten usw.) belegen. Wir fassen diese Symbole, mit deren Hilfe wir uns dann gegebenenfalls verständigen, zusammen und geben dieser Zusammenfassung einschließlich der gegenseitigen Beziehungen und Abhängigkeiten und der Regeln für den Gebrauch der Symbole die Benennung Modell bzw. Sprache. Sprache in diesem Sinne umfaßt insbesondere unsere mathematischen Zeichen im weitesten Sinne, aber z. B. auch unsere (symbolischen) Zeichnungen, wie wir sie zur Verdeutlichung in (5) verwendet haben.

Denken wir daran, daß wir uns mit Hilfe der Sprachen verständigen und daß dies nur deshalb gelingt, weil sich bei den am Verständigungsprozeß beteiligten Personen bei allen vielleicht im ersten Moment ins Auge fallenden Unterschieden doch, global betrachtet, ein in den wesentlichen Zügen einheitliches Weltbild aufweisen läßt. Die Sprachen der einzelnen Wissenschaften ergeben sich in der Regel aus dem Bestreben, bestimmte Ausschnitte von Wirklichkeit mit besonderer Zielsetzung zu modellieren. Wir können somit formulieren: Eine Wissenschaftssprache ist das konkrete Ergebnis einer Konsensbildung über Modellierung von Umwelt.

Für die Mathematik ist dies jedoch nur zum Teil gültig. Die Mathematik leistet zwar auch sehr viel für Modellierung und Bewältigung von Umwelt, und sie tut in vielen anderen Wissenschaften mit großem Erfolg ihren Dienst. Jedoch entwickelt die Mathematik darüber hinaus ein für diese Zwecke vielfach, und nicht nur im ersten Moment, nutzlos erscheinendes Eigenleben, das ebenfalls (mathematische) Zeichen und Wörter hervorbringt. Wir werden trotzdem die Mathematik ebenfalls als Sprache verstehen und uns ihre Besonderheiten deutlich machen.

Umgangssprache kann man sich als eine Art Überdeckung der uns bekannten Wirklichkeit durch mehr oder weniger dichte Netze vorstellen. Diese hängen mehr oder weniger lose aneinander und überlappen sich zum Teil unzusammenhängend, wie Teppiche in einem Wohnzimmer. Die Mathematik ist ein nach strengen Regeln geknüpftes Netz. Es wird zum Teil zur Überdeckung von Wirklichkeit benutzt, wie z.B. in der Physik (wir sprechen dann von mathematischen Modellen). Andere Teile stehen zum Gebrauch für solche Überdeckungen bereit. Bereit stehen aber auch Regeln zur schnellen Produktion solcher Netze, falls sie als mathematische Modelle gebraucht werden. Die in gewisser Weise simple Konstruktion, aber auch die Maschengröße machen sie jedoch für gewisse Modellierungen schlecht verwendbar.

Zwar sind Regeln für das Knüpfen „mathematischer Netze" festgelegt. Es besteht jedoch — ganz gleich, ob man diese zur Modellierung benutzt oder nicht — eine enorme Möglichkeit der Variation in der Zuordnung der einzelnen Knoten zueinander, also in Strukturierungen lokaler Art. Hier hat die Kreativität einen entscheidenden Spielraum. Sie holt sich Anregungen aus anderen Bereichen, so wie der Maler sich Anregungen aus der Natur und aus seiner profanen Umwelt holt und diese dann in ein Bild hineinarbeitet, nicht als getreues Abbild, sondern verändert und der neuen Umgebung angepaßt, jedoch in von ihm ausgewählten wesentlichen Zügen ähnlich.

Unser Hauptaugenmerk gilt Mustern — solcher Art und auch anderen — in den von uns beobachteten Lösungsprozessen, der durch das Herauspräparieren dieser Muster vollzogenen Superzeichenbildungen und damit Vereinfachungen, die schließlich Voraussetzung und Elemente der Lösung darstellen.

Innerhalb der einzelnen Lösungsprozesse werden (mathematische) Modelle verwendet (siehe 5). Im Moment versuchen wir, eine erste Modellierung von kreativen Lösungsprozessen zu geben, in gewissem Sinne also eine Art von „Meta-Modellierungen". Wenn wir den Begriff „Modell" gebrauchen, so kann dies somit auf verschiedenen Ebenen geschehen. Der Leser sollte sich dadurch nicht verwirren lassen.

Nicht verwirren lassen sollte sich der Leser auch durch die folgende Bemerkung: Wir modellieren in gewisser Hinsicht idealisierte, da linearisierte Prozesse. In der Regel gibt es im Ablauf kreativer Prozesse nicht das strenge Hintereinander, wie wir es für unsere Modellierung voraussetzen. Es gibt vielfach Schleifen, d.h. gewisse Stufen werden angegangen, und dann kehrt man wieder zu einer vorhergehenden, gegebenenfalls sogar zur Ausgangsstufe zurück.

Und vor allem: es gibt Erkenntnisexplosionen, die gleichzeitig in verschiedenen Richtungen Fortschritte bringen.

Der Leser sollte sich durch den Kopf gehen lassen, weshalb wir trotz unseres Wissens um die Kompliziertheit der Vorgänge linearisieren, also vereinfachen. Zum einen befinden wir uns selbst in einem Problemlösungsprozeß (mit dem Problem, Problemlösungsprozesse zu modellieren). Zum anderen ist uns ein Linearisierungszwang auf ganz natürliche Weise vorgegeben: wollen wir mitteilen, sprechen, schreiben, so müssen wir unsere Gedanken in ein zeitliches Hintereinander bringen. Nur durch Kunstgriffe (Zeichnungen usw.) läßt sich („räumliche") Komplexität darstellen.

Geben wir nun nach diesen vorbereitenden Überlegungen eine erste Modellierung von kreativen Problemlöseprozessen.

(a) Die Startsituation

Unserer hypothetischen Testperson wird das Problem in einer bestimmten sprachlichen Fassung gestellt. Setzen wir voraus, daß diese Testperson motiviert ist und sofort mit dem Problemlöseprozeß beginnt. Sie hat dann in Abhängigkeit vom Problem und der gewählten sprachlichen Fassung eine gewisse Menge von Assoziationen, deren Auswahl auch noch davon beeinflußt sein wird, welches Wissen und Können sie im Moment vorrätig hat, was insgesamt bei ihr schon Routine ist und womit sie sich in der letzten Zeit beschäftigt hat.

Die Testperson baut sich daraus um das Problem herum einen „Supergraphen" aus Kenntnissen, Lösungsmustern, Sätzen, Begriffen, Vorstellungen und gegenseitigen Beziehungen und Abhängigkeiten. Wir haben in 4, c in einem entsprechenden Zusammen-

hang den Begriff „Umgebung" benutzt. Der Leser berücksichtige, daß wir dort nur auf-
führen konnten, was van der Waerden berichtet hat. Und van der Waerden hat nur das
berichtet, was schließlich in die Lösung einging. Sehr oft besteht jedoch der erste um ein
Problem herum gebaute Supergraph aus unbrauchbaren Routineassozationen und enthält
kaum kreative, und damit für einen kreativen Prozeß unentbehrliche, Elemente.

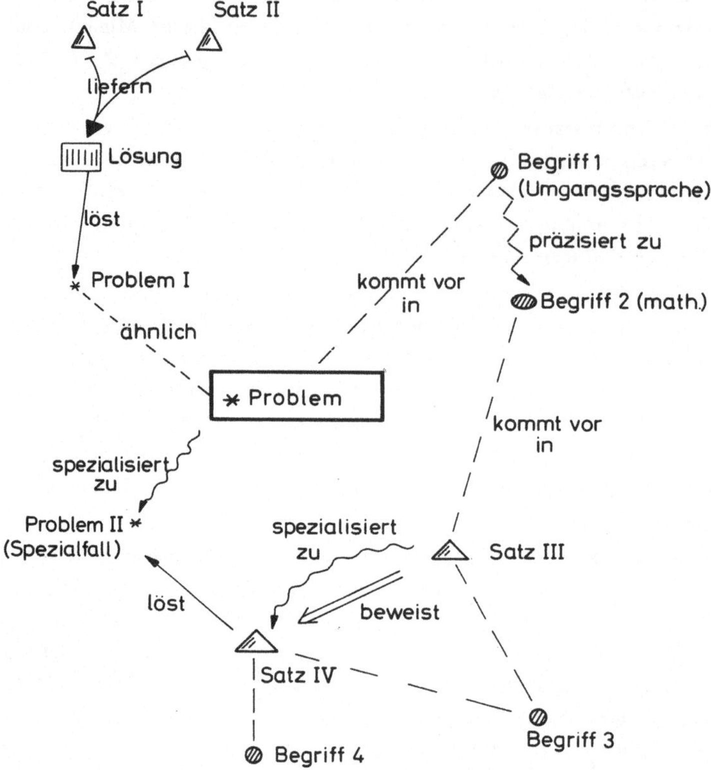

Kurz berichtet sei noch, wie man auf die Bezeichnung „Supergraph" kommen kann:
Wir haben eingangs dieses Abschnittes die Veranschaulichung „Netz" in Zusammenhang
mit „Modell" und „Sprache" gebraucht. Für den Mathematiker liegt dann nahe, eine An-
leihe in der mathematischen Disziplin „Graphentheorie" zu machen. Ein Graph besteht
aus Knoten und Knoten verbindende (gerichtete) Kanten. Die Verhältnisse, die unsere
Supergraphen modellieren, sind jedoch viel komplizierter. Es sind dazu verschiedene
Sorten von Knoten (Begriffe, Sätze, Problem) und zwischen diesen die verschiedensten
Sorten von Beziehungen nötig. Der Begriff „Supergraph" kann also als Verallgemeinerung
von „Graph" aufgefaßt und vorgestellt werden.

(b) Superzeichenbildung zur Vereinfachung

Unser Problem soll so gewählt sein, daß es Kreativität herausfordert. Und die Testperson
soll so gewählt sein, daß sie ein reiches Repertoire zum angesprochenen Problemkreis
beherrscht. Der erste, unter den Startbedingungen gebildete Supergraph wird somit

umfangreich und damit unübersichtlich sein. Die Testperson wird dann diesen Supergraphen durch Bildung von Zwischenbegriffen oder durch Veranschaulichung, also durch Superzeichenbildung, strukturieren und vereinfachen, eine erste Gelegenheit, kreative Elemente ins Spiel zu bringen. Bei schwierigeren Problemen wird es aber trotzdem nicht gelingen, ein Lösungsmuster im Supergraphen aufzuweisen, d.h. einen Weg bzw. eine Konstellation im Supergraphen, die eine Lösung des Problems darstellt.

(c) Der pulsierende Supergraph

Unsere Testperson wird jetzt versuchen, den Supergraphen umzustrukturieren, um aufgrund anderer Konstellationen zu einem Lösungsmuster zu kommen (siehe 3 (d)). Sollte ihr auch auf diese Weise keine Lösung des Problems gelingen, so wird sie den Supergraphen weiter umbauen. Ungeeignete Routineelemente werden beiseite getan. An ihre Stelle treten Assoziationen zu entfernter liegenden Dingen (Kenntnissen, Mustern usw.). Diese können auch erst erarbeitet werden (durch das Probieren an einer Spezialisierung des Problems, durch das Durchspielen von konkreten Beispielen usw.). Unser erster Supergraph wird also abgemagert und dann wieder aufgefüllt.

Das Spiel kann sich wiederholen: Zuerst kommt eine Strukturierung durch Superzeichen (in die eine starke Komponente von Kreativität eingehen kann), dann kommt das Suchen nach einem Lösungsmuster. Schließlich wird der Supergraph abgemagert und dann wieder angereichert (mit in der Regeln immer stärkeren kreativen Elementen, je öfter sich der Vorgang wiederholt). Insgesamt pulsiert also unser Supergraph.

(d) Ergänzende Feststellungen

Der weitere Ablauf unseres Lösungsprozesses ist bekannt: Nach dem Finden eines (vermeintlichen) Lösungsmusters kommt schließlich die Phase der Verifikation, die sich ganz im Bewußtsein abspielt. Einige Bemerkungen sind jedoch noch angebracht:

Es wird sehr oft erst einmal ein Teilproblem, ein Spezialfall bzw. ein ähnliches Problem gelöst. Erst danach wird das eigentliche Problem angegangen. Der von uns beschriebene Vorgang wird dann mehrfach durchlaufen. Sehr oft tritt auch der Fall auf, daß beim Niederschreiben der Lösung der Supergraph erneut angereichert wird und diese Anreicherung dann Anlaß zu besseren, eleganteren oder verallgemeinerungsfähigen Lösungen gibt.

Literatur

[24] *Leinfellner, W.:* Einführung in die Erkenntnis- und Wissenschaftstheorie, BI, 1967.
[25] *Whorf, B. L.:* Sprache, Denken, Wirklichkeit, rororo, 1963.

Motivationen im mathematischen Unterricht: Das Beispiel Lineare Algebra

Detlef Laugwitz

1. Grundsätzliches

1.1. Fachspezifische Motivationsprobleme in der Mathematik

Jeder kennt die Karikatur vom Mathematikprofessor, der im Unterricht und in den Publikationen seine numerierten Sätze hinstellt, wahre Kunstwerke, und ausgefeilte, polierte Beweise anschließt. Warum die Sätze interessieren und wie er auf ihre Aussagen gekommen ist, verschweigt er. Und welche handwerkliche Kleinarbeit, welche Umwege, Irrtümer und Schnitzer nötig waren, um den Beweis in der endgültigen Form hinschreiben zu können, erfährt man nicht. Alle Spuren werden sorgfältig verwischt, alles wird als Deduktion vorgestellt, das Finden, die Induktion, bleibt Geheimnis des Geweihten.

Das ist eine Karikatur. Aber daß die Wahrheit ihr oft bedenklich nahe kommt, ist nicht zu leugnen. Wer zu Füßen eines solchen Lehrers sitzt, ist eigentlich ein Autodidakt. Sein „Lehrer" führt ihm etwas vor, aber er lehrt ihn nicht, mathematisch zu arbeiten.

Als Lehrender in unserem Fach wird man — auf jeder Schul- oder Hochschulstufe — immer wieder folgendes von den Lernenden gefragt werden:

(1) Warum ist dieser Satz, dieser Themenkreis, dieses Teilgebiet der Mathematik überhaupt interessant?

(2) Warum führt man diesen Beweis gerade so, wie ist man darauf gekommen? Ist das hier ein spezieller Trick, oder ist er allgemeiner verwendbar? Warum benutzt man bei diesem Problem gerade dieses Verfahren, diese Methode?

Eine Antwort zu (1) sollte enthalten: Motivieren des Stoffes (damit soll sich der Hauptteil dieses Beitrages vor allem befassen); ein wichtiges zugehöriges Lernziel ist: Inhalte kennenlernen.

Eine Antwort zu (2) sollte das Motivieren der Methode und einen Vergleich mit anderen möglichen Verfahren umfassen. Zugehörige Lernziele sind: Probleme eines bestimmten Typs behandeln lernen, mathematische Verfahren vergleichen lernen.

Das führt zu den wichtigen Aspekten mathematischer Kreativität, ausgehend von globalen Fragen nach Motivationen:

(3) Warum interessiert uns diese Methode, dieses Verfahren? Hier haben wir als Lernziele: Probleme selbst sehen, in Zusammenhänge einordnen können, mathematische Modelle dazu aufstellen und behandeln können, Methoden und Verfahren selbst entwickeln und anwenden können. (Das ist nicht nur für die Berufsmathematiker wichtig!)

Der Verfasser kennt die Problematik vor allem aus der Sicht der Hochschule und der Lehrerausbildung. Der Umgang besonders mit Erstsemestern der verschiedensten Fachrichtungen (Mathematik, Physik, Naturwissenschaften, Technik, Wirtschaftswissenschaften, Lehramt am Gymnasium und an beruflichen Schulen) zwingt ganz besonders zum Motivieren aus dem Erfahrungsbereich der Lernenden heraus, die ja oft nicht geneigt sind, sich mit mehr Mathematik zu befassen, als man ihnen als für ihr Berufsziel erforderlich plausibel machen kann. Insofern ist unsere Situation besonders an den technischen Hochschulen immer schon vergleichbar mit der der Lehrer auf den vorhergehenden Schulstufen gewesen.

Man kann die Fragestellungen an beliebigen Beispielen erläutern. Nehmen wir etwa an, Primzahlen seien bereits als interessant erkannt und auch die Frage nach ihrer Anzahl; die Motivationsfrage (1) soll hier also bereits erledigt sein. Es wird kaum zu erwarten sein, daß die Schüler den Unendlichkeitsbeweis ohne behutsame Geburtshilfen zutage fördern. Schließlich stehe der bekannte Beweis: Zu den n ersten Primzahlen $p_1, \ldots, p_n$ ($n \geqslant 2$) bilde man die Zahl $P_n = p_1 \cdot \ldots \cdot p_n - 1$; sie hat mindestens einen neuen Primteiler p_{n+1}. Der Beweis läßt sich bekanntlich im Rahmen zweier verschiedener, sehr allgemeiner Beweismethoden sehen, als Beweis durch vollständige Induktion (die Aussage A(N): „Es gibt N Primzahlen", ist für alle N wahr) und als indirekter Beweis: Gäbe es nur n Primzahlen, so liefert der neue Teiler von P_n einen Widerspruch. Zu (2) und (3) gehört aber auch, daß man die Aussage und den Beweis des euklidischen Primzahlensatzes für neue Fragen direkt verwendet: Es gibt jeweils unendlich viele Primzahlen der Arten $4k - 1$, $6k - 1$. (Vielleicht gilt das überhaupt für arithmetische Reihen $\{qk - 1\}$ bei festem q, oder für $\{qk + r\}$, bei teilerfremdem q, r? Dirichlets Primzahlensatz, nicht elementar!)

Was läßt sich nun systematisch bemerken über die Motivationen zu (1), also zum Inhalt eines Satzes, eines Themenkreises oder einer ganzen mehr oder weniger umfangreichen Theorie? Ich unterscheide *externe* (e) und *interne* (i) Motivationen, also solche, die von außerhalb des betrachteten Gegenstandes kommen und solche, die sich aus dem engeren Sachgebiet selbst ergeben; die Frage nach der Unendlichkeit der Primzahlfolge war intern motiviert; interne Motivationen sind im Unterricht naturgemäß erst möglich, wenn der Lernende das Sachgebiet genügend kennt. Am Anfang wird man meist für ziemlich lange Zeit externe Motivationen bevorzugen. (Es gibt übrigens sogar in der Zahlentheorie externe Motivationen: Diophantische Gleichungen $mx + ny = k - m$, n, k ganz gegeben, x, y ganz gesucht — treten in vielen Fragen diskreter Variabler auf, und das Lösbarkeitskriterium [ggT (m, n) teilt k] zeigt die Nützlichkeit von Teilbarkeitsproblemen).

Quer dazu verläuft die Einleitung in *lokale* (l) und *globale* (g) Motivationen; die letzteren motivieren mit einem Schlag ein ganzes Gebiet, die ersteren nur einen begrenzten Problemkreis. Etwa am Beispiel der Differentialrechnung sähe das so aus:

(e, l) der schiefe Wurf, die Sinusschwingung,

(e, g) die Newtonsche Mechanik,

(i, l) das Tangentenproblem bei Kegelschnitten,

(i, g) Approximation von Funktionen durch die besonders bequemen linearen Funktionen.

Man sieht hier schon: Dem Lernenden werden die globalen Motivationen zunächst nicht zugänglich sein, für den Lehrenden, der das ganze zu errichtende Gebäude vor Augen hat, sind die wichtigen Motivationen aber die globalen: Differentialrechnung ist eben — wegen des Linearisierungseffekts — überall in der Mathematik und ihren Anwendungen wichtig.

Aus dieser allgemein gültigen Situation ergibt sich eine für den Mathematiklehrer besonders fühlbare didaktische Schwierigkeit. Er muß lokale Motivationen da verwenden, wo er die globalen als die wirklich entscheidenden kennt. Die Versuchung, allzu früh vom Globalen auszugehen, ist in der S II und am Anfang der Hochschule besonders groß und gefährlich. Sie führt oft zu einem Aufbau in großer Allgemeinheit (Differential-rechnung gleich in Banach-Räumen, für erste Semester, denn „dort geht ja alles genauso, und in der Allgemeinheit zeigt sich erst der wahre Grund für die Sachverhalte" — in der Tat, aber für den Kenner, nicht für den Anfänger!) oder zur (anti-) didaktischen Inversion (Terminus nach Freudenthal [6]):

Die Axiome, die ja erst herausgearbeitet werden sollen und als zweckmäßig nachzu-weisen wären, werden an den Anfang gestellt, und dann wird lustig deduziert. Das gilt für viele Kurse der Linearen Algebra.

Soll der Lehrer den Lernenden nun also betrügen, indem er ihm lokale Motivationen gibt, welche er selbst für unzureichend hält? Natürlich nicht, und das ist bei einigem Nachdenken auch nicht nötig: Sogar die lokalen externen *Motivationen sollten so gewählt werden, daß sie tragen, daß sie eine Basis bilden für den umfangreichen Sachverhalt, für die gesamte Theorie.* Sie sollten nicht einfach Bei-Spiele sein, sondern Grund-Lagen!

Im Falle der Differentialrechnung heißt das etwa: Das Tangentenproblem bei Kegel-schnitten trägt nicht, denn es ist auch rein algebraisch zu behandeln. Die Tangentenauf-gabe für beliebige Kurven, die Geschwindigkeit und Beschleunigung für Kurven über-haupt aber geben tragfähige Grundlagen. Auch hinreichend große Klassen von Spezial-fällen können tragfähig motivieren.

Ich werde versuchen, am Exempel Lineare Algebra einiges vom Gesagten zu verdeutlichen. In den Schlußbemerkungen werde ich auf die allgemeinen Überlegungen zurückkommen. Es sei jetzt schon angemerkt, daß es sich u. a. als fruchtbar erweisen wird, von lokalen externen Motivationen auszugehen; sie erzwingen ganz von selbst eine Horizonterwei-terung beim Lehrenden; neben einem Selektionseffekt innerhalb der intendierten Theorie werden Bezüge zu Nachbargebieten erschlossen werden.

1.2. Das Beispiel Lineare Algebra

Traditionell standen am Ende der Schulmathematik und am Anfang der Hochschul-mathematik die beiden Gebiete Differential- und Integralrechnung einerseits und Analy-tische Geometrie andererseits; das erstere ist übrigens erst seit Beginn dieses Jahrhunderts in der Schule fest etabliert. In den letzten Jahrzehnten hat sich die Analytische Geo-metrie mehr und mehr zu einer Linearen Algebra gewandelt, einerseits der allgemeinen Strömung zu den Strukturen hin, andererseits aber auch der Bedürfnisse der Anwen-dungen wegen. Diese beiden Motive für den Wandel haben aber ganz verschiedene Ziele. An den Universitäten hat sich weitgehend das erste Ziel, wenigstens zunächst, durchsetzt, und manche Entwürfe für die reformierte Oberstufe wollen dem folgen. Der Aufbau Gruppe-Ring-Körper-Vektorraum-Morphismen ... entspricht einer deduktiven, axiomatischen Sicht der heutigen Algebra. Er ist vom Motivationstyp (i, g).

Demgegenüber ist denkbar — und in Ansätzen vorhanden — ein Weg zur Linearen Algebra, welcher von lokalen und möglichst externen Motivationen ausgeht. Einige Stationen auf einem solchen Weg sollen in Abschnitt 2 skizziert werden. Für die Orientierungsstufe und die Sekundarstufe I läßt sich hier — im Unterschied zum axiomatischen Weg — auch schon einiges sagen; ich bin dabei auf Erfahrungsberichte von Lehrern angewiesen. Für die Sekundarstufe II und das erste Hochschuljahr gibt es sehr viel Material, und hier konnte erst recht nur Exemplarisches ausgewählt werden. Für den großen Komplex der linearen Optimierung, der ganz wesentlich zum Thema gehört, muß ich auf andere Darstellungen verweisen, insbesondere auf [14] und [15]. Im übrigen ist jeder Leser aufgefordert, in seinem Bereich selbst einschlägige Beispiele zu finden. Wenn ich es mit angehenden Ingenieuren verschiedener Fachrichtungen, mit Mathematikstudenten oder Lehrern zu tun habe, verwende ich natürlich auch jeweils andere Beispiele.

Auch kann hier kein kurzer Weg zur linearen Algebra beabsichtigt sein. Vom Leser wird selbstverständlich vorausgesetzt, daß er sich mit diesem Gebiet schon befaßt hat. Die Reihenfolge der Abschnitte hat sich für mich ziemlich zwangsläufig ergeben; für andere mag der rote Faden anders verlaufen und auch zu einem anderen Ziele führen!

Der Leser, der zunächst nicht den Abschnitt 2 durcharbeiten will, sollte sich jetzt dem Abschnitt 3 zuwenden.

2. Motivationen in der Linearen Algebra

2.1. Der Raum der n-Spalten (Stabmatrizen, Vektoren)

Zur Motivation der Verwendung von Spalten

$$\begin{bmatrix} x_1 \\ \cdot \\ \cdot \\ \cdot \\ x_n \end{bmatrix}$$

(etwa Lagerhaltung, Einkaufsprobleme, Produktionsvorgänge, Kontoführung) brauche ich hier nicht viel zu sagen. Ich verweise auf Töpfer [19], Lehmann [13] und die dort zitierte Literatur. Offenbar liegen genügend viele positive Schulerfahrungen bereits in der Orientierungsstufe vor, zu Addition, Multiplikation mit Zahlen und innerer Multiplikation. Das *Rechnen* mit Spalten läßt sich also kindgemäß motivieren.

Problematisch scheint mir die Verwendung des Wortes Vektor, dessen physikalischer Ursprung ja nicht klargemacht werden kann; Töpfers Vorschlag „Stabmatrizen" ist sicher besser. Ich werde hier von Spaltenmatrizen und Zeilenmatrizen sprechen, kurz auch von Zeilen und Spalten oder n-Zeilen und n-Spalten.

Töpfer (loc. cit. S. 11ff.) geht auf Didaktisches und Methodisches ein. In unser Thema gehört davon: „Die Vektoren spielen in der Geometrie, in der Physik, als Elemente der Vektorräume usw. eine zu wichtige mathematisch-methodische Rolle, als daß man ihnen in der Schule auf die Dauer einen Platz vorenthalten könnte." Dies ist ein Musterbeispiel dafür, daß uns als Lehrenden eine globale Motivation (externer oder interner Natur) vorschwebt, wir aber auf der Orientierungsstufe ganz andere lokale, externe Motivierungen geben müssen, welche mir in diesem Fall auch voll tragfähig zu sein scheinen, d.h. die „volle Struktur" des Vektorraums geben, sogar mit der Dualität von Spalten und Zeilen.

2.2. Motivation der Matrizenschreibweise und der Multiplikation

Eine Matrix ist zunächst ein Schema mit doppeltem Eingang; an Rechenoperationen wird dabei anfangs noch nicht gedacht. Wir betrachten etwa Kommunikationsmatrizen; in den Grundlagen der Geometrie oder bei Graphen benutzt man „Inzidenzmatrizen". Wir betrachten eine Gesellschaft von n Personen $P_1, \ldots, P_n$, die jeweils eine oder mehrere der m Sprachen $S_1, \ldots, S_m$ beherrschen mögen. Eine Übersicht über die Sprachkenntnisse gibt die folgende Matrix A; das Element a_{rs} in der r-ten Reihe (Zeile und s-ten Spalte soll 1 sein, wenn P_r die Sprache S_s beherrscht, sonst 0:

$$
\begin{array}{c c c c c}
 & \text{Engl.} & \text{Franz.} & \text{Deutsch} & \text{Italien.} \\
P_1 & 1 & 0 & 1 & 1 \\
P_2 & 1 & 1 & 0 & 0 \\
P_3 & 0 & 1 & 0 & 0 \\
P_4 & 1 & 1 & 1 & 0 \\
P_5 & 0 & 0 & 0 & 1
\end{array} = A
$$

Innere Produkte sind hier in folgender Form nützlich: Das innere Produkt der i-ten und k-ten Zeile gibt an, in wievielen Sprachen sich P_i und P_k verständigen können, und das innere Produkt der j-ten mit der l-ten Spalte gibt die Anzahl der Dolmetscher für die Sprachen S_j und S_l.

Zunächst scheint man aber nicht viel mehr mit der Matrix A anfangen zu können, und ich gehe daher gleich zu einer anderen Klasse von Beispielen über, den „Schwarzen Kästen" oder "black boxes". Sei C eine Fabrik, welche etwa drei Sorten von Rohmaterial zu zwei Sorten von Produkten verarbeitet. Es sei bekannt, daß c_{ik} Einheiten des Rohstoffes Nummer i benötigt werden, um eine Einheit des Endproduktes Nummer k herzustellen, die „Produktionsmatrix" ist

$$
C = \begin{bmatrix}
c_{11} & c_{12} \\
c_{21} & c_{22} \\
c_{31} & c_{32}
\end{bmatrix}
$$

Nun braucht man von dem inneren Ablauf des Produktionsvorganges nichts weiter zu wissen als seine „Linearität": Bei Verdoppelung der Produktion benötigt man genau doppelt so viele Rohstoffe etc. Im Übrigen kann man das Innere der Fabrik als unbekannt betrachten, eben als schwarzen Kasten. Wir wollen nun wissen, wieviele Einheiten (r_1, r_2, r_3) der drei Rohstoffe benötigt werden, um die bestellten Mengen (Einheiten) (p_1, p_2) der beiden Produkte zu erzeugen; aus den bekanntgegebenen Zahlen p_1 und p_2 berechnen sich die r_k linear:

$$r_1 = c_{11}p_1 + c_{12}p_2$$
$$(*) \quad r_2 = c_{21}p_1 + c_{22}p_2$$
$$r_3 = c_{31}p_1 + c_{32}p_2 \ .$$

Hier sind also der Reihe nach die folgenden Matrizen (einspaltige Matrizen mitgerechnet, auch kurz als Spalten bezeichnet) charakteristisch für Rohstoffbedarf, den Produktionsprozeß und für die Produktmengen:

$$r = \begin{bmatrix} r_1 \\ r_2 \\ r_3 \end{bmatrix} , \quad C = \begin{bmatrix} c_{11} & c_{12} \\ c_{21} & c_{22} \\ c_{31} & c_{32} \end{bmatrix} , \quad p = \begin{bmatrix} p_1 \\ p_2 \end{bmatrix} ,$$

und man könnte versucht sein, die lineare Zuordnung $(*)$ schon in symbolischer Form hinzuschreiben $r = Cp$. Aber der Sinn einer solchen multiplikativen Schreibweise und die Zweckmäßigkeit, ja Zwangsläufigkeit der Multiplikationsvorschrift wird noch klarer, wenn wir nun annehmen, unser Betrieb bestehe aus zwei Teilbetrieben (siehe Bild), die wie folgt arbeiten: Die Abteilung A verwandelt die Rohstoffe in vier verschiedene Zwischen-

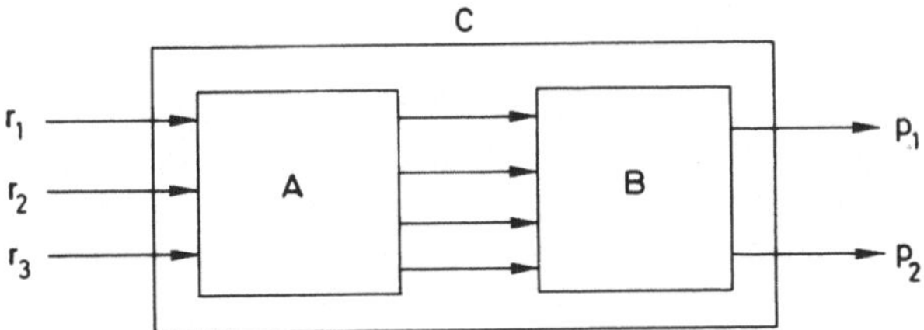

produkte, liefert diese an Abteilung B, welche daraus dann die Endprodukte herstellt. Die zugehörigen Produktionsmatrizen der Teilbetriebe sind dann natürlich so definiert: Es sind a_{ij} Einheiten des Rohstoffes Nummer i zur Erzeugung von einer Einheit des Zwischenproduktes Nummer j erforderlich, und b_{jk} Einheiten dieses j-ten Zwischenproduktes zur Herstellung von einer Einheit des k-ten Endproduktes. Dann ist z. B.

$$c_{12} = a_{11}b_{12} + a_{12}b_{22} + a_{13}b_{32} + a_{14}b_{42} \ ,$$

allgemein

$$c_{ik} = \sum_{j=1}^{4} a_{ij}b_{jk}.$$

Die Produktionsmatrix C läßt sich durch eine „Zusammensetzung" der Matrizen A und B erhalten, nach der Vorschrift, daß c_{ik} das innere Produkt der i-ten Zeile von A mit der k-ten Spalte von B ist,

$$\begin{bmatrix} c_{11} & c_{12} \\ c_{21} & c_{22} \\ c_{31} & c_{32} \end{bmatrix} = \begin{bmatrix} a_{11}\,a_{12}\,a_{13}\,a_{14} \\ a_{21}\,ba_{22}\,a_{23}\,a_{24} \\ a_{31}\,a_{32}\,a_{33}\,a_{34} \end{bmatrix} \cdot \begin{bmatrix} b_{11} & b_{12} \\ b_{21} & b_{22} \\ b_{31} & b_{32} \\ b_{41} & b_{42} \end{bmatrix}$$

oder $C = A \cdot B$. Daß man diese Verknüpfung ausgerechnet als Multiplikation schreibt, ist etwas dürftig daraus motiviert, daß bei einelementigen Matrizen tatsächlich die Zahlenmultiplikation vorliegt. Ist der Abbildungsbegriff (Funktionsbegriff) schon erschlossen, so kann man darauf zurückgreifen: C beschreibt die Hintereinanderausführung (Komposition) von B und A.

Worauf es mir ankommt, ist hierbei folgendes: Es zeigt sich, daß die Definition der Matrizenmultiplikation, ja sogar schon die Matrixschreibweise, nicht willkürliche Konvention sind, sondern daß man nahezu zwangsläufig darauf geführt wird. Übrigens ist die Verwendung des Summenzeichens vermeidbar.

Nachträglich ist nun auch die Verknüpfung von Spalten, im Beispiel r = Cp, unter der Definition der Matrizenmultiplikation enthalten. Führt man nun noch die vierelementige Spalte z für die Mengen der Zwischenprodukte ein, so hat man

$$z = Bp, \quad r = Az, \quad r = A(Bp) = (AB)p = Cp.$$

Hier haben wir großzügig mit Klammern umgehen dürfen (wirklich?); kann man das bei Matrizen immer? (Vorausgesetzt natürlich, die Matrizen lassen sich überhaupt miteinander multiplizieren, d.h. die Spaltenzahl des Vorgängers ist gleich der Zeilenzahl des Nachfolgers, d.h. im Modell der schwarzen Kästen, daß der Vorgänger genauso viele Ausgänge haben muß wie der Nachfolger Eingänge hat). In unserer Modellvorstellung sieht man leicht ein, daß es bei der Matrixmultiplikation nicht auf Klammern ankommt (das assoziative Gesetz würde natürlich auch aus der Abbildungsdeutung folgen): Der Betrieb C sei aus n Abteilungen zusammengesetzt

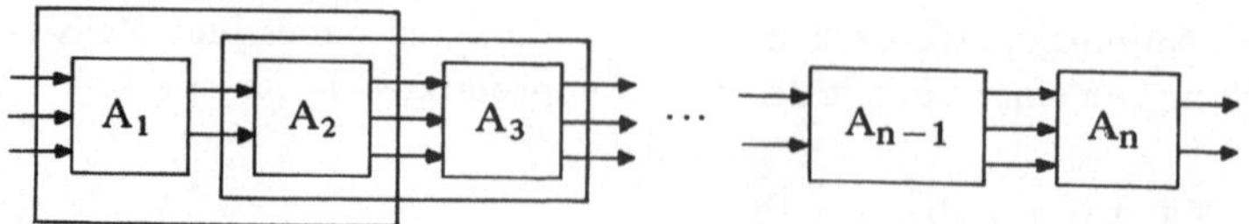

Nun ist es für die Produktionen offenbar gleichgültig und nur eine Frage der inneren Organisation der Abteilungen, ob man sich etwa A_1 und A_2 oder auch A_2 und A_3 zu einer „Hauptabteilung" zusammengefaßt denkt, also $(A_1 A_2) A_3 = A_1 (A_2 A_3)$.

Das Schwarze-Kästen-Modell hat übrigens schon die volle Allgemeinheit; es veranschaulicht die Aufeinanderfolge von linearen Abbildungen von Spaltenräumen verschiedener Dimension aufeinander, und das ist genau die Matrizenmultiplikation. Außer dem Produktionsmodell gibt es auch andere anschauliche Deutungen, z.B. in der Elektrotechnik (Kettenschaltungen). Aber wie jedes allgemeine Modell dürfte es für manche Zwecke schon zu abstrakt sein. Töpfer [19] hat für den Unterricht bei den etwa vierzehnjährigen Schülern möglicherweise etwas bequemer zugängliche Modelle vorgeschlagen. Drei Familien wollen vier verschiedene Produkte (etwa Äpfel A, Birnen B, Pflaumen P, Trauben T) einkaufen, die benötigten Mengen sind aus der Matrix zu ersehen („Bestellmatrix") M mit Elementen m_{ik} = Menge, welche die i-te Familie vom Produkt Nummer k benötigt. Es mögen 5 Verkäufer mit unterschiedlichen Preisen zur Auswahl stehen, die Preismatrix P habe das Element p_{kl} den Preis einer Einheit des Produktes Nummer k im Geschäft Nummer l. Das Element c_{il} der Produktmatrix $C = M \cdot P$ gibt dann an, welche Summe die Familie Nummer i im Geschäft Nummer l zu entrichten hätte. Hier scheint die Produktmatrix also als die Zusammenfassung der inneren Produkte, welche die Einkaufssummen für jede Familie im jeweiligen Geschäft angeben. Übrigens sind hier auch negative Elemente in der Preismatrix denkbar, z.B. bei Rückgabe von Flaschenpfand, Erstattung von Rabatt, Einlösung von Werbegutscheinen.

Auch die Bildung des inneren Produktes Zeile $\times$ Spalte, die von früher bekannt ist, ordnet sich unserer Regel unter. (Was bedeutet Spalte $\times$ Zeile? Ich kenne auf dieser Stufe keine Modelle. Das sogenannte „dyadische Produkt", um welches es sich dabei handelt, dürfte auch in der Wissenschaft nicht mehr gebraucht werden, es ist im allgemeineren Tensorkalkül aufgegangen).

Kommen wir jetzt, nachdem wir das innere Produkt in der genannten Weise eingeordnet haben, noch einmal auf das Beispiel unserer Matrix A der Sprachkenntnisse vom Anfang dieses Abschnitts zurück, bei der wir ja innere Produkte als nützlich erkannten. Um mit unserer jetzigen Konvention im Reinen zu sein, müßte man zuweilen die Rolle von Zeilen und Spalten vertauschen, also die *transponierte Matrix* A^t einführen. Dann ist AA^t die 5×5-Matrix, welche an der Stelle $i \neq k$ angibt, in wievielen Sprachen sich P_i und P_k verständigen können:

$$
AA^t = \begin{bmatrix} 1 & 0 & 1 & 1 \\ 1 & 1 & 0 & 0 \\ 0 & 1 & 0 & 0 \\ 1 & 1 & 1 & 0 \\ 0 & 0 & 0 & 1 \end{bmatrix} \begin{bmatrix} 1 & 1 & 0 & 1 & 0 \\ 0 & 1 & 1 & 1 & 0 \\ 1 & 0 & 0 & 1 & 0 \\ 1 & 0 & 0 & 0 & 1 \end{bmatrix} = \begin{bmatrix} 3 & 1 & 0 & 2 & 1 \\ 1 & 2 & 1 & 2 & 0 \\ 0 & 1 & 1 & 1 & 0 \\ 2 & 2 & 1 & 3 & 0 \\ 1 & 0 & 0 & 0 & 1 \end{bmatrix}.
$$

Auch $A^t A$ kann man bilden, es ist eine 4×4-Matrix, welche bei j, l anzeigt, wieviele Personen beide Sprachen S_j und S_l beherrschen

$$A^t A = \begin{bmatrix} 1 & 1 & 0 & 1 & 0 \\ 0 & 1 & 1 & 1 & 0 \\ 1 & 0 & 0 & 1 & 0 \\ 1 & 0 & 0 & 0 & 1 \end{bmatrix} \begin{bmatrix} 1 & 0 & 1 & 1 \\ 1 & 1 & 0 & 0 \\ 0 & 1 & 0 & 0 \\ 1 & 1 & 1 & 0 \\ 0 & 0 & 0 & 1 \end{bmatrix} = \begin{bmatrix} 3 & 2 & 2 & 1 \\ 2 & 3 & 1 & 0 \\ 2 & 1 & 2 & 1 \\ 1 & 0 & 1 & 2 \end{bmatrix}$$

Hier ist aus der Bedeutung klar, daß beide Matrizen symmetrisch sein müssen (d.h. gleich ihren Transponierten, Spiegelsymmetrie an der „Hauptdiagonalen"); steckt hierin ein allgemeiner Sachverhalt?

Die Matrizenmultiplikation ist also wohl durch hinreichend viele Beispiele motivierbar; das Modell der schwarzen Kästen hatten wir als voll tragfähig erkannt. Wie steht es eigentlich mit der *Addition von Matrizen*? Sie ist uns bisher nicht begegnet, mit Ausnahme von Spalten (oder Zeilen). Nun ist auch ziemlich klar, daß man damit zufrieden sein kann, denn wenn bei den Spalten die gliedweise Addition definiert ist und wir eine Matrix als Verallgemeinerung auffassen, dann müssen wir dort ebenso verfahren. Dasselbe gilt für die Multiplikation mit einer Zahl.

2.3. Anwendung der Matrixmultiplikation: Geheimschriften (Kodierung); Dekodierung als Motivation der inversen Matrix

Geheimschriften üben eine Anziehungskraft auf Kinder aus; die folgende Matrizenmethode eignet sich allerdings leider nicht zur Motivation der speziellen Art der Matrixmultiplikation, sie sollte daher — wie hier — erst nach anderweitig motivierter Einführung dieser Operation als Beispiel verwendet werden.

Am einfachsten numeriert man das Alphabet durch und hebt sich die Null für Interpunktsionszeichen, Zwischenräume und andere Sonderzeichen auf:

A	B	C	D	E	F	G	H	I	J	K	L	M	N	O	P	Q	R	S	...
1	2	3	4	5	6	7	8	9	10	11	12	13	14	15	16	17	18	19	...;

Als Botschaft währen wir *Heinrich Meier*, das gibt die Zahlenfolge 8, 5, 9, 14, 18, 9, 3, 8, 0, 13, 5, 9, 5, 18.

Nun sei irgendeine quadratische Matrix K als „Kodiermatrix" gegeben; zweckmäßige Bedingungen an K sollte man sich noch überlegen. Wir versuchen es einmal mit

$$K = \begin{bmatrix} 1 & 2 & -1 \\ 1 & 1 & 1 \\ 2 & 2 & 1 \end{bmatrix}$$

Nun schreiben wir unsere Botschaft als dreizeilige Matrix M und bilden das Matrizenprodukt $M' = K \cdot M$:

$$K \cdot M = \begin{bmatrix} 1 & 2 & -1 \\ 1 & 1 & 1 \\ 2 & 2 & 1 \end{bmatrix} \cdot \begin{bmatrix} 8 & 14 & 3 & 13 & 5 \\ 5 & 18 & 8 & 5 & 18 \\ 9 & 9 & 0 & 9 & 0 \end{bmatrix} = \begin{bmatrix} 9 & 41 & 19 & 14 & 41 \\ 22 & 41 & 11 & 27 & 23 \\ 35 & 73 & 22 & 45 & 46 \end{bmatrix} = M'$$

Die Zahlenfolge 9, 22, 35, 41, ..., die sich aus der Aufeinanderfolge der Spalten von M' ergibt, wird nun als verschlüsselte Botschaft an den Empfänger übermittelt, der jetzt also die Matrix M' kennt. Aus dieser sollte er die unsprüngliche Matrix M herstellen können, und es mag einleuchten, daß das vielleicht mit einer „Dekodierungsmatrix" D bewerkstelligt werden sollte, so daß also neben $M' = K \cdot M$ gelten muß $M = D \cdot M' = D \cdot K \cdot M$; $E = D \cdot K$ muß also eine (quadratische, dreireihige) Matrix sein, so daß für alle dreizeiligen M, insbesondere für alle Dreierspalten x, gilt $E \cdot x = x$. Die einzige Matrix, die das leistet, ist

$$E = \begin{bmatrix} 1 & 0 & 0 \\ 0 & 1 & 0 \\ 0 & 0 & 1 \end{bmatrix}$$

die dreireihige „Einheitsmatrix" (Beweis?). Falls D existiert, heißt es „inverse Matrix"; in unserem Falle verifiziert man, daß

$$D = \begin{bmatrix} -1 & -4 & 3 \\ 1 & 3 & -2 \\ 0 & 2 & -1 \end{bmatrix}$$

das Gewünschte leistet. Aus der Bedeutung läßt sich übrigens ablesen, daß man auch D als Kodiermatrix und umgekehrt K als Dekodiermatrix benutzen kann.

Nun haben wir eine Motivationsbasis für die *inversen Matrizen*. Gibt es immer eine inverse Matrix zu einer quadratischen Matrix A? Das ist nicht der Fall, aber ist sie, wenn sie existiert, eindeutig bestimmt? Ist Rechtsinverse gleich Linksinverse? (Dazu: Das Produkt von Matrizen ist i.a. nicht kommutativ, Beispiele). Wenn eine Inverse existiert, so ist sie eindeutig und kann also A^{-1} geschrieben werden. Weiter: Wie berechnet man die Inverse? (Die Formel $AA^{-1} = E$ gibt 9 Gleichungen für die 9 Elemente von A^{-1}, das ist zu umständlich!)

Auf diese Fragen wird noch einzugehen sein; man kann aber in der vorliegenden Problematik, wenn man sich auf zweizeilige Matrizen beschränkt, schon recht gut weiterkommen.

Weitere Fragen, die speziell mit der Geheimschrift zusammenhängen, wären: Aus praktischen Gründen wäre es gut, wenn K und D beide ganzzahlige Elemente hätten. Bedingungen dafür? Geht K = D mit nicht-trivialen Matrizen (dann brauchte man nur eine Matrix im Gedächtnis zu haben)? Kann man Minuszeichen, die ja ein weiteres Signal erfordern, vermeiden, d.h. gibt es K so, daß K und K^{-1} keine negativen Elemente haben? Wie sehen alle solchen K aus und sind sie für Kodierungen brauchbar? Auch hier lohnt sich das Experimentieren mit zweireihigen Matrizen.

2.4. Orientierung an zweireihigen Matrizen

Es hat sich schon gezeigt, daß bei „großen" Matrizen erhebliche Rechenarbeit entstehen kann, daß Indexbezeichnungen und Summationszeichen für den Anfänger mehr Verwirrung als Klarheit stiften, und wie immer wird man nach nicht-trivialen, aber doch übersichtlichen Spezialfällen suchen, an denen man sich orientieren kann.

Sei $A = \begin{bmatrix} a & b \\ c & d \end{bmatrix}$; wir fragen zunächst nach der Inversen (oder den Inversen). Wir wissen schon: A ordnet jeder Zweierspalte $x = \begin{bmatrix} x_1 \\ x_2 \end{bmatrix}$ eine Zweierspalte $Ax = y = \begin{bmatrix} y_1 \\ y_2 \end{bmatrix}$ zu, diese Zuordnung schreibt sich nach Ausmultiplikation der Matrizen

$$a \cdot x_1 + b \cdot x_2 = y_1$$

$$c \cdot x_1 + d \cdot x_2 = y_2 \ ;$$

eine „inverse Matrix" B haben wir, wenn $x = B \cdot y$ erreicht ist. Man muß also nach den x_1, x_2 auflösen,

$$(ad - bc)x_1 = dy_1 - b \cdot y_2$$

$$(ad - bc)x_2 = -cy_1 + a \cdot y_2 \ .$$

Man sieht daraus: Genau wenn $ad - bc \neq 0$, ist die Auflösung möglich. Bei $\delta = ad - bc \neq 0$ erhält man *eindeutig* für B, wofür wir also gleich A^{-1} schreiben können,

$$A^{-1} = \begin{bmatrix} \dfrac{d}{\delta} & -\dfrac{b}{\delta} \\[2ex] -\dfrac{c}{\delta} & \dfrac{a}{\delta} \end{bmatrix} \ .$$

Man verifiziert $AA^{-1} = A^{-1}A = E = \begin{bmatrix} 1 & 0 \\ 0 & 1 \end{bmatrix}$. Wenn die „Determinante" $\delta = \det A = ad - bc$ von Null verschieden ist, haben wir für die dann existierende und eindeutig bestimmte Inverse also sogar eine Formeldarstellung!

An dieser Stelle entsteht eine Gefahr: Formeldarstellungen erfreuen sich bei vielen Lernenden einer großen Beliebtheit, und die Frage nach Formeln für inverse Matrizen bei beliebiger Zeilenzahl liegt sehr nahe, und damit auch die Frage nach der Verallgemeinerung des Determinantenbegriffs. Man sollte diesem Wunsch hier noch nicht nachgeben, vielmehr weiter den zweireihigen Fall erforschen. Nehmen wir die Frage: Wann haben A und A^{-1} nur nichtnegative Elemente? Ist $\delta > 0$, so folgt $b = c = 0$, also $a > 0$, $d > 0$ und $A^{-1} = \begin{bmatrix} 1/a & 0 \\ 0 & 1/d \end{bmatrix}$.

Bei $\delta < 0$ erhält man umgekehrt $a = d = 0$ und $A^{-1} = \left[\begin{smallmatrix} 0 & 1/c \\ 1/b & 0 \end{smallmatrix}\right]$. Sollen A und A^{-1} nur ganzzahlige Elemente haben, so bleiben nur die beiden Matrizen $E = \left[\begin{smallmatrix} 1 & 0 \\ 0 & 1 \end{smallmatrix}\right]$ und $\left[\begin{smallmatrix} 0 & 1 \\ 1 & 0 \end{smallmatrix}\right]$, welche sich beide nicht besonders für das Kodieren eignen (warum?).

Wir hatten auch noch die Frage gestellt: Wann ist $A^{-1} = A$? Dazu haben wir jetzt die Bedingungen

$$a = d/\delta, \ d = a/\delta \ \text{und} \ b = -b/\delta, \ c = -c/\delta.$$

Die beiden letzten Bedingungen legen eine Fallunterscheidung nahe:

Wenn $\delta = -1$, so sind diese Bedingungen erfüllt, und wir haben

$$A = \begin{bmatrix} a & b \\ c & -a \end{bmatrix} \ \text{mit} \ \delta = -(a^2 + bd) = -1.$$

Bei $\delta \neq -1$ folgt $b = c = 0$ und sonst nur $ad = \delta \neq 0$ neben $\neq -1$. Man sieht im ganzen, daß man einfache nichttriviale Kodiermatrizen bei zwei Reihen noch nicht erwarten kann, wenn man allzu viel verlangt!

Nachdem der Determinantenbegriff vorliegt, kann man $\det A^{-1} = 1/\delta$ berechnen, was sich auch schreiben läßt $\det E = \det(A \cdot A^{-1}) = \det A^{-1}$. Daran lassen sich die Vermutung und der Beweis des Determinanten-Multiplikationssatzes anschließen (Verifikation durch direktes, allerdings langweiliges Ausrechnen: $\det A \cdot B = \det A \cdot \det B$ für zweireihige quadratische Matrizen).

Um gleich eine Anwendung zu geben, kann man mit $\det A^n = (\det A)^n$ spielen. Ein Beispiel: Jedes Kind, das mit Zahlen spielt, wird auf die Fibonacci-Folge kommen; man fange mit 0 und 1 an und erzeuge die nachfolgenden Zahlen jeweils als Summen der beiden unmittelbaren Vorgänger, $f_0 = 0$, $f_1 = 1$, $f_{n+2} = f_n + f_{n+1}$. Das ist eine lineare Bedingung, und man kann versuchen, sie mit Matrizen zu behandeln. Wie entsteht das Zahlenpaar f_{n+2}, f_{n+1} aus den Vorgängern f_{n+1}, f_n?

$$f_{n+1} = 0 \cdot f_n + 1 \cdot f_{n+1}$$

$$f_{n+2} = 1 \cdot f_n + 1 \cdot f_{n+1} \, ,$$

oder, mit der „Fibonacci-Matrix"

$$F = \begin{pmatrix} 0 & 1 \\ 1 & 1 \end{pmatrix}$$

$$\begin{pmatrix} f_{n+1} \\ f_{n+2} \end{pmatrix} = F \begin{pmatrix} f_n \\ f_{n+1} \end{pmatrix} \, ,$$

woraus durch Induktion folgt

$$\begin{pmatrix} f_n & f_{n+1} \\ f_{n+1} & f_{n+2} \end{pmatrix} = F^n \begin{pmatrix} f_0 & f_1 \\ f_1 & f_2 \end{pmatrix} = F^{n+1} \, ,$$

und also

$$f_n f_{n+2} - f_{n+1}^2 = (\det F)^{n+1} = (-1)^{n+1}.$$

Daraus liest man sofort ab, daß zwei aufeinanderfolgende Fibonacci-Zahlen teilerfremd sind, denn ein gemeinsamer Teiler müßte die rechte Seite teilen. Aber auch f_n und f_{n+2} sind teilerfremd, wegen $f_{n+2} - f_n = f_{n+1}$. Je drei unmittelbar aufeinanderfolgende Fibonacci-Zahlen sind paarweise teilerfremd. (Geht das so weiter? Nein, man beweise, daß alle f_{3n} gerade Zahlen sind! Das folgt mit den bereitgestellten Hilfsmitteln). Man kann weiter „spielen", etwa mit dreireihigen Matrizen; welche Matrix G stellt aus der Spalte

$$\begin{bmatrix} f_{n-1} \\ f_n \\ f_{n+1} \end{bmatrix} \quad \text{die nächste her} \quad \begin{bmatrix} f_n \\ f_{n+1} \\ f_{n+2} \end{bmatrix} \quad ?$$

Man findet

$$G = \begin{bmatrix} 0 & 1 & 0 \\ 1 & 1 & 0 \\ 0 & 1 & 1 \end{bmatrix}$$

Daraus leitet man z. B. her, daß

$$\begin{vmatrix} f_n & f_{n-1} & f_{n-2} \\ f_{n+1} & f_n & f_{n-1} \\ f_{n+2} & f_{n+1} & f_n \end{vmatrix} = 0$$

(Für die ersten n verifiziert man das direkt, und darauf kann man den allgemeinen Fall durch Multiplikation mit Potenzen von G zurückführen).

Bei Kenntnissen über lineare Abhängigkeit folgt das einfacher: Für die drei Spalten der Determinante, nennen wir sie x_n, x_{n-1}, x_{n-2} gilt ja wegen der Definition der Fibonacci-Folge stets $x_n - x_{n-1} - x_{n-2} = 0$.

Die Fibonacci-Zahlen haben eine historische Bedeutung. Als ein weiteres Beispiel dafür, wie historische Motivationen verwendet werden können, sei die Näherungsmethode für $\sqrt{2}$ erwähnt, welche man Theon v. Smyrna zuschreibt. In heutiger Fassung handelt es sich um Näherungsbrüche $\frac{x_n}{y_n}$, die nach der folgenden Vorschrift gewonnen werden (s. auch Fletcher [5]):

$$x_n = x_{n-1} + 2y_{n-1}$$

$$y_n = x_{n-1} + y_{n-1} ,$$

wobei etwa $x_0 = y_0 = 1$. Man kann auch schreiben

$$\begin{bmatrix} x_n \\ y_n \end{bmatrix} = A \begin{bmatrix} x_{n-1} \\ y_{n-1} \end{bmatrix} \quad \text{mit } A = \begin{bmatrix} 1 & 2 \\ 1 & 1 \end{bmatrix} .$$

Die ersten 5 Näherungsspalten sind

$$\begin{bmatrix} 1 \\ 1 \end{bmatrix}, \begin{bmatrix} 3 \\ 2 \end{bmatrix}, \begin{bmatrix} 7 \\ 5 \end{bmatrix}, \begin{bmatrix} 17 \\ 12 \end{bmatrix}, \begin{bmatrix} 41 \\ 29 \end{bmatrix}$$

und die Vermutung $\frac{x_n}{y_n} \to \sqrt{2}$ sieht plausibel aus, oder $\frac{x_n^2}{y_n^2} \to 2$. Man betrachte also $z_n^2 = x_n^2 - 2y_n^2$ und stellt fest

$$z_0^2 = -1, \ z_1^2 = +1, \ z_2^2 = -1, \ z_3^2 = +1,$$

so daß die Vermutung

$$x_n^2 - 2y_n^2 = (-1)^{n+1}$$

nahegelegt wird. Sie folgt rasch durch vollständige Induktion aus der Identität

$$x_n^2 - 2y_n^2 = (x_{n-1} + 2y_{n-1})^2 - 2(x_{n-1} + y_{n-1})^2 = -x_{n-1}^2 + 2y_{n-1}^2$$

Damit hat man

$$\left(\frac{x_n}{y_n} \right)^2 - 2 = \frac{(-1)^{n+1}}{y_n^2} \ .$$

Wegen $y_n = x_n - y_{n-1} \leqslant x_n$, also auch $y_{n-1} \leqslant x_{n-1}$, folgt

$$y_n = x_{n-1} + y_{n-1} \geqslant 2y_{n-1},$$

also

$$y_n \geqslant 2^n \qquad \text{und} \qquad \left| \left(\frac{x_n}{y_n} \right)^2 - 2 \right| \leqslant \frac{1}{2^n} \ .$$

Damit hat man $\lim\limits_{n \to \infty} \frac{x_n}{y_n} = \sqrt{2}$, wie behauptet.

Die Spalten $\begin{bmatrix} x_n \\ y_n \end{bmatrix}$ zeigen also immer besser in die Richtung von $\begin{bmatrix} \sqrt{2} \\ 1 \end{bmatrix}$. Wir berechnen

$$A \begin{bmatrix} \sqrt{2} \\ 1 \end{bmatrix} = \begin{bmatrix} 1 & 2 \\ 1 & 1 \end{bmatrix} \begin{bmatrix} \sqrt{2} \\ 1 \end{bmatrix} = \begin{bmatrix} 2 + \sqrt{2} \\ \sqrt{2} + 1 \end{bmatrix} = (\sqrt{2} + 1) \begin{bmatrix} \sqrt{2} \\ 1 \end{bmatrix}.$$

Unsere Spalte ist also „Eigenspalte" zum Eigenwert $1 + \sqrt{2}$! Man kann nun übrigens schließen, daß die $\frac{x_{n+1}}{x_n}$ ebenso wie die $\frac{y_{n+1}}{y_n}$ gegen $1 + \sqrt{2}$ konvergieren.

Verallgemeinerungen: Was geschieht, wenn man die Matrix $\begin{bmatrix} 1 & k \\ 1 & 1 \end{bmatrix}$ verwendet? Und wieder: Hängt die „Iteration" $z_{n+1} = Az_n$ stets mit der Eigenwertaufgabe zusammen?

2.5. Inverse Matrix, lineare Gleichungssysteme

Die Berechnung der inversen Matrix A^{-1} steht, wie wir schon sahen, in Zusammenhang mit der klassischen Grundaufgabe, die für den Namen „Lineare Algebra" verantwortlich ist, dem Auflösen linearer Gleichungssysteme

$$Ax = y,$$

A quadratische Matrix, gesucht ist eine Matrix A^{-1}, die die Abbildung A: $x \mapsto y$ rückgängig macht, A^{-1}: $y \mapsto x$.

(Wir bemerken, daß hier bereits innermathematisch motiviert wird!) Es muß also gelten $x = A^{-1}y = A^{-1}Ax$ für alle x, und da

$$E = \begin{pmatrix} 1 & 0 & . & . & . & 0 \\ 0 & 1 & . & . & . & 0 \\ 0 & 0 & 1 & . & . & . & 0 \\ & & . & . & . & \\ 0 & 0 & . & . & . & 1 \end{pmatrix} ,$$

die Einheitsmatrix, die einzige Matrix ist, welche $x = Ex$ für alle x leistet, gilt

$$A^{-1}A = E;$$

aus $y = Ax = AA^{-1}y$ folgt ebenso

$$AA^{-1} = E.$$

Es empfiehlt sich, den engen Zusammenhang zwischen Gleichungssystemen, inversen Matrizen und Abbildungen stets zu betonen. Über den Abbildungsbegriff läßt sich hier ein Einstieg in die Strukturmathematik finden, der in ständiger Verbindung mit konkreten Matrizenrechnungen und Algorithmen bleibt.

Für das Auflösen von $Ax = y$ selbst, also die Berechnung der inversen Matrix, empfiehlt sich die Cramersche Determinantenregel nicht besonders. Der Eliminationsalgorithmus gibt didaktisch bessere Möglichkeiten, auch für das Maschinenrechnen. Wir wenden ihn für das Invertieren unserer Kodiermatrix K an und lösen das lineare System $Kx = y$:

$$1 \cdot x_1 + 2x_2 - 1 \cdot x_3 = y_1$$
$$1 \cdot x_1 + 1 \cdot x_2 + 1x_3 = y_2$$
$$2 \cdot x_1 + 2 \cdot x_2 + 1 \cdot x_3 = y_3 \quad ;$$

man eliminiere x_1 aus der zweiten und dritten Gleichung durch Addition geeigneter Vielfachen der ersten Gleichung

$$x_1 \quad\quad + 3x_3 = -y_1 + 2y_2$$
$$x_2 \ - 2x_3 = \ \ y_1 - \ y_2$$
$$- \ x_3 = \quad\quad - 2y_2 + y_3$$

Nun eliminiere man x_2 aus der ersten und dritten Gleichung durch Addition geeigneter Vielfacher der zweiten Gleichung

$$1x_1 + 2x_2 - 1x_3 = y_1$$
$$- x_2 + 2x_3 = -y_1 + y_2$$
$$- 2x_2 + 3x_3 = -2y_1 \quad\quad + y_3$$

und schließlich wird x_3 eliminiert

$$x_1 \qquad\quad = - y_1 - 4y_2 + 3y_3$$
$$x_2 \quad = \quad y_1 + 3y_2 - 2y_3$$
$$x_3 = \qquad\quad 2y_2 - y_3 \ ,$$

wobei wir gelegentlich dafür gesorgt haben, das links die Faktoren + 1 bei dem Element x_k der k-ten Zeile stehen.

Hier liest man ab

$$K^{-1} = \begin{bmatrix} -1 & -4 & 3 \\ 1 & 3 & -2 \\ 0 & 2 & -1 \end{bmatrix},$$

in Übereinstimmung mit der früher berechneten Dekodiermatrix D.

Für den Algorithmus ist es offenbar nur nötig, die Koeffizienten aufzuschreiben, das Mitschleppen der $x_1, \ldots$ hilft nichts. Man muß also bei dem Problem nur die ,,elementaren Zeilenoperationen" ausführen, Multiplikation einer Zeile mit dem Faktor $\neq 0$ und Addition eines Vielfachen einer Zeile zu einer anderen. Beachtet man außerdem, daß man aus

$$Ax_1 = \begin{pmatrix} 1 \\ 0 \\ 0 \end{pmatrix}, \qquad Ax_2 = \begin{pmatrix} 0 \\ 1 \\ 0 \end{pmatrix}, \qquad Ax_3 = \begin{pmatrix} 0 \\ 0 \\ 1 \end{pmatrix}$$

die Spaltendarstellung $A^{-1} = (x_1, x_2, x_3)$ der Inversen enthält, wegen $AA^{-1} = E$, so sieht man, daß der Algorithmus auf folgendes hinausläuft: Man schreibe an

$$\begin{bmatrix} A & \vdots & E \end{bmatrix}$$

und wende auf diese große Matrix die elementaren Zeilenoperationen solange an, bis entsteht

$$\begin{bmatrix} E & \vdots & B \end{bmatrix};$$

dann ist $B = A^{-1}$. Hier muß man natürlich behandeln, daß nicht alle Matrizen invertierbar sind!

Ich mußte mich hier kurz fassen und verweise im übrigen auf die Literatur. Wichtig ist, daß hier algorithmisches Rechnen geübt werden kann, daß aber Gelegenheit zu weiterführenden Fragen ist. Vor allem dürften zwei auftauchen, die nach der Existenz und die nach der Eindeutigkeit. Es ist ja nicht ganz selbstverständlich, daß der Algorithmus immer zum gleichen Ergebnis führt, wenn ich z.B. erlaube, einzelne Schritte in anderer Reihenfolge ablaufen zu lassen!

2.6. Motivationsmöglichkeiten der Eigenwertaufgabe

Bei der Eigenwertaufgabe $Ax = \lambda \cdot x$ für quadratische Matrizen haben wir die Situation, daß es sich um eine für viele Anwendungen in Geometrie, Analysis, Physik und Technik besonders wichtige Fragestellung handelt, daß aber motivierende Beispiele für einen frühen Einstieg selten zu sein scheinen. Man kann die Eigenwertaufgabe so beschreiben: Gesucht sind „Zustände" x des durch die Spalten zu beschreibenden „Systems", welche sich bei Übergang zu Ax nur proportional ändern, bei λ gleich 1 überhaupt „stabil" sind. Anschauliche Beispiele für „Zustände" sind sogenannte Populationen, unsere jetzigen Beispiele für „Systeme". Das folgende Beispiel ist bekannt [2]:

Auf einer Insel existiere eine Population von Käfern mit folgenden Eigenschaften: Ein Käfer kann höchstens 2 Monate alt werden; ist f_j die Anzahl neuer Käfer, die pro vorhandenem Käfer vom Alter j Monate entstehen, so hat man beobachtet $f_0 = 0$, $f_1 = 1$, $f_2 = 3$. Und es ist bekannt, daß die Population auf der Insel stabil ist, d.h. daß Anzahl und Altersverteilung der Tiere sich nicht ändern.

Nun sei p_j die Wahrscheinlichkeit dafür, daß ein Käfer vom Alter j im Monat k den Monat $k + 1$ erlebt, und $p_0 = \frac{1}{2}$ sei bekannt, p_1 durch Beobachtung nicht feststellbar. Kann man p_1 ausrechnen?

Sei a_{jk} die Anzahl der lebenden Käfer vom Alter j im Monat k, so daß der Zustand durch die folgende Spalte beschrieben wird

$$a_k = \begin{bmatrix} a_{0k} \\ a_{1k} \\ a_{2k} \end{bmatrix}$$

Dann hat man $a_{k+1} = Ta_k$ mit der „Übergangsmatrix"

$$T = \begin{bmatrix} f_0 & f_1 & f_2 \\ p_0 & 0 & 0 \\ 0 & p_1 & 0 \end{bmatrix} = \begin{bmatrix} 0 & 1 & 3 \\ \frac{1}{2} & 0 & 0 \\ 0 & p_1 & 0 \end{bmatrix}$$

und die Stabilitätsbedingung ist

$$Ta_k = a_{k+1} = a_k$$

oder, mit $a_k = \begin{bmatrix} x \\ y \\ z \end{bmatrix}$,

$$y + 3z = x$$
$$\tfrac{1}{2}x \qquad\quad = y$$
$$p_1 \cdot y \quad = z \ .$$

Daraus läßt sich (ohne Determinanten) p_1 berechnen und auch die Altersverteilung, natürlich diese nur bis auf einen Faktor:

$$z = p_1 y = \frac{p_1}{2} x = \frac{p_1}{2}(y + 3z) = \frac{p_1}{2}\left(\frac{1}{p_1} + 3\right) z,$$

$$= \left(\frac{1}{2} + \frac{3}{2} p_1\right) z,$$

also

$$p_1 = \tfrac{1}{3}, \quad x : y : z = 6 : 3 : 1.$$

Es läßt sich noch anderes fragen; sind z. B. die Altersverteilung $6 : 3 : 1$ und p_0, p_1 bekannt, sind dann die f_j eindeutig bestimmt? (Nein, $f_0 = f_1 = 0$ und $f_6 = 6$ führt auf dieselbe Eigenvektorspalte zum Eigenwert 1, also auf dieselbe stabile Verteilung). Das Modell läßt sich verallgemeinern auf Übergangsmatrizen

$$T = \begin{bmatrix} f_0 & f_1 & f_2 & \ldots & f_{n-1} \\ p_0 & 0 & 0 & .., & 0 \\ 0 & p_1 & 0 & \ldots & 0 \\ & & \ldots & & \\ 0 & \ldots & 0 & p_{n-2} & 0 \end{bmatrix}$$

und sinnvolle Fragen lassen sich anschließen. Gibt es stets einen positiven Eigenwert mit einer geeigneten nichtnegativen Eigenspalte? Wann herrscht Stabilität, d. h. wann ist 1 Eigenwert zu einer nichtnegativen Eigenspalte? Das kann hier alles ohne Determinanten beantwortet werden. (Eigenwert 1 ist vorhanden genau wenn

$$f_0 + f_1 p_0 + f_2 p_0 p_1 + \ldots + f_{n-1} p_0 p_1 \cdots p_{n-2} = 1).$$

Offenbar wird allgemein bei Matrizen, welche Übergänge von einem Zustand in einen anderen beschreiben, die Eigenwertaufgabe von Interesse sein, besonders für den Eigenwert 1. Das wichtigste Beispiel für Übergangsmatrizen sind die stochastischen Matrizen.

2.7. Stochastische Matrizen

Eine quadratische Matrix P heißt stochastisch, wenn alle Elemente nichtnegativ sind und wenn jede Zeilensumme 1 ist. Das sind Übergangsmatrizen, deren Elemente als Übergangswahrscheinlichkeiten deutbar sind.

Bei Wahlvorhersagen kann man folgende Methode verwenden. Es gebe drei Parteien, S(ozialisten), K(onservative), L(iberale), und die Wählerverschiebung werde wie folgt angenommen:

$$\begin{array}{c} \text{an:} \\ \text{von: } S \\ K \\ L \end{array} \begin{array}{ccc} S & K & L \\ \begin{bmatrix} 60\,\% & 20\,\% & 20\,\% \\ 30\,\% & 60\,\% & 10\,\% \\ 30\,\% & 20\,\% & 50\,\% \end{bmatrix} \end{array}$$

Man hat also die stochastische Übergangsmatrix

$$P = \begin{pmatrix} 0,6 & 0,2 & 0,2 \\ 0,3 & 0,6 & 0,1 \\ 0,3 & 0,2 & 0,5 \end{pmatrix} .$$

Will man aus einer bekannten Stimmenverteilung, z.B. 100 für S, 100 für K, 100 für L, bei einer Wahl auf das Ergebnis der nächsten Wahl schließen, so muß man offenbar die transponierte Matrix P^t verwenden, hier ergibt sich

$$P^t \begin{pmatrix} 100 \\ 100 \\ 100 \end{pmatrix} = \begin{pmatrix} 120 \\ 100 \\ 80 \end{pmatrix} .$$

Nach der nächsten Wahl wird man erwarten

$$P^t \begin{pmatrix} 120 \\ 100 \\ 80 \end{pmatrix} = \begin{pmatrix} 126 \\ 100 \\ 74 \end{pmatrix} ,$$

und beim übernächsten Mal

$$P^t \begin{pmatrix} 126 \\ 100 \\ 74 \end{pmatrix} = \begin{pmatrix} 127,8 \\ 100,0 \\ 72,2 \end{pmatrix} .$$

Man wird vermuten, daß es eine stabile Verteilung gibt, und daß diese Verteilung sich allmählich immer genauer einstellt, wenn die Übergangsmatrix sich nicht ändert. Hat also P^t den Eigenwert 1?

Für P selbst gilt, nachdem die Zeilensumme 1 ist

$$P \begin{pmatrix} 1 \\ 1 \\ 1 \end{pmatrix} = 1 \cdot \begin{pmatrix} 1 \\ 1 \\ 1 \end{pmatrix} ,$$

P hat also zum Eigenwert 1 einen positiven Eigenvektor. Aus der Determinantenbedingung folgt, daß auch P^t den Eigenwert 1 hat. Kann man das auch ohne Determinanten einsehen?

Aus der Bedeutung von P^t wird man vermuten, daß das Produkt von Transponierten stochastischer Matrizen dieselbe Eigenschaft hat. (Beweis?)

Eine schöne Deutung für Übergänge unseres Typs hat *J. H. Durran* [4] an Hand der Wettervorhersage gegeben:

$$P^t = M = \begin{bmatrix} 0,5 & 0,3 & 0,2 \\ 0,3 & 0,5 & 0,3 \\ 0,2 & 0,2 & 0,5 \end{bmatrix}$$

gebe die Übergangswahrscheinlichkeiten für das britische Wetter mit der vereinfachten Typeneinteilung f (fine), d (dull), w (wet). Wenn am Tage k (f_k, d_k, w_k) die Wahrscheinlichkeiten für das entsprechende Wetter sind, wie groß sind sie für den Tag (k + 1)? Natürlich

$$\begin{pmatrix} f_{k+1} \\ d_{k+1} \\ w_{k+1} \end{pmatrix} = M^t \begin{pmatrix} f_k \\ d_k \\ w_k \end{pmatrix}$$

Wenn am Donnerstag schönes Wetter ist, $f_0 = 1$, $d_0 = w_0 = 0$, wie sind die Wahrscheinlichkeiten für das Wetter am Sonntag? (Es zeigt sich am Beispiel, daß $f_3 < d_3$!).

2.8. Nichtnegative Matrizen

Es hat sich gezeigt, daß vielfach als Elemente nur nichtnegative Zahlen auftreten können, z. B. Wahrscheinlichkeiten. Wir schreiben $A \geqslant 0$. Ist A eine n × n-Matrix, so bildet A die Menge der Spalten $x \geqslant 0$, den „positiven Kegel" des $\mathbb{R}^n$, in sich ab.

Einige Fragen waren aufgetaucht.

(1) Wann ist $A \geqslant 0$ und $A^{-1} \geqslant 0$?

Skizze der Lösung: Es müssen also A und A^{-1} den positiven Kegel *in* sich abbilden, d. h. A bildet ihn sogar *auf* sich ab! Daraus folgert man, daß ein Kantenvektor als Bild wieder einen Kantenvektor hat. (Ein Kantenvektor ist eine Spalte, die bis auf eine Ausnahme nur aus Nullen besteht. Die positiven Kantenvektoren sind dadruch gekennzeichnet, daß nur sie sich nicht als Summen von zwei nicht-proportionalen nichtnegativen Spalten darstellen lassen, und diese Eigenschaft bleibt unter A erhalten!)

Es muß also

$$A \begin{bmatrix} 1 \\ 0 \\ \vdots \\ \vdots \\ \vdots \\ 0 \end{bmatrix} = \begin{bmatrix} 0 \\ \vdots \\ a_1 \\ \vdots \\ 0 \end{bmatrix}$$

sein, die erste Spalte hat nur an einer Stelle ein von Null verschiedenes Element. Das gilt auch für alle anderen Spalten. Es muß dann aber auch in jeder Zeile genau ein Element ungleich Null sein, denn sonst wäre A nicht invertierbar. Die Bedingung ist hinreichend.

Also: A, $A^{-1} \geqslant 0$ *genau wenn in jeder Zeile und jeder Spalte von* A *ein und nur ein Element* > 0 *ist, alle anderen gleich* 0.

(2) Wann hat eine stochastische Matrix P eine stochastische Inverse?

Lösung: Da P, $P^{-1} \geqslant 0$ ist ’die Aufgabe (1) anwendbar, und es muß in jeder Zeile (Spalte) genau eine 1 stehen, sonst Nullen. Diese Matrizen stellen Permutationen der Kanten dar, sie heißen auch *Permutationsmatrizen.* — als stochastische Matrizen betrachtet sind sie nicht sehr interessant. (Warum?)

(3) Man bestimme die ganzzahligen $A \geqslant 0$ mit $A^{-1} = A$! (Diese Frage tauchte beim Kodieren auf).

Lösung: Da $A^{-1} = A \geqslant 0$, können wir wieder auf (1) zurückgreifen. Die Ganzzahligkeitsbedingung führt dann auf die Permutationsmatrizen; diese sind für das Kodieren nicht besonders geeignet! (Warum?).

(4) Finde alle positiven Quadratwurzeln aus E, also $A^2 = E$. Hinweis zur Lösung: Es ist also $A^{-1} = A \geqslant 0$, auch diese Aufgabe führt auf (spezielle) Permutationsmatrizen!

2.9. Berechnung von Eigenwerten und Eigenspalten: Iterationsverfahren

Für theoretische Überlegungen ist, sobald die Vorkenntnisse vorhanden sind, die Determinantenrelation $\det(A - \lambda E) = 0$ für die Eigenwerte λ von A nützlich. Doch zeigen die bisherigen Motivationen andere Wege.

Zunächst wissen wir: Eine stochastische Matrix P hat den Eigenwert 1. Wir vermuteten: Das gilt auch für P^t. Aus $\det(P^t - \lambda E) = \det(P - \lambda E)^t = \det(P - \lambda E)$ würde das sofort folgen. Was wir brauchen, ist aber auch geometrisch zu sehen: Das System $Bx = 0$ habe eine Lösungsspalte $x \neq 0$. (Bei uns ist $B = P - \lambda E$). Gibt es dann ein $y \neq 0$ mit $B^t y = 0$? $Bx = 0$ bedeutet, daß die Spalten von B, also die Zeilen von B^t in einer $(n-1)$-dimensionalen Ebene liegen. Also leistet es ein Vektor $y \neq 0$, der auf dieser Ebene senkrecht steht! Damit sind wir fertig.

Eine andere Frage war aber, wieder bei $A = P^t$: Geht man von irgendeiner Spalte $x_0 \geqslant 0$, Summe der Elemente 1, aus und bildet $x_1 = Ax_0$, $x_2 = Ax_1 = A^2 x_0$, $\ldots$, $x_n = Ax_{n-1} = A^n x_0$ kann man dann sagen, daß die x_n eine Eigenspalte $y \geqslant 0$ zum Eigenwert 1 annähern?

In Grenzfällen wird das nicht gelten. Ist $A = \begin{bmatrix} 0 & 1 \\ 1 & 0 \end{bmatrix}$ und $x_0 = \begin{bmatrix} 1 \\ 0 \end{bmatrix}$, so hat man $x_1 = \begin{bmatrix} 0 \\ 1 \end{bmatrix}$, $x_2 = \begin{bmatrix} 1 \\ 0 \end{bmatrix}$, usw., es herrscht keine Konvergenz. Das ist klar, sobald man an Übergangsmatrizen denkt; interessant wird vor allem der Fall sein, daß alle Übergänge mit von Null verschiedenen Wahrscheinlichkeiten möglich sind, also $A > 0$. Wir überlegen uns die Situation bei $n = 3$ anschaulich: Wir wissen, daß wir nur Spalten mit nichtnegativen Elementen und Elementsumme 1 zu betrachten brauchen, alles spielt sich also auf dem ebenen Dreieck Δ_0 mit den Ecken $e_1 = \begin{bmatrix} 1 \\ 0 \\ 0 \end{bmatrix}$, $e_2 = \begin{bmatrix} 0 \\ 1 \\ 0 \end{bmatrix}$, $e_3 = \begin{bmatrix} 0 \\ 0 \\ 1 \end{bmatrix}$ ab.

(siehe Seite 22). Wir erhalten mit $\Delta_1 = A\Delta_0$ ein Dreieck mit den Ecken Ae_k, das ganz im Innern von Δ_0 liegt, allgemein gilt für $\Delta_n = A\Delta_{n-1}$, daß $\Delta_n \subset \Delta_{n-1}$. (Warum? Alle Elemente von Δ_{n-1} sind die „Konvexkombinationen" $\sum_i \mu_i e_i^{(n-1)}$, $\sum \mu_i = 1$, $\mu_i \geqslant 0$, der

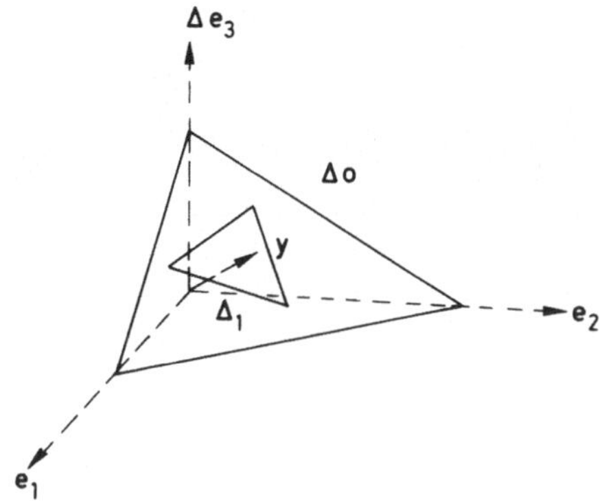

Ecken $e_i^{(n-1)}$ von Δ_{n-1}, und diese Eigenschaft vererbt sich auf Δ_n!) Nun muß man noch zeigen, daß die größte Seitenlänge δ_n von Δ_n unter unseren Voraussetzungen gegen Null geht, um zu sehen, daß die Δ_n sich auf einen Punkt y zusammenziehen. Der Leser sollte sich überlegen, daß es eine Zahl $q < 1$ gibt, so daß $\delta_n \leq q \cdot \delta_{n-1}$! Da für beliebiges $x_0 \in \Delta_0$ gilt $A^n x_0 \in \Delta_n$, folgt, daß die $A^n x_0$ sämtlich gegen y gehen. Aber nimmt man y selbst, so muß gelten $Ay = y$, denn das Bild Ay muß in jedem Δ_{n+1} liegen, weil $y \in \Delta_n$ für jedes n gilt. Der einzige gemeinsame Punkt aller Δ_{n+1} ist aber y; y ist also Eigenspalte zum Eigenwert 1.

An dieses Resultat lassen sich Fragen anknüpfen:

(1) Ist der *Sachverhalt* „Bei $A \geq 0$ existiert Eigenwert $\lambda \geq 0$ zu Eigenspalte $y \geq 0$" vielleicht allgemein richtig und nicht nur für $A = P^t$ mit stochastischer Matrix P?

(2) Ist die *Methode* $x_{n+1} = Ax_n$ für die näherungsweise Berechnung von Eigenspalten vielleicht allgemeiner verwendbar? (Am Ende von Abschnitt 2.4 hatten wir das Verfahren von Theon v. Smyrna für $\sqrt{2}$ analog besprochen).

(3) Ist die *Methode* der „kontrahierenden Abbildung", mit der ein Bereich immer mehr auf einen Punkt zusammengezogen wird, der zur Lösung der Aufgabe führt, vielleicht allgemeiner verwendbar?

(4) Die Vorschrift $x_{n+1} = Ax_n$ führt auf ein *Iterationsverfahren*. Wo sind solche Verfahren schon verwendet worden?

Diese Fragen gehören schon in die Stufe Heuristik und Kreativität, Nr. (3) in unserem einleitenden Abschnitt 1.1.

Tatsächlich führt unser von konkreten Aufgaben her motiviertes Eigenwertproblem damit zu wichtigen, tiefliegenden Teilen der modernen Mathematik:

Zu (1): Es handelt sich um die von O. Perron und Frobenius (ab 1907) behandelten Spektraleigenschaften nichtnegativer Matrizen. Zum Beispiel gilt nach Perron: Wenn $A > 0$, so gibt es einen Eigenwert $\lambda_1 > 0$ und dazu eine Eigenspalte $x_1 > 0$; alle anderen Eigenwerte von A sind absolut genommen kleiner als λ_1.

Zu (2): Hier kommt man auf die Methode nach R. von Mises [23]. Tatsächlich gilt für „fast alle" Anfangsspalten x_0, daß die $x_n = A^n x_0$ die Richtung einer Eigenspalte, und zwar die zum betragsgrößten Eigenwert, annähern. (Da dann für große n gelten wird

$x_{n+1} \approx \lambda_1 x_n$, geben die Quotienten z. B. der ersten Koordinaten der Vektoren zugleich Näherungswerte für den betragsgrößten Eigenwert λ_1). Einzelheiten findet man in jeder guten Darstellung über numerische Mathematik.

Zu (3) und (4): Der Fixpunktsatz für kontrahierende Abbildungen ist tatsächlich ein wichtiges Hilfsmittel in der modernen Mathematik. Viele spezielle Iterationsverfahren auch für nicht-lineare Aufgaben führen auf ihn. Es wird sich lohnen, ihn genauer zu untersuchen. Von den Interationsverfahren ist das von Newton schon klassisch, aber wir kennen auch schöne spezielle Beispiele, etwa das „babylonische Wurzelziehen"

$$x_{n+1} = \frac{1}{2}\left(x_n + \frac{a}{x_n}\right)$$

für die Berechnung von $\sqrt{a}$ und das Verfahren von Theon aus 2.4
Bei all diesen Überlegungen spielt der Konvergenzbegriff herein.

2.10. Konvergenz, Metrik, Norm

Ein naheliegender Konvergenzbegriff im $\mathrm{I\!R}^n$ ist: Eine Folge von Spalten konvergiert

genau dann gegen eine Spalte $x = \begin{bmatrix} x_1 \\ x_2 \\ \vdots \end{bmatrix}$, wenn die k-ten Koordinaten der Folgenvek-

toren gegen x_k konvergieren. Das läuft auf dasselbe hinaus wie die mehr geometrische Definition: Konvergenz herrscht, wenn die Abstände gegen 0 konvergieren. Dabei ist der Abstand zwischen x und y gegeben durch

$$|x - y| = \sqrt{(x_1 - y_1)^2 + \ldots + (x_n - y_n)^2} \quad ,$$

die „Länge" einer Spalte selbst durch den Abstand von 0,

$$|x| = \sqrt{x_1^2 + \ldots + x_n^2} \; .$$

Man kann auch schreiben $|x|^2 = x^t x$. Der Abstand ist uns nützlich, wenn wir eine Richtung darstellen wollen; die Aussage, daß die Richtungen von $x_n = A^n x_0$ gegen die Richtung einer Eigenspalte konvergieren (Verfahren nach von Mises), würde also jetzt lauten: $\frac{x_n}{|x_n|}$ konvergiert gegen eine Eigenspalte. Und da für große n gelten wird

$$x_{n+1} = A x_n \approx \lambda x_n, \qquad \text{hat man}$$

$$\lambda \approx \frac{x_n^t A x_n}{x_n^t x_n} = \frac{x_n^t A x_n}{|x_n|^2} = \frac{x_n^t x_{n+1}}{|x_n|^2} \quad ;$$

die von Lord Rayleigh bei Energieausdrücken verwendeten „Rayleigh-Quotienten" konvergieren tatsächlich unter sehr allgemeinen Voraussetzungen gegen einen Eigenwert:

$$\frac{x_n^t A x_n}{x_n^t x_n} \to \lambda \; .$$

Nun sind uns schon Fragestellungen begegnet, bei denen andere Spalten ausgezeichnet waren als die mit $|a| = 1$. Bei den stochastischen Matrizen interessierten Spalten $x \geqslant 0$ mit $x_1 + x_2 + \ldots + x_k = 1$. Richtungen, gegeben durch Spalten x, würde man in diesem Zusammenhang vielleicht besser durch $\dfrac{x}{\|x\|}$ mit der „Norm"

$$\|x\| = |x_1| + |x_2| + \ldots + |x_k|$$

beschreiben. Für Konvergenzuntersuchungen ist diese Norm genauso geeignet wie die Länge $|x|$, aber man vermeidet u. a. das lästige Wurzelziehen.

Neben unserer internen Motivation für diese Norm gibt es auch externe, z. B. die sogenannte Taximetrik [18]:

Gibt es in einer Stadt nur achsenparallele Straßen, so ist die Fahrzeit von $\binom{0}{0}$ nach $\binom{x_1}{x_2}$ proportional zu $\|x\| = |x_1| + |x_2|$. Die Linien gleicher Fahrzeit sind Quadrate.

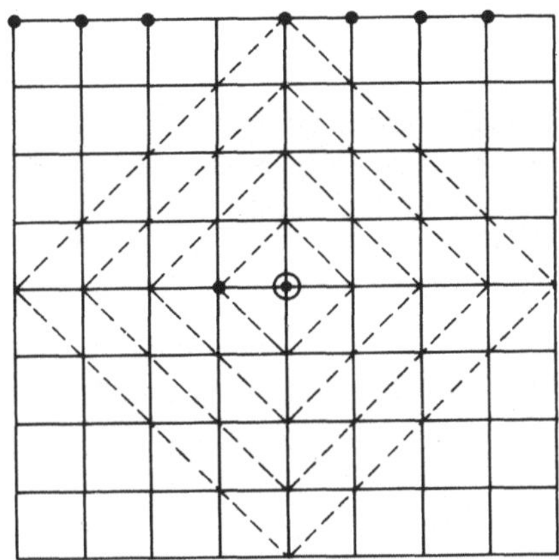

Unsere Norm hat, wie die euklidische Länge auch, die Eigenschaften

$$(N\,1) \qquad \|x\| > 0 \text{ für } x \neq 0$$

$$(N\,2) \qquad \|\lambda \cdot x\| = |\lambda| \cdot \|x\| \text{ für reelle } \lambda,$$

$$(N\,3) \qquad \|x + y\| \leqq \|x\| + \|y\|.$$

Für die „Distanz" $d(x_1, x_2) = \|x_1 - x_2\|$ zwischen den Endpunkten von x_1 und x_2 gilt wegen $(N\,3)$ wie in der euklidischen Längenmessung die „Dreiecksungleichung"

$$(D\,3) \qquad d(x_1, x_3) \leqq d(x_1, x_2) + d(x_2, x_3),$$

da

$$\|x_1 - x_3\| = \|(x_1 - x_2) + (x_2 - x_3)\| \leqq \|x_1 - x_2\| + \|x_2 - x_3\| \, .$$

Daneben gelten

$$(D\,1) \qquad d(x_1, x_2) > 0 \text{ für } x_1 \neq x_2; \; d(x, x) = 0,$$

$$(D\,2) \qquad d(x_1, x_2) = d(x_2, x_1).$$

Wir kommen mit diesen Begriffsbildungen auf den Fixpunktsatz zurück. Sei f irgendeine Abbilung des $\mathbb{R}^n$ auf sich, und $x_{n+1} = f(x_n)$ sei unsere Iterationsvorschrift. Dann wollen wir noch voraussetzen, daß f kontrahierend sei, d.h. es gebe ein q, $0 < q < 1$ mit

$$d(f(x), f(y)) \leq q \cdot d(x, y) \quad \text{oder} \quad \|f(x) - f(y)\| \leq q \|x - y\|.$$

Man hat also

$$\|x_{n+1} - x_n\| = \|f(x_n) - f(x_{n-1})\|$$
$$\leq q \|x_n - x_{n-1}\| \leq \ldots \leq q^n \|x_1 - x_0\|,$$

und daher

$$\|x_{n+p} - x_n\| = \|(x_{n+p} - x_{n+p-1}) + (x_{n+p-1} - x_{n+p-2}) + \ldots + (x_{n+1} - x_n)\|$$
$$\leq (q^{n+p-1} + q^{n+p-2} + \ldots + q^n) \|x_1 - x_0\|$$
$$< q^n \frac{\|x_1 - x_0\|}{1 - q},$$

wobei wir die Summenformel für die geometrische Reihe eingesetzt haben. Unser Ergebnis besagt aber, wegen $0 < q < 1$, daß die x_n eine Cauchy-Folge bilden: Zu jedem $\epsilon > 0$ gibt es ein n, so daß $\|x_{n+p} - x_n\| < \epsilon$ für alle p. (Man wähle n so, daß

$$q^n \leq \epsilon \cdot \frac{1 - q}{\|f(x_0) - x_0\|} ! \quad . \quad x_1 \neq x_0 !$$

Dann folgt aber aus dem Cauchy-Kriterium, daß die Folge der Spalten x_n gegen eine Spalte $\tilde{x}$ konvergiert. Geht man in

$$\|f(x_n) - x_n\| = \|x_{n+1} - x_n\| \leq q^n \|x_1 - x_0\|$$

zur Grenze über, $x_n \to \tilde{x}$, so folgt

$$\|f(\tilde{x}) - \tilde{x}\| = 0, \text{ also}$$

$f(\tilde{x}) = \tilde{x}$, d.h.: $\tilde{x}$ ist „Fixpunkt". Wäre x' ein weiterer Fixpunkt, so hätte man wegen $f(x') = x'$

$$\|x' - \tilde{x}\| = \|f(x') - f(\tilde{x})\| < q \|x' - \tilde{x}\|,$$

was wegen $q < 1$ nur für $\|x' - \tilde{x}\| = 0$ möglich ist; es gibt also nur einen Fixpunkt. Also haben wir den *Fixpunktsatz:* Wenn die Abbildung $f : \mathbb{R}^n \to \mathbb{R}^n$ kontrahiert, d.h. $d(f(x), f(y)) \leq q \, d(x, y)$ für ein q, $0 < q < 1$, dann gibt es genau eine Lösung der Gleichung $f(\tilde{x}) = \tilde{x}$ (Fixpunkt); diese ist Grenzwert jeder Folge $x_{n+1} = f(x_n)$ bei beliebigem Anfang x_0.

Hier kommt nun die Frage: Ist diese Methode nicht vielleicht allgemeiner verwendbar? In der Tat überlegt man sich, daß unsere Formulierung des Fixpunktsatzes und der Beweis unverändert für vollständige „metrische Räume" gelten, d.h. Mengen, in denen eine Distanz d definiert ist mit den Eigenschaften (D 1), (D 2), (D 3) und in denen das Cauchysche Konvergenzkriterium gilt. Dieser allgemeine Satz hat sich aus einem speziellen Sachverhalt erschlossen.

Als nicht ganz einfache Anwendung folgt jetzt der Satz von Perron:

Ist $A > 0$, so ist $f(x) = \dfrac{Ax}{\|Ax\|}$ eine kontrahierende Abbildung der Menge $\{x > 0 \mid \|x\| = 1\}$

auf sich, Distanz $d(x, y) = \|x - y\| = \sum_{i=1}^{n} |x_i - y_i|$, und es gibt also genau ein $\tilde{x}$ mit $f(\tilde{x}) =$

$= \tilde{x}$, d. h. $A\tilde{x} = \lambda \cdot \tilde{x}$ mit $\lambda = \|A\tilde{x}\| > 0$, d. h. es gibt genau einen positiven Eigenwert und dazu eine positive Eigenspalte.

Vor allem interne Motivationen führen zu der Frage nach allen möglichen Normen mit (N 1), (N 2), (N 3) in einem Vektorraum; man vergleiche [8], [18] und die dort zitierte Literatur. Solche Normen untersuchte zuerst Minkowski für zahlentheoretische Zwecke; es zeigt sich, daß man alle Normen enthält, wenn man als $\{x \mid \|x\| \le 1\}$ eine zu 0 symmetrische konvexe Menge nimmt, welche 0 als Innenpunkt hat. Für den gewöhnlichen Absolutbetrag ist das die Einheitskugel, für die Norm der Taximetrik handelt es sich um ein „auf der Spitze stehendes" Quadrat. Zu einem achsenparallelen Quadrat gehört die auch in der numerischen Mathematik wichtige Norm $\|\binom{x_1}{x_2}\| = \max \{|x_1|, |x_2|\}$. In der Analysis spielen normierte Funktionräume eine große Rolle: In der Menge aller auf $0 \le t \le 1$ stetigen Funktionen $x(t)$ ist $\|x\| = \max |x(t)|$ eine Norm, sie gehört zur gleichmäßigen Konvergenz: $\|x_n - x\| \to 0$ bedeutet, daß die Funktionenfolge x_n gleichmäßig gegen die Funktion x konvergiert. Fixpunktsätze sind für die ganze Analysis wichtig. Die unendlichdimensionalen normierten Räume gehören in die Funktionalanalysis.

Hilbert hat, in seinem Nachruf auf Minkowski, die Bedeutung der normierten Räume für die Grundlagen der Geometrie gewürdigt. Es handelt sich um Geometrien mit Parallelenaxiom, in denen der erste Kongruenzsatz nicht gilt. Hier liegt eine interne Motivation für diese Normen.

2.11. Wo bleibt die Motivation der „abstrakten" Vektorräume?

Unsere Überlegungen sind gar nicht bei dem angelangt, was im Sinne der heutigen Universitätsmathematik „Lineare Algebra" genannt wird. Ein Bedürfnis nach diesem allgemeinen Begriff konnte hier nicht überzeugend auftreten. Wir hatten es nur mit dem $\mathbb{R}^n$ zu tun, in ihm existierte für uns nur eine natürliche Basis, und den Begriff des Morphismus brauchten wir nicht einzuführen, alles leisteten die Matrizen. Wohl aber sind wir auf Dinge geführt worden, die die Universitätsmathematik der Anfangssemester gar nicht zur Linearen Algebra rechnet: Wir erkannten die Bedeutung nichtnegativer Matrizen und Vektoren (in der Linearen Optimierung ließe sich das bestätigen), und Iterationsverfahren wurden von den Beispielen nahegelegt, das heißt, wir wurden auf Konvergenzfragen geführt. Die damit verbundenen Fragestellungen, besonders in Erweiterung auf unendlich viele Dimensionen, beherrschen große Gebiete der heutigen Forschung: Gibt es in einem Vektorraum einen „positiven Kegel", so hat man halbgeordnete Vektorräume vor sich, und gibt es Konvergenzbegriffe, so hat man es mit den topologischen Vektorräume der Funktionalanalysis zu tun. Tatsächlich sind wir also zu höchst aktuellen Gebieten der Mathematik gelangt, geordneten algebraischen Strukturen beziehungsweise topologischalgebraischen Strukturen! Wir haben also eigentlich viel mehr geleistet, als wenn wir von vornherein mit dem abstrakten Vektorraum angefangen hätten, in diesem verschiedene Basen und ihre Transformationen eingeführt hätten, lineare Abbildungen untersucht hätten, diese dann nachträglich in den verschiedenen Basen durch Matrizen darzustellen genötigt worden wären usw. Vermutlich muß dieser axiomatisch-deduktive Weg zwangsläufig den Zugang erschweren, z. B. zu den teilweise geordneten Vektorräumen, in denen ja nicht mehr alle Basen gleichberechtigt sind wie im abstrakten Vektorraum.

Ich finde das ein wichtiges Phänomen; wir haben nicht die algebraische Struktur in Reinkultur motiviert, sondern sind eher zu gemischten Strukturen gekommen, algebraisch-topologischen oder Algebra-Ordnung. Wenn man im Unterricht, sei es an Schule oder Universität, die Begriffe zergliedert vorlegt und erst einmal nur das algebraische heraussucht, im anderen Hörsaal Ordnungsstrukturen für sich behandelt und im dritten eine allgemeine Topologie abhandelt, so ist das vom Lehrenden her gesehen der „einfachere“ Weg, in jedem Hörsaal für sich kann ein relativ kurzes Axiomensystem behandelt werden. Ich halte es aber für ganz falsch, bei den Schülern und den Universitätsanfängern so vorzugehen; der Teil kann erst interessieren, wenn man vorher etwas vom Ganzen weiß, in das er gehört — dann freilich, wenn man sich spezialisieren will (als Wissenschaftler), kann der Teil zu einem großen wissenschaftlichen Gebiet werden. (Wer Augenarzt werden will, muß ja zuerst einen Überblick über die Medizin des ganzen Menschen haben!) Für den Anfänger sind die reellen Zahlen ja nicht eine Menge mit drei verträglichen Strukturen, einer algebraischen, einer topologischen, einer Anordnungsstruktur; die Berechtigung für die gesonderte Betrachtung der einzelnen Strukturtypen ergibt sich erst im nachhinein. Da die reellen Zahlen nun einmal (als einziger vollständig geordneter Körper) besonders ausgezeichnet sind, geben sie übrigens eine schlechte Basis für allgemeinere Untersuchungen. Die Matrizen geben reichere Möglichkeiten.

Ehe wir auf diese Möglichkeiten, die Matrizen zur Strukturmathematik heranzuziehen, eingehen, soll aber doch noch die Frage nach dem vom speziellen Beispiel $\mathbb{R}^n$ losgelösten, d. h. „abstrakten“ Vektorraum, behandelt werden. Denn historisch waren die abstrakten Vektorräume ja sicherlich früher da (Anfänge etwa bei Graßmann, Mitte des vorigen Jahrhunderts, voll seit der Entwicklung der modernen Algebra, Steinitz u. a. in den ersten Jahrzehnten unseres Jahrhunderts), als die teilweise geordneten oder die topologischen Vektorräume. Der Grund dafür ist leicht zu sehen: Man kam von Geometrie, Mechanik und Physik her. Die Vektoroperationen der Addition, des inneren und äußeren Produkts im *dreidimensionalen* (!) Raum sind da ganz naheliegend, und es ist übrigens auch unvernünftig, da eine spezielle Basis ein für allemal zugrundezulegen. Kann man also physikalisch motivieren, so wird man die basisfreie Darstellung, also den abstrakten Vektorraum, angemessen motiviert finden (wenn auch zunächst nur bei speziellen Dimensionen). Aber die Motivation von Physik und Geometrie her ist im allgemeinen auf einer späteren Stufe erst möglich, und sie ist auch für viele ältere Lernende nicht interessant, z. B. für Wirtschaftswissenschaftler. (Ich merke übrigens an, daß auch bei physikalischer und geometrischer Motivierung zunächst mit Koordinaten gerechnet wurde, um 1900 bei Ricci und Levi-Cività mußte ein Tensor mühsam durch sein Verhalten bei Einführung neuer Koordinaten definiert werden, heute wird er koordinatenfrei über multilineare Formen definiert)!

Man wird also den abstrakten Vektorraum geradezu dadurch motivieren können, daß es für manche Zwecke (das einfachste Beispiel ist die Addition von Kräften) nur auf die Regeln für die algebraischen Verknüpfungen ankommt. Freilich, wenn man etwas ausrechnen will, wird man um Basen nur selten herumkommen. Die Regeln aber, daß die Addition von Kräften kommutativ und assoziativ ist, haben mit speziellen Basen nichts zu tun. Ähnlich verhält es sich mit der vektoriellen Behandlung der Geometrie, welche ja eine wesentliche historische Begründung für die in den letzten Jahrzehnten stattgefundene Wandlung der Grundvorlesung „Analytische Geometrie" in „Lineare Algebra" war; so daß es wiederum einleuchtet, daß die von der Mathematik (und vielleicht Physik) herkommenden Lehrer zunächst zu den abstrakten Vektorräumen gelangen mußten.

2.12. Die Rolle der Geometrie

Ich habe bewußt weitgehend auf geometrische Motivationen verzichtet. Diese waren ja in der alten analytischen Geometrie maßgebend und damit auch bei deren allmählichem Wandel zur linearen Algebra. Die Geometrie herrschte.

Es hat sich aber auch hier gezeigt, daß die geometrische Sprech- und Denkweise und die Raumanschauung durchweg eine große Rolle spielen. Das ist eine allgemeine Erscheinung (auch in der Psychologie und den Erziehungswissenschaften spricht man von „Dimensionen"; wir würden lieber „Parameter" sagen). Bei uns gingen aber Denkweisen der Geometrie als wesentliche Hilfen ein, z. B. bei der Abbildungsdeutung, bei den Iterationsverfahren (Kontraktion), bei Eigenwertaufgaben; noch deutlicher würde das bei der linearen Abhängigkeit, bei der linearen Optimierung, bei Extremwerteigenschaften der Eigenwerte im Zusammenhang mit quadratischen Formen, zu denen Kegelschnitte und Flächen zweiter Ordnung gehören. Im ganzen hat die Geometrie anscheinend eine dienende, sekundäre Rolle.

Dieser Eindruck kann aber höchstens dann entstehen, wenn man die Lineare Algebra im Unterricht als fertiges Lehrgebäude hinstellt. In der Tat ist es dann im Prinzip möglich, alles Geometrische zu eliminieren. Man braucht die Axiome ja nur geometriefrei zu formulieren.

Daß aber als Hintergrund für die Resultate, für das Finden von Methoden und Verfahren die Geometrie unerläßlich ist, wird bei unserer Sicht deutlich geworden sein. Geometrie dient wohl, aber sie ist nicht sekundär, sondern unverzichtbar. Daran sollte man bei der Diskussion über die Rolle der Geometrie schon in der S I denken.

Selbstverständlich halte ich also Geometrieunterricht nach wie vor für erforderlich, und es wäre leicht gewesen, hier geometrische Motivationen für die lineare Algebra zu geben. Diese aber sind klassisch und dürfen als bekannt gelten. Mir kam es ja vor allem auf außermathematische Motivationen an.

2.13. Matrizen und Strukturen

Ich sehe nicht, wie man von den Matrizen aus die Untersuchung von mathematischen Strukturen wie Gruppen, Ringe, Körper, Algebren tragfähig motivieren könnte; allenfalls gibt die Nicht-Kommutativität der Matrizenmultiplikation einen Hinweis darauf, daß nicht nur kommutative Verknüpfungen interessieren, doch weiß man das auch von geometrischen Gruppen. In Einzelfällen mag man auf Fragen kommen, welche über Matrizen hinausführen; z. B. wissen wir, daß die Inverse einer Matrix eindeutig bestimmt ist. Daher liegt die Frage nahe: Sind in einer Gruppe die Lösungen der Gleichungen $ax = e$ und $ya = e$ stets eindeutig, und gilt dann $x = y$? Wie muß man die Gruppenaxiome einrichten, damit das gilt? — Übrigens gibt es bei unendlichen Matrizen Beispiele für $A \cdot B = E$, aber $B \cdot A \neq E$, so daß umgekehrt Beispiele bei Matrizen zur Klärung von Sachverhalten über Strukturen beitragen können. Überhaupt dürfte eine wichtige innermathematische Motivation für die Matrizen darin bestehen, daß sie Beispiele für algebraische Strukturen geben, ja, daß sie sogar für manche Theorien die ,,allgemeinsten'' Beispiele liefern: Alle Gruppen sind isomorph zu Matrizengruppen, und die homomorphen Darstellungen von Gruppen durch Matrizen sind sehr wichtig, u. a. in der Quantenmechanik. Doch sind das globale, interne und externe Motivationen, welche erst auf der Universität zugänglich sind. Die Aufzählung von möglichst vielen Beispielen für Strukturen mit Hilfe von Matrizen gehört nicht zu unserem Thema. Einige Hinweise findet man in [13] und in den Lehrbüchern der Algebra. Wir führen lediglich die beiden hier explizit erwähnten Tatsachen aus und anschließend zwei nicht ganz einfache Beispiele.

(a) Unendliche Matrizen A, B mit $A \cdot B = E$, $B \cdot A \neq E$ sind

$$A = \begin{bmatrix} 0 & 1 & 0 & 0 & 0 & \ldots \\ 0 & 0 & 1 & 0 & 0 \\ 0 & 0 & 0 & 1 & 0 \\ \ldots \end{bmatrix} , \; B = A^t$$

(b) Sei $G = \{ g_1, g_2, \ldots, g_n \}$ eine Gruppe (wir behandeln nur den Fall von endlich vielen Elementen); dann findet man eine isomorphe Matrizengruppe wie folgt.

$$\text{Es seien } e_1 = \begin{bmatrix} 1 \\ 0 \\ \cdot \\ \cdot \\ \cdot \\ 0 \end{bmatrix}, \; e_2 = \begin{bmatrix} 0 \\ 1 \\ 0 \\ \cdot \\ \cdot \\ 0 \end{bmatrix}, \ldots, e_n = \begin{bmatrix} 0 \\ 0 \\ \cdot \\ \cdot \\ 0 \\ 1 \end{bmatrix}$$

die Basisspalten des $\mathrm{I\!R}^n$. Eine Matrix A_k wird für $k = 1, \ldots, n$ eindeutig definiert durch

$$A_k e_l = e_j \qquad \text{wenn} \qquad g_k g_l = g_j \; .$$

Dann ist die Zuordnung $A_k \longleftrightarrow g_k$ ein Isomorphismus! Übrigens sind die A_k Permutationsmatrizen.

(c) Man finde Unterkörper des Rings der 2×2-Matrizen! [Zum Beispiel: $\{ \begin{bmatrix} a & -b \\ b & a \end{bmatrix} \big| a, b \in \mathrm{I\!R} \}$ ist isomorph zum Körper der komplexen Zahlen; es ist

$$\begin{bmatrix} a & -b \\ b & a \end{bmatrix} = a \cdot E + bJ, \; J = \begin{bmatrix} 0 & -1 \\ 1 & 0 \end{bmatrix}$$

mit $J^2 = -E$.

(d) Man zeige, daß alle n × n-Matrizen, welche höchstens in der Hauptdiagonalen und in
der ersten Zeile von 0 verschiedene Elemente haben, einen Ring bilden und bestimme
die zweiseitigen Ideale!

3. Folgerungen für den Unterricht

„Die Mathematik hat die am wenigsten geheimen Zugänge von allen Wissenschaften, und
auf die Zugänge kommt es in der Schule an". (M. Wagenschein [21], S. 105).

3.1. Exemplarisches Prinzip und genetisches Lehren

Wir haben hier eine Antwort versucht auf die Frage, die M. Wagenschein dem Verfasser
vor einigen Jahren im persönlichen Gespräch einmal als Aufgabe stellte: Ist Strukturmathematik genetisch lehrbar?

Die von Wagenschein und anderen angegebenen Unterrichtsbeispiele beziehen sich vor-
wiegend auf gewisse Höhepunkte der traditionellen Schulmathematik; typisch sind:
Satz des Pythagoras, Nichtabbrechen der Primzahlfolge. Dabei geht es mehr um Mathematik als Bildung als um Ausbildung. Man wird auch weitgehend zustimmen können, daß
jemand — wie schon eh und je — ein Gebildeter sein kann, ohne von New Math etwas zu
kennen. Unsere Ausgangssituation ist aber weiter gefaßt: Wir wollen außerdem auch
mathematische Modelle für Umweltphänomene unserer Zeit herstellen, und dabei ergibt
sich zusätzlich die Frage: Kann man von der Erfahrungswelt des Lernenden her einen
Zugang zur Strukturmathematik finden, und hilft uns diese Mathematik dann beim
Arbeiten mit den Modellen auf Gebieten, welche den Lernenden interessieren? Wir versuchten zu zeigen, daß die pädagogische Einstellung, die durch das exemplarische Prinzip
und den genetischen Unterricht gekennzeichnet ist, auch dabei angemessen ist. Wir sind
exemplarisch vorgegangen; einige tragende Beispiele führten zur Erschließung von Begriffsbildungen und Methoden. Die Genesis mathematischer Strukturen führt von einfachen mathematischen Modellen bekannter Situationen und Phänomene über vorläufige
Begriffsbildungen zu allgemeinen Theorien. Von Spalten und Matrizen her werden die Begriffe des Vektorraums und des Morphismus erschlossen; sie stehen am Ende eines Lern-
prozesses, sie sind nicht an seinen Anfang zu setzen (das wäre eine antididaktische Inversion). Eine der Aufgaben des Lehrers besteht darin, daß er auf eine Tragfähigkeit der
Motivationsbasis bedacht sein muß.

Er weiß, daß alle n-dimensionalen Vektorräume isomorph zu Spaltenräume sind, und er
muß wissen, daß — nach Einführung von Basen — alle Morphismen durch Matrizen dargestellt werden, und daß alle Gruppen isomorph zu Matrizengruppen sind. Im scheinbar
Speziellen ist also schon die allgemeine Struktur voll vorhanden.

Ein exemplarischer Zugang determiniert den weiteren Weg noch nicht, der spätere Ablauf
ist noch offen. Eine Lenkung seitens des Lehrenden muß erfolgen; er wird Seitenwege,
die von den nun einmal gesetzten Lernzielen zu weit wegzuführen drohen, zunächst nicht
weiter begehen lassen und das besser der selbständigen Arbeit von Einzelnen überlassen.

Doch sollte die Offenheit der Entwicklung gerade positiv genutzt werden zu einer Selektion derjenigen weiterführenden Stoffe und Methoden, welche im Rahmen der allgemeinen Lernziele von besonderem Interesse für die Lernenden sind.

Nicht nur in der weiteren Entwicklung gibt es mehrere Möglichkeiten, auch der Zugang selbst ist nicht eindeutig bestimmt. Der traditionelle Weg zur linearen Algebra über analytische Geometrie und Mechanik hat seinen Sinn ja durchaus nicht verloren; er kann allerdings erst auf einer späteren Stufe einsetzen. Der Einstieg in die lineare Algebra kann auch von der linearen Optimierung oder von Netzwerken und Graphen aus erfolgen.

Unser Vorschlag zeigt auch deutlich, daß ein genetischer Weg nicht mit der historischen Entwicklung zusammenfallen muß, wenn auch die Kenntnis der Entstehung der Begriffe und Methoden für den genetischen Unterricht von Nutzen sein wird. Übrigens meine ich nicht, daß der hier beschriebene induktive Weg gegenüber dem deduktiven Weg stets zu bevorzugen sei, es war hier ja vor allem vom Einstieg die Rede. In speziellen Lehrveranstaltungen für ältere Lernende wird man oft auch deduktiv vorgehen können, wenn die Teilnehmer genügend Hintergrundmaterial, Stoffe und Methoden, zur Verfügung haben, um den axiomatischen Aufbau einer Theorie aktiv mit voranzutreiben oder wenigstens verfolgen zu können. Es soll auch nicht verkannt werden, daß es Sachverhalte gibt, welche ihren „wahren Grund" erst in allgemeinerem Zusammenhang enthüllen. Das assoziative Gesetz bei Matrizen kann man durch Rechnung bestätigen; sofort durchschaubar ist es aber, wenn man die Abbildungsdeutung heranzieht. Aus einem solchen Beispiel kann man aber nicht schließen, daß es sinnvoll wäre, im Unterricht die Morphismen abstrakter Vektorräume vor den Matrizen und Spaltenräumen zu behandeln. Dann würden solche einfachen Sachverhalte von zu vielen für den Neuling noch sinnleeren Begriffen verdeckt.

3.2. Algorithmus und Kalkül

Für die mathematischen Anfängervorlesungen gilt, daß die Lineare Algebra oft als „Horror-Vorlesung" bezeichnet wird, die Differential- und Integralrechnung aber relativ beliebt ist. Allerdings werden dort sehr viele Hörer von der Aussicht auf den schon bekannten Kalkül des Differenzierens und die Regeln für Integrationen bei der Stange gehalten. Die Problematik des Unendlichen, die in die Analysis im Unterschied zur Algebra wesentlich hineingehört, wird verdrängt. Sie erscheint ja auch nicht notwendigerweise an der Oberfläche, während bei einem deduktiven Beginn der linearen Algebra scheinbare begriffliche Schwierigkeiten in großer Fülle aufgetürmt werden.

Der Hang zum Kalkül, zum Vorgehen nach festen Regeln, ist aber legitim. Das zeigt die Geschichte: Ohne den Leibnizschen Algorithmus wäre die Analysis eine Sache für die Genies allein. Die Gefahr freilich, über dem Automatismus des Kalküls die Begriffe zu vergessen, ist dort groß. Hingegen gehört bei Matrizen das Algorithmische von vornherein wesentlich zur Sache; das liegt schon an der Aufgabenstellung (Auflösung linearer Gleichungssysteme) und an den Definitionen (Multiplikation), vom Algorithmus her ergibt sich geradezu ein Weg zur Motivation des Begrifflichen: Wenn man wissen will, wann der Algorithmus aus 2.5 für die Berechnung der Inversen durchführbar ist, kommt man auf die lineare Abhängigkeit.

Zur Bedeutung von Algorithmen für den Unterricht gilt nach Freudenthal [6, Band I, S. 48] auch: „Indem man eine mathematische Methode algorithmisiert, konsolidiert man sie; wie von einem Sprungbrett kann man es wagen, höher zu kommen. Der Algorithmus verschafft die Mittel zu begrifflicher Vertiefung. Es ist ungerecht, algorithmische und begriffliche Mathematik so einander gegenüberzustellen, daß man von dieser auf jene herabsieht, und es ist sicher nicht gerechtfertigt, diesen Gegensatz mit dem von „alt" und „modern" zu identifizieren."

In der Tat erleben wir ja schon allenthalben, daß New Math in den banalen Algorithmus von $\cap$ und $\cup$ abzuleiten droht, und demgegenüber sind die Algorithmen der linearen Algebra sinnvoller, brauchbarer und geistig anspruchsvoller!

Die Lernmotivationen, welche gerade für die weniger Begabten von Algorithmen und ihren Werkzeugen (Taschenrechner, Kleincomputer, Simulog) ausgehen, sollten für den Mathematikunterricht positiv genutzt werden. In früheren Zeiten konnte die darstellende Geometrie diese Funktion wahrnehmen.

Übrigens soll auch nicht vergessen werden, daß für eine berufsbezogene Mathematikausbildung Algorithmen eine wichtige Rolle spielen können. Aber nicht nur die Nützlichkeit ist wichtig für die Lernmotivation: „Wer einmal mit diesen Werkzeugen gespielt hat, kann ermessen, wie das Spiel einen fesseln kann." (Freudenthal [6], S. 48). Erfolgserlebnisse sind hier auch für die weniger Begabten zugänglich.

Das Aufstellen von einfachen Flußdiagrammen (Ablaufplänen) für Algorithmen ist dem Unterricht der S II zugänglich. Beispiele findet man bei Lehmann [13].

3.3. Probleme sehen und Probleme lösen; Heuristik

Spätestens seit Polya ist die Bedeutung des Problemlösens im mathematischen Unterricht allgemein anerkannt. Die Matrizen bieten dazu reichlich Gelegenheit, wesentlich mehr als der schulgemäße Teil der Differential- und Integralrechnung, der ja für die beliebten Extremwertaufgaben meist auch noch unsachgemäß ist.

Für den Lehrer ist das Erfinden von Aufgaben wichtig. Wir haben einige Ansätze wiedergegeben. Hilfen findet man außer in der angegebenen Literatur auch in den Aufgabenteilen folgender Zeitschriften: Praxis der Mathematik, Elemente der Mathematik, Mathematical Monthly, Mathematics Magazine. Hinweise auf solche Aufgaben haben sich auch bei Erstsemestern an der Hochschule als Anreiz bewährt. Es spielt auch eine Rolle, daß hier der Anfänger mit den erfahrenen Mathematikern in Konkurrenz treten kann und seine Lösung und seinen Namen gedruckt sehen kann!

Wie wir sahen, zeigen sich oft schon bei zwei- und dreireihigen Matrizen wichtige allgemeine Sachverhalte. Man denke auch an die Überlegungen, welche von den positiven Matrizen zum Fixpunktsatz führten. Das Gebiet der Matrizen ist umfangreich genug, um viele Strukturen und Sachverhalte zu umfassen, enthält aber andererseits Teilstrukturen

– wie die „kleinen" Matrizen – die für Heuristik und Experimente zugänglich sind. Auch läßt sich hier eine gewisse Systematik für das Aufgabenfinden und für die Heuristik sehen; das ist nicht auf jedem Gebiet in solchem Umfang möglich.

3.4. Der Anwendungsbezug

Die Trennung von „Reiner" und „Angewandter" Mathematik ist auch Ausfluß der deduktiven Darstellungsart der Mathematik: Erst wird eine Theorie entwickelt, danach wird sie angewendet; die „reine" Mathematik stellt einen Vorrat an Begriffen, Sätzen und Methoden bereit, aus welchem der „Anwender" nach Bedarf geeignete Konserven abruft. Es ist klar, daß so kaum wirklich geforscht oder unterrichtet wird. Trotzdem läßt die Hartnäckigkeit, mit der sich Terminus „angewandt" hält, auf die tiefe Verwurzelung der deduktiven Darlegungsweise der Mathematik im Geiste der Lehrer (und Forscher) schließen.

Ich bin an anderen Stellen [9], [10] ausführlich auf das Verhältnis der Mathematik zu den „Anwendungen" eingegangen. – Freudenthal [6, S. 76] führt „angewandt" übrigens auf einen Übersetzungsfehler zurück und zieht „anwendende" oder „anwendbare" Mathematik vor. Man wird ihm folgen müssen, wenn er haben will, daß nicht „Angewandte Mathematik" gelernt wird, sondern: Wie man Mathematik anwendet. Besser noch: Mathematik soll, wie Comenius vom Unterricht forderte, beziehungsvoll sein. Unsere Motivationen sollen Beziehungen heranziehen. Die erlebte Wirklichkeit, zu der Beziehungen bestehen, kann selbst in der Mathematik liegen, wie die im Spiel erfahrene Fibonacci-Folge; die Beziehungen zu Sachverhalten außerhalb der Mathematik wollten wir schon an den Anfang der Begriffsbildungen und des Mathematisierens stellen. Beim Lernen in Spiralen sollten die Bezüge immer wieder, von höheren Niveaus aus, herangezogen werden.

Der Anwendungsbezug gibt die globale externe Motivation für das Gebiet Lineare Algebra. Daß die Lineare Algebra, richtig aufgefaßt, besonders reich an Anwendungsbezügen ist, kann man sich leicht klarmachen. Der Name manches Forschers ist in die Geschichte eingegangen in Verbindung mit einem von ihm entdeckten linearen Gesetz oder der Zulässigkeit einer Linearisierung: Hooke, Ohm in der Physik, neuerdings Leontief in der Ökonomie.

Differentialrechnung ist ja nichts anderes als lokales Linearisieren. Die als Grundlagen der Newtonschen Mechanik, des Maxwellschen Elektromagnetismus, der Schrödingerschen Quantentheorie angesehenen – tatsächlich als Summe von Erfahrungen entstandenen – Differentialgleichungen sind linear. Der Übergang vom Kontinuierlichen zum Diskreten, den die numerische Behandlung erfordert, führt durchweg auf Matrizen. So lernt man hier, von speziellen Beziehungen ausgehend, einen durchgängig vorhandenen Aspekt anwendbarer Mathematik kennen.

3.5. Stoffbewältigung, Zeitmangel, Massenbetrieb?

Abschließend sollen einige bekannte Einwände gegen die hier vorgeschlagenen Möglichkeiten erörtert werden.

Man sagt: „Die deduktive Darlegung kann in der ohnehin knappen Zeit mehr Stoff bewältigen; der exemplarische Zugang und der genetische Weg brauchen zuviel Zeit. Die mathematischen Mittel stehen für die Anwendungen dann zu spät bereit." Es sei hier ruhig einmal davon abgesehen, daß der Wirkungsgrad des deduktiven Unterrichts sicherlich kleiner ist. Die Argumentation Wagenscheins [22], daß der exemplarisch-genetische Unterricht geradezu ein Mittel ist, mit der angegebenen Stoffülle fertigzuwerden, bestätigt sich auch im Hochschulunterricht. Man kann inkaufnehmen, daß dabei die Allgemeinheit eines Begriffes erst später vorhanden ist, dafür ist sie aber fundiert. Das gegenwärtige Hochschulsystem bei uns gibt gute Bedingungen, denn es muß ja erst nach dem vierten Semester ein bestimmter Kenntnisstand erreicht sein, so daß bis dahin viel Freiheit in der Organisation des Stoffes besteht. Die Zeit, die man beim Einstieg in die lineare Algebra zusätzlich benötigt, spart man in der Algebra des zweiten Studienjahres dadurch wieder ein, daß auf verstandenes Hintergrundmaterial aufgebaut werden kann; und die Begriffe werden dann wirklich aufgenommen. Auch in der S II bietet die beabsichtigte Reform die Chance, einem Epochenunterricht näherzukommen, wenn auch fast überall die Gefahr besteht, daß einzelne Kurse in getrennten Schubfächern ohne Bezug aufeinander angeboten werden, und daß die antididaktische Inversion, die deduzierende Darlegung, vielfach dominieren wird. Leistung in Stoffmengen zu messen ist eben bequemer als das Verstehen kontrollieren. Ich habe im Hinblick auf die Oberstufenreform an anderer Stelle [11] begründet, daß ich zusammenhängende Kurse befürworte, daß für den einzelnen Lernenden ein erkennbares mathematisches Leitmotiv die Oberstufe durchziehen sollte. Wenn man wirklich will, stehen unseren Vorschlägen weder auf der S II noch auf der Hochschule organisatorische Schwierigkeiten entgegen.

Man sagt: „Mathematische Kenntnisse, die für die Physik, die Technik, die Wirtschaftswissenschaft benötigt werden, müssen im Mathematikunterricht vorher bereitgestellt sein."

Also wieder: Erst die Mathematikkonserven bereitstellen, sie dann anwenden. Daß diese Argumentation alt ist und oft nachgeschwätzt wird, ändert nichts an ihrer Oberflächlichkeit; und sie ist didaktisch falsch sowohl für das jeweilige Bezugsfach als auch für die Mathematik. Ein Naturphänomen, ein wirtschaftlicher Sachverhalt können verdeckt werden, wenn sie allzu früh in mathematische Formeln gepreßt werden; umgekehrt lebt der Mathematikunterricht von Motivationen, und wir könnten beim Einmachen von Konserven nur auf einen später zu erwartenden, im Augenblick noch nicht einsichtig begründbaren Bedarf hinweisen. Es ist einfach Unsinn, wenn behauptet wird, ohne Differentialrechnung (vielleicht sogar für vektorwertige Funktionen) könne man nicht verstehen, was Beschleunigung sei, und ohne die Additionstheoreme seien Schwingungsprobleme nicht zu behandeln. Es ist sicher ebenso falsch, wenn manche meiner Kollegen von der Physik oder Technik meinen, sie würden gleich zu Anfang des ersten Semesters mehrfache Integrale und partielle Ableitungen „brauchen". Uns hingegen nützt es wohl, wenn solche mathematischen Mittel von den Anwendungen her schon etwas motiviert sind.

Andererseits hält man es für unökonomisch, wenn ein und derselbe Gegenstand mehrfach behandelt wird: Lineare Differentialgleichungssysteme bei den gekoppelten Schwingungen in der Mechanik, bei Schwingkreisen in der Elektrotechnik, bei Eigenwertaufgaben in der linearen Algebra, natürlich in der Analysis, und vielleicht auch noch in späteren Spezialveranstaltungen. Das ist aber didaktisch sehr sinnvoll, die Aspekte ergänzen einander, es wird „in einer Spirale" gelernt. Man übt an diesem Themenkreis wichtige allgemeiner verwendbare Methoden. Anderen Stoff, den man als analog erkennt, kann der Student dann selbst „bewältigen".

Man kann sagen: „Hier wird, wenigstens was den Massenbetrieb der Hochschulen angeht, gar nicht das echte genetische Lehren vorgeschlagen."

Es ist richtig, daß ein Hörsaal mit mehreren Hundert Studenten eine für die sokratische Methode ungeeignete Situation gibt. Es ist auch richtig, daß die Betreuung kleinerer Übungsgruppen durch unerfahrene studentische Hilfskräfte ohne pädagogischen Hintergrund auch nicht viel helfen kann. Daß sich wesentliche Bestandteile des Genetischen, vor allem die Selbsttätigkeit des Lernenden *während* der Lehrveranstaltung, nicht realisieren lassen, muß aber nicht bedeuten, daß man sich auf das — für den Lehrer bequemere — deduktive Dozieren zurückzieht. Schon in Auswahl und Aufbau lassen sich Grundgedanken des Exemplarischen und Genetischen verwirklichen; es könnte ja sonst auch keine gedruckten Darstellungen geben, wie Toeplitz' Analysis-Buch [20] oder Fletchers Lineare Algebra [5]. Auch eine Lehrveranstaltung im großen Auditorium kann zu Gesprächen führen, wenn sie offen für Anregungen aus dem Hörerkreis ist. Eine Pause in der Doppelstunde hat sich hier bewährt wie auch die Bereitschaft zu Gesprächen an der Tafel nach Vorlesungsende. Wichtig ist, offene Fragen ans Ende einer Veranstaltung zu setzen und Probleme mitzuteilen. Wenn auch nur wenige Teilnehmer sich aktiv mit diesen Sonderaufgaben befassen und noch weniger Studenten selbst mit Problemen zu Wort kommen wollen, so wird doch verhindert, daß eine rein rezeptive Haltung sich allgemein breit macht. Der Dozent muß Zeit haben für Fragenkreise, welche sich aus den Gesprächen mit dem Auditorium ergeben. Selbst wenn man einen „Kurs" schon ein halbes Dutzendmal durchgeführt hat, ist der Ablauf doch jedesmal anders. Ich vertraue denen nicht, die meinen, ihre „Vorlesung" stünde nun ein für allemal ...

Literatur

[1] *Aitken, A. C.:* Determinanten und Matrizen. BI—HTB 293, Mannheim, 1969.

[2] *Campbell, H. G.:* Linear Algebra with Applications, New York, 1971.

[3] *Dück, W.:* Mathematische Modelle III. Ökonomische Interpretation der Grundoperationen der Matrizenrechnung. Mathematik in der Schule. 4, 1966.

[4] *Durran, J. H.:* Markov Chains. In: Neue Aspekte der mathematischen Anwendungen im Unterricht. Luxembourg 1975, p. 149—160.

[5] *Fletcher, T. J.:* Linear Algebra Through its Applications. London 1972.

[6] *Freudenthal, H.:* Mathematik als pädagogische Aufgabe 1, 2; Stuttgart (Klett-Verlag) 1973.

[7] *Gantmacher, F. R.:* Matrizenrechnung I, II; Berlin 1959.

[8] *Laugwitz, D.:* Die Geometrien von H. Minkowski. Mathematikunterricht Jahrg. 1958, Heft 4, S. 27—42.

[9] *Laugwitz, D.:* Anwendbare Mathematik heute. In: *H. Meschkowski* (Hrsg.): Grundlagen der modernen Mathematik, Darmstadt (Wiss. Buchgesellschaft), 1972.

[10] *Laugwitz, D.:* Das Verhältnis der Mathematik zu ihren „Anwendungen"; Mathematik für Techniker: Der „Grundkurs". In: Didaktik der Mathematik IV, hrsg. v. *H. Meschkowski* und *D. Laugwitz,* Stuttgart (Klett-Verlag) 1974. S. 42—49, 231—251.

[11] *Laugwitz, D.:* Vorschlag für ein geometrisch orientiertes, in sich abgestimmtes System von Kursen für die Sekundarstufe II. Didaktisches Seminar Universität Bielefeld, Sommer 1974.

[12] *Laugwitz, D.:* Motivations and Linear Algebra. Educ. Studies in Math. 5 (1974), S. 243—254.

[12 a] *Laugwitz, D.:* Motivation in der linearen Algebra. In: Neue Aspekte der mathematischen Anwendungen im Unterricht. Luxembourg 1975, p. 175—189.

[13] *Lehmann, E.:* Matrizenrechnung. Bayer. Schulbuchverlag München 1975. (Enthält ein aktuelles Literaturverzeichnis).

[14] *Schick, K.* und *G. Schmitz:* Mathematische Voraussetzungen einer modernen Wirtschaftsmathematik. Reihe tutorial. Düsseldorf (Schwann-Verlag) 1974.

[15] *Schick, K.* und *G. Schmitz:* Wirtschaftsmathematik I: Optimierungsprobleme, Reihe tutorial, Düsseldorf (Schwann-Verlag) 1974.

[16] *Seebach, K.:* Vektorräume. In: Didaktik der Mathematik III, Hrsg. *H. Meschkowski,* Stuttgart 1973, S. 75—113.

[17] *Sommer, D.:* Wirtschaftliche Anwendungen der Vektorrechnung. Praxis d. Mathem. 10, 253—256, 1973.

[18] *Steiner, H. G.:* Mathematisierungen, die auf metrische Räume führen. In: Neue Aspekte der mathematischen Anwendungen im Unterricht. Luxembourg 1975, p. 125—147.

[19] *Töpfer, H.:* Mengen — Matrizen — Strukturen. Köln (Aulis-Verlag) 1973.

[20] *Toeplitz, O.:* Die Entwicklung der Infinitesimalrechnung. Berlin (Springer-Verlag), 1949.

[21] *Wagenschein, M.:* Exemplarisches Lehren im Mathematikunterricht. Pädagogische Aufsätze zum mathematischen Unterricht. Der Mathematikunterricht, 8. Jahrg., Heft 4 (1962).

[22] *Wagenschein, M.:* Verstehen lehren. Weinheim (Beltz-Verlag), 1968.

[23] *Zurmühl, R.:* Matrizen. 3. Aufl., Berlin (Springer-Verlag), 1961.

Mathematiklernen und Heuristik –
Dargestellt am Beispiel Teilbarkeit

Martin Glatfeld

1. Überlegungen zum Mathematiklernen

1.1. Vorbemerkungen

Es wird allgemein anerkannt, daß Erziehung zum kreativen[1] Verhalten ein wesentliches Ziel des Mathematikunterrichts ist. Die Literatur läßt jedoch keinen Zweifel daran, daß im Mathematikunterricht (wie in der Schule überhaupt) Kreativität kaum gefördert wird[2].

Die Psychologen erforschen Kreativität fast ausschließlich an geeignet ausgewählten Einzelproblemen, wobei einfache Aufgaben mathematischen Inhalts bevorzugt werden. Auch im Mathematikunterricht sind es vielfach isolierte Probleme, an denen man kreatives Verhalten fördern will. Diese Einzelprobleme fallen oftmals aus dem normalen Unterricht heraus, als Denksportaufgaben sind sie auch für Vertretungsstunden beliebt. Für Motivation soll die Skurrilität der Verpackung sorgen, in der der mathematische Inhalt angeboten wird. Aber durchaus nicht alle Schüler sprechen auf solche Einkleidungen an! Im extremen Fall ist der problemorientierte Unterricht ein Hangeln von Problem zu Problem, ohne deren Einbindung in einen vernünftigen mathematischen Aufbau; ganz abgesehen davon, daß die Schüler überfordert wären, sollten sie in jeder Stunde nur schwierige Aufgaben lösen, also Pioniertaten vollbringen. Zwar gibt es für das Lösen von Problemen eine Fülle von guten Ratschlägen[3], die aber leider dem Schüler im Ernstfall wenig nützen.

Wir wollen im folgenden einen Vorschlag skizzieren, wie nicht am isolierten Problem, sondern in einer langfristigen, stetigen und systematischen Arbeit mit der Mathematik kreative Fähigkeiten gefördert werden. Dabei soll nicht zu den zahlreichen theoretischen Modellen ein neues hinzukommen. Vielmehr handelt es sich hier um einen unmittelbar auf die Praxis zielenden Vorschlag. Wir schließen an die Ideen von G. Pólya an, dem es hervorragend gelungen ist, kreative Momente bei der Mathematik in statu nascendi an Einzelproblemen herauszuanalysieren und diese in einer Weise zu konkretisieren, daß sie lehrbar werden.

Kant hat einmal gesagt (Kritik der reinen Vernunft, A 671/B 699), ein heuristischer Begriff „zeigt an, nicht wie ein Gegenstand beschaffen ist, sondern wie wir, unter der Leitung desselben, die Beschaffenheit und Verknüpfung der Gegenstände der Erfahrung

---

1) Zum Begriff Kreativität vgl. etwa Heinelt [3] und Kießwetters Beitrag, S. 1 ff. – In der Fachliteratur werden die Termini „kreativ" und „heuristisch" manchmal synonym gebraucht.
2) Siehe etwa Weber [6], Heinelt [3], Wittoch [7, S. 67 ff.].
3) Eine Zusammenstellung solcher Regeln in Raufuß [5, S. 48–49].

überhaupt suchen sollen." Kreatives Verhalten wird erleichtert, meistens erst ermöglicht, durch die Kenntnis von heuristischen Verfahrensweisen und der Fähigkeit ihrer Anwendung. Unter diesem Aspekt gelingt eine „Konkretisierung" des sehr schwer zugänglichen Begriffs „Kreativität". Allerdings kann nicht erwartet werden, daß sich die heuristischen Verfahrensweisen vergleichbar schematisieren lassen etwa wie ein Syllogismus.

Unsere Aufgabe soll sein, Pólyas heuristische Methoden zu kennzeichnen und sie in den mathematischen Lernprozeß einzubauen.[4] Allerdings befaßt sich die vorliegende Arbeit größtenteils mit der Mathematik im Lehrerstudium, Folgerungen für den Unterricht sollen an anderer Stelle behandelt werden.

Ein intensives Studium der Fachwissenschaft Mathematik ist notwendig (wenn auch nicht hinreichend) für den Lehramtsanwärter. Dabei sind aber nicht allein die mathematischen Inhalte wichtig. *Wie* der spätere Lehrer Mathematik gelernt hat, und wie er Mathematik versteht, das ist für seinen Unterricht entscheidend. Darum müssen wir jetzt unser Verständnis von der Mathematik darlegen.

1.2. Mathematik als Zusammenspiel von plausiblen und demonstrativen Methoden

Die negative Einstellung vieler Schüler zur Mathematik, die sie auch als Erwachsene nicht revidieren, hängt wesentlich davon ab, wie ihr Lehrer Mathematik vermittelt hat, letztlich also wie ihr Lehrer selbst Mathematik gelernt und verstanden hat.

Mathematik darf nicht mit einem abstrakten axiomatisch-deduktiv aufgebauten System identifiziert werden, so sehr dieses zu ihr gehört. Bei einer solchen Auffassung lernt der Schüler Mathematik als bloßes System von Regeln kennen. Seine Antwort auf die Frage, was Mathematik sei, kann nur lauten: Eine Formelsammlung. Dieses starre Bild von der Mathematik kommt Lehrenden insofern entgegen, als sie fertiges Wissen vermitteln wollen, und Schülern insofern, als sie Kalküle mit einer sicheren Gebrauchsanweisung haben wollen. Diese den traditionellen Unterricht bestimmende Auffassung von Mathematik läßt für Kreativität wenig Raum.

Ganz anders verhält es sich, wenn Mathematik als Prozeß verstanden und der Lernende in diesen Prozeß einbezogen wird. Dann erlebt er die diesen Prozeß gestaltenden Kräfte in ihrer wechselseitigen Durchdringung: „Betrachtender Verstand, unternehmender Wille, aesthetisches Gefühl finden in (der Mathematik) den reinsten Ausdruck. Sie vereint Logik und Anschauung, Analyse und Konstruktion, Individualität der Erscheinungen und Abstraktion der Formen"[5].

Was Mathematik ist, kann man nicht in einer kurzen Formulierung zum Ausdruck bringen. Es erübrigt sich hier, aus der Fülle der Versuche zu zitieren. Wenn man die Frage nach dem Wesen der Mathematik stellt, so gehören ihre Gegenstände genausogut in die Erörterung wie ihre Methoden. R. Courant und H. Robbins haben eine Antwort auf die obige

---

4) Während bislang in der didaktischen Fachliteratur sehr viele Arbeiten über das Beweisen und Erlernen von Beweisen zu finden sind, werden heuristische Verfahren kaum reflektiert (manchmal sogar diskriminiert).

5) Courant-Robbins [1, S. XIII]. Die Worte haben einen emphatischen Charakter. Sie sollen hier nicht philosophisch hinterfragt werden.

Frage versucht durch die Darstellung einer Auswahl des umfangreichen Stoffes, wobei sie gerade auch die vielschichtige Verflechtung der mathematischen Gegenstände untereinander sichtbar werden lassen. Man ist geneigt zu sagen, es handele sich um eine implizite Definition des „Begriffs" Mathematik. Nicht von außen läßt sich die Was-Frage in Bezug auf die Mathematik stellen, „sondern nur das Studium der mathematischen Substanz (kann) die Antwort auf die Frage geben: Was ist Mathematik?"[6].

Wir gehen jetzt der Frage nach, *wie* dieses Studium erfolgen sollte. G. Pólya spricht von zwei Aspekten der Mathematik, die er methodisch durch demonstratives und plausibles Schließen unterscheidet. Plausibles Schließen meint Verfahren, die helfen, Entdeckungen zu ermöglichen, und Vermutungen glaubwürdig(er), überzeugend(er), einleuchtend(er) zu machen. Es sind also heuristische Verfahren. Im Gegensatz dazu umfaßt das demonstrative Schließen die Beweistechnik. „Das Resultat der schöpferischen Tätigkeit des Mathematikers ist demonstratives Schließen, ist ein Beweis; aber entdeckt wird der Beweis durch plausibles Schließen. ... Der Unterschied zwischen den beiden Schlußweisen ist groß und mannigfaltig. Demonstratives Schließen ist sicher, unbestreitbar und endgültig. Plausibles Schließen ist gewagt, strittig und provisorisch. ... Im strengen Schließen ist es Hauptsache, Beweis von Vermutung zu unterscheiden, eine gültige Beweisführung von einem ungültigen Versuch. Im plausiblen Schließen ist es Hauptsache, Vermutung von Vermutung zu trennen, eine vernünftige von einer weniger vernünftigen zu unterscheiden"[7].

„Fertige" Mathematik als axiomatisch-deduktiv geordnete Erkenntnis über einen bestimmten Inhalt ist ausschließlich demonstrativ orientiert, ihre Beweise erfolgen nach logischen Gesetzen. Am Anfang aber steht die Auseinandersetzung mit mathematischem Material, das es zu erforschen und zu strukturieren gilt. Dazu sind nicht nur viele Einzelfragen zu beantworten und Einzelprobleme zu lösen, sondern zweckmäßige Definitionen zu treffen, verschiedene Möglichkeiten des Aufbaus gegeneinander abzuwägen, Verflechtungen mit anderen Teilgebieten aufzuspüren usw. Es ist klar, daß Methoden, die zur Lösung von Einzelproblemen und zum Aufbau mathematischer Gebiete führen, nicht unter einer einzigen allgemeinen Hinsicht normierbar sind.

Dem Lernenden erscheint die fertige Wissenschaft als ein starres, sprödes Gebilde; er vermag die Kompaktheit ihres Aufbaus nicht zu durchdringen, die Schönheit und die verhaltene Dynamik bleiben ihm verborgen. Bestenfalls kommt es zu einer bloßen Wissensvermittlung. Wir intendieren eine Darstellung, die vom *Zusammenspiel plausibler und demonstrativer Methoden* getragen wird. Natürlich kann der Lernende mathematische Gebiete nicht allein entwerfen oder ausführen. Der Lehrende als Lehrbuchautor oder als Gesprächspartner soll ihn aber wesentlich *mitbeteiligen am Aufbau* und ihm jeden Einzelschritt *transparent* machen. So erscheint die Mathematik nicht als unfehlbar konstruierte, a priori vorgezeichnete Wissenschaft, sondern als lebendige Disziplin mit einer eigenen Geschichtlichkeit, die neben dem logischen Zwang Erfahrung und abwägendes Urteil des

---

6) Courant-Robbins [1, S. XVI].

7) Diese hier zur Kennzeichnung des demonstrativen und plausiblen Schließens zitierten Stellen sind entnommen Pólya [4, S. 10, 9, 11]. Wir empfehlen dringend, das Buch [4] zumindestens teilweise zu lesen.

sie schaffenden und gestaltenden Menschen sichtbar macht. Damit erweitert sich auch das Vokabular der mathematischen Darstellung, neben eine hochformalisierte Fachsprache tritt legitim die Ausdruckskraft einer Sprache, die als wirklich gesprochene dem Menschen erlaubt, sein Verständnis an die unendliche Vielfalt und Nuancierung realer Situationen anzuschmiegen.

Die plausiblen Methoden sollen aber nicht nur bei der Lösung von Einzelproblemen Anwendung finden, sondern — und darauf kommt es uns hier entscheidend an — am „Aufbau von Mathematik" beteiligt werden. Wie wir uns das vorstellen, wollen wir am Beispiel des Gebietes „Teilbarkeit" zeigen.

Zunächst sollen hier jedoch die wichtigsten plausiblen Methoden kurz umrissen werden. Nach G. Pólya [4] sind dieses Verallgemeinerung, Spezialisierung, Analogie und Induktion. Diese Verfahren sind nicht gleichrangig und auch nicht beziehungslos nebeneinander zu sehen. Das wird bei der Kennzeichnung der Induktion deutlich.

(a) Man *verallgemeinert*, indem man von einer Menge von Objekten, für die ein mathematischer Zusammenhang untersucht wurde, zu einer Obermenge übergeht und für die Elemente dieser Obermenge den Zusammenhang formuliert (und anschließend seine Gültigkeit zu „demonstrieren" versucht). Es ist zu beachten, daß bei der Einbeziehung der Obermenge nach der Sinnhaftigkeit zu fragen ist; keinesfalls braucht die Verallgemeinerung eines Satzes oder einer Definition mathematisch etwas einzubringen.

(b) Die „Umkehrung" der Verallgemeinerung ist das *Spezialisieren*. Dabei geht man von einer Menge von Objekten, für die ein mathematischer Zusammenhang untersucht wurde, zu einer Teilmenge über und formuliert den Zusammenhang für die Elemente der Teilmenge. Die Aussagen bleiben bei der Spezialisierung gültig, darin liegt ja gerade die Möglichkeit der Anwendung einer mathematischen Formel auf einen konkreten Fall, aber bei geschickten Einschränkungen des zunächst behandelten „allgemeinen Falles" sind neue interessante Aussagen zu erwarten, die „individuelle Eigenschaften" mathematischer Objekte aufdecken.

(c) „Zwei Systeme sind *analog*, wenn sie miteinander in bezug auf klar definierbare Beziehungen zwischen ihren sich jeweils entsprechenden Teilen übereinstimmen."[8] Neue Erkenntnisse sind nur dann über Analogien möglich, wenn der Vergleich zweier Systeme klar erfaßbare Übereinstimmungen, aber auch wesentliche Unterschiede ergibt. Letzteres ist bei isomorphen Gebilden nicht der Fall. Der Reiz der Analogiebildung besteht darin, daß es häufig mehrere Möglichkeiten unterschiedlicher Effektivität gibt, zwei gegebene Systeme als analog zu betrachten oder zu einem gegebenen bekannten System ein analoges zu konstruieren. Das macht die Analogie zu einer Methode, die zur Vermutung neuer Sätze, zur Stabilisierung von Vermutungen, aber auch zu Beweisideen führen kann.

(d) Die *Induktion* ist der Kern des plausiblen Schließens, sie ist „das Verfahren, nach dem sich der Wissenschaftler mit der Erfahrung auseinandersetzt."[9] Für den induktiv

---

8) Pólya [4, S. 35].
9) Pólya [4, S. 22]. — Die Bedeutung der Induktion für die Heuristik, etwa die Verständigungsfunktion des Beispiels, kann gar nicht hoch genug eingeschätzt werden. Sie soll aber hier nicht herausgearbeitet werden, sondern ist Gegenstand des letzten Beitrages in diesem Buch.

Arbeitenden ist die Mathematik experimentelle Wissenschaft, sie unterscheidet sich hier von den Naturwissenschaften „nur" durch die Andersartigkeit des zu erforschenden Materials. Die Induktion soll durch die Beschreibung von vier Phasen gekennzeichnet werden. Diese machen gleichzeitig deutlich, wie innig die verschiedenen Methoden des plausiblen Schließens verwoben sind. Natürlich sind die Phasen nicht als Schritte eines Kalküls aufzufassen, sie laufen auch keineswegs immer in dieser Folge ab. Wenn etwa eine vorgefaßte Fragestellung daraufhin untersucht werden soll, ob sie vernünftig ist, ist Phase 1 in Phase 4 enthalten oder sie entfällt ganz. Während die einzelnen Schritte eines Beweises (demonstrativer Schluß) gleich exakt sind, haben die einzelnen Phasen eines plausiblen Schlusses im allgemeinen verschiedenes Gewicht.

Phase 1: Beobachtung

Entdecken durch Beobachten setzt Kenntnis der jeweiligen Materie und Vertrautsein mit ihr und Interesse an ihr voraus. Was dann bei der Beschäftigung mit mathematischen Gegenständen dem Beobachter *auffällt*, hängt nicht unwesentlich von seiner Individualität ab, von den ihn interessierenden Begriffen und von seinen Vorerfahrungen. Dabei setzt er voraus, daß es in dem beobachteten Bereich *Gesetzmäßigkeiten* gibt, das Regelmäßigkeiten nicht zufällig sind.

Phase 2: Bemerken einer Analogie

Es kommt nun darauf an, das vorhandene Material zu strukturieren; das bedeutet aber, Entsprechungen, Ähnlichkeiten, Analogien zu finden und treffend zu kennzeichnen. Dazu muß man in die besondere Beschaffenheit der beobachteten Situation bekannte Begriffe oder zweckmäßige und möglichst weitreichende Definitionen einbringen. Oft können die Einfachheit oder die Schönheit einer Beobachtung oder der entdeckte Zusammenhang mit bereits als wichtig erkannten mathematischen Sätzen große Überzeugungskraft haben. Die Beschreibung des zu erforschenden Materials gelingt umso eher, je umfassender die Kenntnisse des Mathematikers oder Lernenden sind. Jedoch reicht Wissen allein nicht aus. Zur Entdeckung einer Analogie unter den Einzelbeispielen aus der Phase 1 bedarf es einer *Idee*.

Phase 3: Formulieren einer Vermutung

Nach Beschreibung der Analogie gilt es, die Entdeckung, die bereits implizit ein Allgemeines enthält, im Sinne der jeweiligen Situation zu verallgemeinern. Es soll möglichst der volle Gültigkeitsbereich abgesteckt werden. Hier zeigen sich besonders Begabung, Erfahrung und Fingerspitzengefühl des Mathematikers oder Lernenden. Man beachte, daß durch das Herausheben einer oder mehrerer Gesetzmäßigkeit(en), was einer Klassifizierung gleichkommt, die Komplexität des Ausgangsmaterials abgebaut wird.

Phase 4: Stützen der Vermutung

Man wird den versuchsweise formulierten Satz nicht sofort beweisen wollen und dabei vielleicht leichtfertig Zeit und Energie investieren. Zunächst kommt es vielmehr darauf an, ihn glaubwürdiger, eben plausibler, zu machen. Dabei werden u. U. noch andere Entdeckungen gemacht, die mit dem vermuteten Satz sehr eng oder auch weniger eng zusammenhängen. Es kann sich als notwendig erweisen, den vermuteten Gültigkeitsbereich einzuschränken, oder als möglich, ihn zu erweitern; oder es zeigt sich anhand eines Gegenbeispiels, daß der Satz so nicht gelten kann, vielleicht aber enthält das Gegenbeispiel Hinweise zur Modifizierung. Das Stützen der Vermutung erfolgt systematisch durch Untersuchung von Beispielklassen und durch Prüfung von Einzelbeispielen[10], die über den systematisch erfaßten Bereich hinausgehen. Dabei wird die Vermutung auf Extremfälle hin spezialisiert und so einer starken Belastung ausgesetzt. Man erkennt, daß in dieser Phase Beobachtungen verallgemeinert und Verallgemeinerungen spezialisiert werden. In der 1. und vor allem in der 4. Phase ist häufig umfangreiches Zahlenrechnen durchzuführen. Vielleicht gelingt es auch, Teilaussagen des vermuteten Zusammenhangs oder analoge Aussagen zu beweisen, die einerseits zur Abstützung dienen, andererseits aber auch Anregungen für eine Beweisidee geben können.

„Es wäre töricht, ohne Beweis zu glauben, daß etwas Erratenes wahr ist. Es mag jedoch vernünftig sein, ein Stück Arbeit in Angriff zu nehmen in der Hoffnung, daß man vielleicht die Wahrheit erraten hat.“[11] So folgt dem plausiblen Schließen das demonstrative Schließen, der Beweis des vermuteten Satzes.

1.3. Forderungen an eine heuristische Fähigkeiten freisetzende Darstellung von Mathematik

Aus dem Vorhergehenden leiten sich zwei *Forderungen* ab, die sinngemäß für jede Lernstufe gelten und weitgehend unabhängig vom Inhalt sind:

(a) *Der Lernende soll Mathematik als Zusammenspiel von plausiblen und demonstrativen Methoden erfahren.*

(b) *Die beim „Aufbau eines mathematischen Gebietes“ benutzten Methoden sollen dem Lernenden bewußt gemacht und die einzelnen den Aufbau bedingenden Schritte begründet werden. D.h. dem Lernenden ist Mathematik transparent zu machen.*[12]

Wir wollen diese Forderungen erläutern, indem wir einige wichtige Merkmale der von uns intendierten Darstellung von Mathematik angeben. Dabei bleiben die beiden Variablen für den Inhalt und für die Situation (Adressaten, Stellung im Studiengang, Art der Lehrveranstaltung usw.) unbesetzt. Die folgenden Ausführungen behandeln die einzelnen Merkmale additiv. Ihr Zusammenwirken kann nur konkret an einem Beispiel verständlich werden. Dazu dient der Teil 2.

Dem *Aufbau* eines mathematischen Gebietes soll der Lernende entnehmen können, warum der Autor gerade den vorliegenden Weg wählte und eventuell, aus welchen Möglichkeiten er ausgewählt hat. — Der Autor muß die Stellung eines Satzes im Aufbau problematisieren, Definitionen rechtfertigen und ihre Anzahl gering halten. Ergebnisse und Methoden sind zu vergleichen und zu bewerten, Sachverhalte unter verschiedenen

---

10) Beispiel wird hier nicht im Sinne der Fußnote 9, also nicht in seiner Verständigungsfunktion, gebraucht.

11) Pólya [4, S. 297].

12) Um Mißverständnissen zu begegnen: Es ist nicht gemeint, daß dem Lernenden dabei der *Lernprozeß* völlig durchsichtig zu machen ist.

Aspekten anzuleuchten. Nicht immer ist es zweckmäßig, sich von vornherein mit dem allgemeinen Fall zu beschäftigen. Sehr allgemeine Formulierungen bringen nicht immer eine mathematische Bereicherung. Ihr Wert ist zu reflektieren.

Gewiß erfordert eine am Lernprozeß orientierte Darstellung Raum im Lehrbuch und Zeit zum Durcharbeiten. Sie ist nicht ökonomisch im mathematischen Sinn. Abschnitten, deren Inhalte stärker heuristischer Natur sind, wird häufig ein Umfang zugemessen, der ihnen hinsichtlich ihres mathematischen Stellenwertes nicht zusteht. Die Darstellung für den fortgeschrittenen Mathematiker unterliegt ganz anderen Gesetzen. Zunächst aber muß der Lernende befähigt werden, mathematische Bücher zu lesen.

Es ist sehr lehrreich, die *historische Entwicklung* mathematischer Gebiete global sowie einzelne Entdeckungen detailliert in die Vermittlung von Mathematik einzubeziehen. Leider gibt es hierüber wenig Literatur. G. Pólya [4] hat versucht, die Methoden plausiblen Schließens aus dem Studium der Schriften bedeutender Mathematiker herauszuanalysieren und mögliche Entdeckungsprozesse mit ihrer Hilfe zu rekonstruieren.

Hauptziel des Mathematiklernens ist nicht die Vermittlung einer großen Fülle von Kenntnissen (Fakten), sondern die Entwicklung heuristischer Fähigkeiten. Aber wir erachten deswegen *Kenntnisse* keineswegs gering und *Systematik* nicht als hinderlich. Nur in Verbindung damit ist Heuristik im Mathematikunterricht optimal möglich. „Problemlösen" wird von selbst in diesen umfassenden Lernprozeß eingebettet. Denn wohl niemand wird bestreiten, daß beim Lernen von Mathematik im hier intendierten Verständnis (beliebig) viele Aufgaben zu lösen sind. "No one would be expected to learn to play the violin merely by attending concerts, yet in our standard courses we show students a sequence of formal proofs and expect them to learn how to make mathematics."[13]

Einzelprobleme[14] verschiedener Schwierigkeitsgrade und unterschiedlicher Typen sind integrativer Bestandteil einer mathematischen Darstellung. Sie durchsetzen den Text. So müssen den Definitionen und den Sätzen Aufgaben folgen, die unmittelbare Anwendungen sind, mit den neuen Begriffen und Zusammenhängen vertraut machen und zugleich der Einübung von neuen Techniken dienen. Dagegen sollen schwierige (relativ zur Lerngruppe) Probleme weiterführen, den Lernenden neue Erkenntnisse vermitteln, Verflechtungen mit anderen Gebieten aufzeigen. Letztere sind mit Lösungshinweisen zu versehen, zu allen Aufgaben die vollständigen Lösungen dem Text beizugeben. Aufgaben sollen für den Lernenden ermutigend, nicht abschreckend sein, und er soll Zeit und Muße für die Lösung haben. Leider findet man sehr häufig in der Literatur Aufgabengruppen zusammenhanglos und wenig motivierend am Ende einzelner Abschnitte (nicht selten von den Autoren als lästige Pflichtübung empfunden).

Ein allgemeines Kriterium für motivierende Aufgaben gibt es nicht, *Motivation* ist viel zu sehr abhängig von dem Lernenden, der Situation und dem Lehrenden (Autor). Gewiß sollen Aufgaben interessant formuliert sein; aber bereits für den Schulunterricht gilt, daß Schüler erfahren müssen, daß nicht die Einkleidung, sondern der (mathematische) Inhalt das Entscheidende ist. Will die Schule auf das Leben, d. h. hier auf die Arbeitswelt, vorbereiten, so müssen sich Schüler frühzeitig daran gewöhnen, auch dornenreiche Strecken

---

13) Eynden [2, S. V].
14) Man entnehme die Klassifizierung von Aufgaben Weber [6].

zurückzulegen.[15] Sicher ist dieses: Begeisterung und Freude des Lehrenden an dem „Gegenstand Mathematik" ist ein hervorragendes unverzichtbares Motiv für die positive Einstellung des Lernenden.

„Jeder weiß, daß die Mathematik eine ausgezeichnete Gelegenheit bietet, um demonstratives Schließen zu lernen, aber ich behaupte, daß es in den üblichen Schullehrplänen keinen Gegenstand gibt, der eine auch nur annähernd so gute Gelegenheit gewährt, um plausibles Schließen zu lernen."[16]

Im Gegensatz zu den demonstrativen Methoden, die sich exakt beschreiben lassen, kann man faktisch nur sehr unvollkommen mitteilen, was *plausible Methoden* sind: zu vielfältig ist ihr Anwendungsbereich und zu mannigfach ihr Wirkungsspektrum. Eine Theorie der plausiblen Methoden zu vermitteln, wird von uns auch gar nicht intendiert. Vielmehr sollen anhand zahlreicher Beispiele, besser Situationen beim Mathematiklernen, Erfahrungen mit den plausiblen Methoden gemacht und begleitend reflektiert werden. Wir meinen, daß dadurch auch ein wesentlicher Beitrag zum Verstehen und Erlernen von Beweisen, also der demonstrativen Phase, geleistet wird. „Beiweistricks" darf es nicht mehr geben, mit Hilfe plausibler Methoden läßt sich der unerwartete Gedankengang einflechten in das gerade behandelte und vertraute Beziehungssystem und damit durchschaubar machen.

Über die Schöpfung eines Musikwerkes schrieb P. Hindemith unter dem Titel „Musikalische Inspiration". Wir zitieren daraus, weil sich kaum treffender das Entstehen eines mathematischen Gebietes charakterisieren läßt, das Kreativität, (von der Zeit abhängige) technische Ausprägung, Aesthetik, Dynamik, innere Bündigkeit, Aussagekraft genau so in sich vereint wie ein Musikwerk!

„Es ist aufregend zu sehen, wie primitiv, banal, farblos und unbedeutend oft die ersten Einfälle selbst außerordentlicher Meister sind. Noch aufregender ist es, wahrzunehmen, wie die spezifische Begabung dieser Meister die Ureinfälle frisch erhält durch endlose irritierende Arbeitsgänge. Sie werden dabei geleitet durch die Tradition ihres Handwerkes; durch die voraussichtlichen Aufführungsbedingungen des entstehenden Stückes; durch seinen Zweck; durch die künstlerische und geistige Fähigkeit des Ausführenden wie des Empfangenden; durch deren Bereitwilligkeit ... Niederdrückend ist es, dieses Stolpern durch so viele Phasen des schöpferischen Vorganges zu beobachten: wenn das der Weg des Genies ist, dieses Bosseln und Stückeln und Herumkneten, um schließlich eine brauchbare Form herauszupressen, was ist dann das Los der kleineren Geister?"

Vergleichbar, wenn auch qualitativ verschieden, ist das Hören eines Musikwerkes bzw. Verstehen eines mathematischen Gebietes. Beim Hören und Verstehen müssen die Komponenten, die eine „brauchbare Form" bewirkten, freigesetzt werden. Darin sind die Situationen des Schöpfens und des Nachvollziehens analog. Wenn aber schon die großen Geister (und Hindemith zählt sich zu den kleineren!) gewaltige Anstrengungen unternommen haben, werden sich uns ihre Werke nicht mühelos erschließen. Das sei den Lernenden zur Ermutigung gesagt!

15) Entsprechend üben die „Musiker" unter ihnen Tonleitern und Etüden, und entsprechend absolvieren die Sportler ihr tägliches Trainingsprogramm.
16) Pólya [4, S. 10].

1.4. Bemerkungen zum Beispiel Teilbarkeit

Im Teil 2 dieser Arbeit wollen wir unsere Vorstellungen konkretisieren, indem wir eine im Abschnitt 1.3 genannte Variable durch ein *mathematisches Gebiet* ersetzen. Dieses muß einen hinreichend großen Umfang aufwiesen, da anderenfalls die Konsequenzen aus unseren Forderungen nicht deutlich werden. Das Beispiel will auf „Allgemeines" verweisen, es will die Linien unserer bisherigen Überlegungen ausziehen und damit unsere Konzeption verfügbar machen, die durch allgemeine Formulierungen gar nicht verständlich werden kann.

Wir haben uns für das Beispiel „Teilbarkeit" entschieden, und zwar aus folgenden Gründen:

(a) Unsere negative Erfahrung, daß Studenten große Mühe hatten, die Teilbarkeit als erstes nur wenige Seiten umfassendes Kapitel der Bücher über Zahlentheorie wirklich zu verstehen. Sie kennzeichneten den Stoff als sehr abstrakt und formal und konnten die Bedeutung der Sätze nicht immer einsehen.

(b) Die Schulrelevanz des Themas.

(c) Die Ergiebigkeit der Begriffsbildungen und die vielfältigen Verflechtungsmöglichkeiten mit anderen im ersten Studienjahr auftretenden Begriffe.

(d) Der sehr „elementare" Stoff, zu dem kein aufwendiger Begriffsapparat aus der „höheren" Mathematik erforderlich ist.

(e) Verwirklichung der Zielvorstellung: Ausbau der Kenntnisse der Studierenden über die grundlegende Menge $\mathbb{N}$ der natürlichen Zahlen.

(f) Die durch die „Elementarität" des Stoffes gegebene Möglichkeit aufzuzeigen, daß es notwendig ist zu lernen, sich von seinem Vorwissen zu distanzieren, um es kritisch zu analysieren.

(g) Der im Rahmen dieser Abhandlung vertretbare Umfang des Gebietes, wobei allerdings auf die Darstellung der Aufgabenlösungen verzichtet wird.

Allerdings zeigten sich unerwartete Schwierigkeiten bei der Abfassung des Textes, zu der, um im Bild zu sprechen, die andere Variable durch eine *konkrete Situation* ersetzt werden mußte. Diese sollte der Behandlung der Teilbarkeit in einem Seminar mit Studierenden entsprechen. Aber die Unmittelbarkeit, das Einstellen des Lehrenden auf die Fragen der Studierenden und umgekehrt, die spontanen Beiträge, Vorwissen und Vorerfahrungen der Studierenden, das sind ja u.a. die situationsbedingenden Faktoren, lassen sich in einer schriftlichen Darstellung nachträglich nicht einfangen. Daher mußte ein Weg gewählt werden, von dem man nur sagen kann, daß er sich an die genannte Seminarveranstaltung anlehnt.

Zum Text des Teiles 2 sei noch folgendes bemerkt:

(a) Auf figurale Veranschaulichung haben wir verzichtet. Das angezielte Anspruchsniveau läßt eine sinnvolle Eingliederung von Diagrammen zur Teilbarkeit nicht zu. Leider findet man nicht selten in Lehrbüchern die Diskrepanz zwischen hohem Anspruch an das abstrakte Denken und simplen Zeichnungen, deren Berechtigung höchstens in einer falsch verstandenen Auflockerung zu suchen ist.

(b) Größere Abstände zwischen Absätzen wollen dem Leser helfen, einzelne Sinnabschnitte zu erfassen, wollen ihm also Anfang und Ende geschlossener Gedankenketten anzeigen.

(c) Algebraisch-strukturelle Aspekte werden einbezogen, aber zugunsten der natürlichen Zahlen und ihrer Eigenschaften nicht überbewertet.

(d) Die Teile 1 und 2 haben eigene Literaturverzeichnisse und eine eigene Zählung der Fußnoten, um die Geschlossenheit der Darstellung des mathematischen Gebietes zu gewährleisten.

(e) (i, g) ist das Koordinatenpaar der Motivation[17] für die Beschäftigung mit der „Teilbarkeit".

(f) In den Aufgaben wird der Leser direkt angesprochen, in den kommentierenden Zwischentexten in der dritten Person als „Lernender". Diese Zwischentexte gehören zur Darstellung des mathematischen Gebietes und dienen nicht vorrangig der Offenlegung der Konzeption des Autors. Das sei zur Vermeidung von Mißverständnissen gesagt.

Literatur

[1] *Courant, R.* und *H. Robbins:* Was ist Mathematik? Berlin − Göttingen − Heidelberg, 1962.

[2] *Eynden, C. V.:* Number theory. Scranton, Pennsylvania,1970.

[3] *Heinelt, G.:* Kreativität und Erziehung. In: Allgemeiner Schulanzeiger für die Bundesrepublik Deutschland, 9 (1975), 5−16.

[4] *Pólya, G.:* Mathematik und plausibles Schließen. Band 1. Basel − Stuttgart, 1962.

[5] *Raufuß, D.:* Materialien zur Planung des Unterrichts in Mathematik und Physik auf der Sekundarstufe. Frankfurt a. M., 1975.

[6] *Weber, H.:* Problemlösen und Kreativität im Mathematikunterricht: Der Stand der mathematikdidaktischen Reflexion. In: Beiträge zum Mathematikunterricht 1973. Hannover, 1974.

[7] *Wittoch, M.:* Neue Methoden im Mathematikunterricht. Hannover, 1973.

---

17) Vgl. den Beitrag von Laugwitz, insb. S. 41.

2. Das Beispiel Teilbarkeit

2.1. Teiler und Vielfache

Die Menge $\mathbb{N}$ der natürlichen Zahlen[1] ist abgeschlossen bezüglich der Addition und der Multiplikation. Die Möglichkeit der Umkehrung der Addition wird durch die Anordnung

---

1) Es ist $\mathbb{N} = \{1, 2, 3, 4, \ldots\}$ und $\mathbb{N}_0 = \mathbb{N} \cup \{0\}$. Sprechen wir von natürlichen Zahlen, so sind die Elemente von $\mathbb{N}$ gemeint. Kleine lateinische Buchstaben bezeichnen i. a. Variable für Elemente aus $\mathbb{N}$. Es erweist sich als zweckmäßig, die ganzen Zahlen stellenweise einzubeziehen. Das wird dann ausdrücklich gesagt.

entschieden: $a - b$ bezeichnet eine natürliche Zahl genau dann, wenn $a > b$. – Die Frage nach der Umkehrung der Multiplikation initiiert zwei Ansätze:

(1) Erweiterung der Menge $\mathbb{N}$, so daß die Division stets durchführbar wird.

(2) Studium der Division in $\mathbb{N}$.

Von dem letzten Ansatz erwarten wir neue Eigenschaften der natürlichen Zahlen, die zu einem vertieften Verständnis ihres Aufbaus und ihrer Struktur führen.[2] Die mathematische Disziplin, die diesen Ansatz ausgebaut hat, ist die Zahlentheorie. Ihr erstes Kapitel wollen wir im folgenden darstellen. Es kommt zunächst darauf an, den Ausgangspunkt unserer Überlegungen begrifflich treffend festzulegen. Das geschieht in der

Definition 1.1: Von zwei natürlichen Zahlen a und b ist b *Teiler* von a, wenn es eine natürliche Zahl c gibt, so daß $b \cdot c = a$ ist.

In Zeichen: $b \top a$.

Um den Text gefälliger zu gestalten, benutzen wir auch die folgenden Sprechweisen: b teilt a, a ist teilbar durch b.

Ist b nicht Teiler von a, wollen wir $b \not\top a$ schreiben.

Beispiele: $3 \top 27$, $11 \not\top 120$, $77 \top 1001$

Zur Feststellung des Wahrheitswertes dieser drei Aussagen müssen wir uns genau an das in Definition 1.1 angegebene Verfahren halten. Zu bestimmen sind die Lösungsmengen L_1, L_2 und L_3 der Gleichungen $3 \cdot c = 27$, $11 \cdot c = 120$ bzw. $77 \cdot c = 1001$. Diese sind: $L_1 = \{7\}$, $L_2 = \emptyset$, $L_3 = \{13\}$. Folglich sind die drei Aussagen wahr.

$a \top b$ ist eine Aussage über die Zahlen a und b. Sie ist keine Verknüpfung wie die Addition, die Multiplikation oder die Division, die zwei Zahlen einer dritten zuordnet. Zwar können wir mit Hilfe der Operation $a : b$ prüfen, ob $b \top a$ wahr ist oder nicht. Aber das Ergebnis der Rechnung interessiert nicht. Weiß man etwa, daß 35 zur 1×5-Reihe gehört, so kann man der Aussage $5 \top 35$ den Wahrheitswert w zuordnen. Es ist unwichtig, daß $7 \cdot 5 = 35$ ist.

Diese Überlegung führt uns zu folgendem

Problem 1.1: Sollte sich die Teilbarkeit als ein grundlegend wichtiger Begriff erweisen, wäre die Kenntnis einer Methode wünschenswert, mit der man schnell und direkt entscheiden kann, ob eine gegebene Zahl Teiler einer anderen Zahl ist.[3]

Wir wollen nun aus der Definition 1.1. Folgerungen herleiten; zunächst einfache Eigenschaften, später mit deren Hilfe kompliziertere Sätze. Nur solche Definitionen haben in

---

2) Das inhaltliche Lernziel ist damit formuliert: Wir wollen die vorhandenen Kenntnisse des Lernenden über die von ihm bereits als grundlegend wichtig erkannten natürlichen Zahlen systematisieren und sein Wissen durch neue Erkenntnisse bereichern. Die Verwirklichung dieses Lernziels soll gekoppelt werden mit dem allgemeineren (mindestens ebenso wichtigen) Lernziel, Mathematik als Prozeß zu verstehen, in den der Lernende sich einbinden läßt.

3) Wir werden auf diese Problemfrage nicht zurückkommen. Sie ließe sich zwanglos im Abschnitt 2.3. behandeln. Eine ausführliche gut lesbare Darstellung findet man in Worobjow [17, § 2 u. § 3].

der Mathematik Berechtigung, die zu Begriffsbildungen und Sätzen Anlaß geben, die sich in das Beziehungsgeflecht der mathematischen Theorien mannigfach einordnen lassen.

Zunächst stellt sich uns die Frage nach der Verankerung der Teilbarkeit. Welchem allgemeineren Begriff ist die Teilbarkeit unterzuordnen? Es ist der Relationsbegriff. — Erfahrungen mit Relationen in $\mathbb{N}$ können jetzt motivierend sein. So hat uns die Relation $a < b$ in $\mathbb{N}$ bereits Aufschlüsse über die natürlichen Zahlen gegeben. Wir konstatieren:

$$b < a \iff \text{es gibt ein} \quad c \in \mathbb{N}, \text{ so daß } \quad b + c = a$$
$$b \top a \iff \text{es gibt ein} \quad c \in \mathbb{N}, \text{ so daß } \quad b \cdot c = a$$

Diese *Analogie* macht den Zusammenhang dieser Relationen mit der Addition und der Multiplikation deutlich. Sie fordert heraus zu der Frage nach den Unterschieden der beiden Relationen und den eventuell daraus zu ziehenden Folgerungen für die natürlichen Zahlen. Das Studium der Teilbarkeits- (oder Teiler)-relation verspricht also gute Erfolgschancen.

Die Lehre von den Relationen stellt ein Begriffsnetz zur Verfügung, das man jetzt routinemäßig anwendet. Wir fragen nach den Eigenschaften der Teilerrelation.

Zur Erläuterung der *Beweistechnik* wollen wir hier ausführlich darstellen, daß die Teilerrelation identitiv ist; d.h. daß aus $a \top b \wedge b \top a$ folgt $a = b$.

Zunächst übersetzen wir mit Hilfe der Definition 1.1 die Voraussetzungen in eine Sprache, die wir sicher beherrschen:

$$a \top b \Rightarrow a \cdot c_1 = b$$
$$b \top a \Rightarrow b \cdot c_2 = a$$

Durch Einsetzen erhalten wir

$$(a \cdot c_1) \cdot c_2 = b$$

und wegen der Assoziativität der Multiplikation

$$a \cdot (c_1 \cdot c_2) = a.$$

Wegen der Abgeschlossenheit der Multiplikation in $\mathbb{N}$ ist

$$c_1 \cdot c_2 = c_3$$

eine natürliche Zahl.

Aus der Eindeutigkeit der Lösbarkeit der Gleichung

$$a \cdot c_3 = a$$

folgt $c_3 = 1$ und weiter $c_1 = c_2 = 1$.

Folglich ist $a = b$.

Die soeben bewiesene Aussage kann man übrigens nicht vernünftig durch *Zahlenbeispiele* konkretisieren. Ihre Bedeutung erkennen wir erst später bei verschiedenen Beweisen, wenn man noch nicht von vornherein weiß, ob zwei durch a und b verschieden benannte Zahlen gleich sind oder nicht.

Es gilt der

Satz 1.1: Die Teilerrelation ist reflexiv, identitiv und transitiv, sie ist also eine Ordnungsrelation.

Aufgabe 1.1: Beweise diesen Satz. Zeige ferner durch ein Gegenbeispiel, daß die Teilerrelation in $\mathbb{N}$ nicht linear ist.

Weil sie in $\mathbb{N}$ nicht linear ist, unterscheidet sich die Teilerrelation wesentlich von der $<$- und der $\leq$-Relation. Damit haben wir schon eine erste Antwort auf die obige sich aus der Analogie ergebende Frage.

Wir wollen noch einige Sätze aus der Definition 1.1 ableiten. Das hat einen inhaltlichen und einen methodischen Grund. Wir lernen neue Eigenschaften der Teilerrelation und der natürlichen Zahlen kennen und machen den Gebrauch des Symbols $b\top a$ unabhängig von der Gleichung $b \cdot c = a$. Dann kann man mit einer von allem Unwesentlichen befreiten Symbolik arbeiten. Die Beweise komplizierterer Sätze werden durchsichtiger und die Argumentationen treffender.

Satz 1.2:

a) $b\top a \Longleftrightarrow cb\top ca \quad$ für alle c

b) $b_1\top a_1 \wedge b_2\top a_2 \Rightarrow b_1\,b_2\top a_1\cdot a_2$

c)   Aus $b_1\top a_1 \wedge b_2\top a_2 \quad$ folgt nicht $\quad b_1 + b_2\top a_1 + a_2$.

d) $b\top a \Rightarrow b\top ca \quad$ für jedes c

e) $b\top a_1 \wedge b\top a_2 \Rightarrow b\top a_1\cdot a_2$

f) $b\top a \Rightarrow b \leq a$

g)   Aus $b \leq a \quad$ folgt nicht $\quad b\top a$.

h) $b\top a_1 \wedge b\top a_2 \Rightarrow b\top c_1 a_1 \pm c_2 a_2 \quad$ für beliebige $\quad c_1, c_2$

i)   Aus $a_1\top b$ und $a_2\top b \quad$ folgt nicht $\quad a_1\cdot a_2\top b$.

Aufgabe 1.2: Beweise Satz 1.2 und veranschauliche die einzelnen Behauptungen durch Zahlenbeispiele.

Hinweis:

a)   Verifizieren:
Die Beweise beginnen im allgemeinen mit der Übersetzung von $b_1\top a_1$ in $b_1\cdot c_1 = a_1$. Mit Gleichungen dieser Art wird nach bekannten Regeln gearbeitet. Die letzte Gleichung $b_n\cdot c_n = a_n$ übersetzen wir zurück in die Sprache der Definition 1.1, d.h. $b_n\top a_n$. —

b)   Falsifizieren:
Um nachzuweisen, daß eine Behauptung nicht gilt, genügt die Angabe eines *Gegenbeispiels*.

Aufgabe 1.3: Beweise die Identitivität mit Hilfe von Satz 1.2 e). Dabei zeigt sich, daß die Identitivität der Teilerrelation zurückgeführt wird auf die Identitivität der $\leq$-Relation.

Wir wollen die Definition 1.1 weiter ausdeuten. Lesen wir die Gleichung $b \cdot c = a$ von rechts nach links, gewichten wir also die Bestandteile a und b anders, so erscheint uns a als Vielfaches von b.

Definition 1.2: Von zwei natürlichen Zahlen a und b heißt a *Vielfaches* von b, wenn es eine natürliche Zahl c gibt, so daß $a = b \cdot c$.

In Zeichen: $a \perp b$.

Ist a nicht Vielfaches von b, wollen wir $a \not\perp b$ schreiben.

Beispiele: $54 \perp 6$, $40 \not\perp 15$, $1001 \perp 77$.

Aufgabe 1.4: Begründe die Richtigkeit dieser Aussagen! (Vgl. die Beispiele zu Definition 1.1.)

Zu hinterfragen bleibt, ob die Definition 1.2 sich lohnt. Da nämlich a Vielfaches von b genau dann gilt, wenn b Teiler von a ist, hätte man auch die Vokabel „Vielfaches" in die Definition 1.1 als andere Sprechweise aufnehmen können.

Definition 1.2 beinhaltet — so betrachtet — keinen neuen Sachverhalt, sondern will den schon vorher definierten Begriff unter anderem Aspekt anleuchten. Dieser Aspekt wird von uns hier aber verselbständigt, und so tritt die Vielfachrelation gleichwertig neben die Teilerrelationen. Damit wollen wir das „Teilbarkeitsproblem" differenzierter angehen.

Ein anderer Zugang zur Definition 1.2 ist die Frage nach der Umkehrrelation zur Teilerrelation und ihre inhaltliche Beschreibung. So werden wir veranlaßt, nach den Eigenschaften der „Vielfachrelation" zu suchen.

Aufgabe 1.5: Prüfe, welche Relationseigenschaften auf die Vielfachrelation zutreffen.

Warum lassen sich die Beweise entsprechend den Beweisen bei der Teilbarkeit führen? Die Entsprechung ist so eindeutig, daß es genügt, die einzelnen Beweisschritte nur umzudeuten. Warum?

Satz 1.3: Die Vielfachrelation ist reflexiv, identitiv und transitiv; sie ist also eine Ordnungsrelation.

Aufgabe 1.6:

(a) Formuliere die zu Satz 1.2 *analogen* Behauptungen, indem du die Zeichen $\top$ und $\perp$ austauschst.

(b) Verifiziere oder falsifiziere die Behauptungen.

Entgehen uns nicht wichtige Entdeckungen dadurch, daß wir uns auf die natürlichen Zahlen beschränkt haben?

Wir *verallgemeinern* daher die Definitionen 1.1 und 1.2, indem wir für a, b und c Zahlen aus der Menge $\mathbb{Z}$ zulassen.

Aufgabe 1.7: Beweise: Für a, b $\in \mathbb{Z}$ gilt

(a) $1 \top a, -1 \top a, a \top a, -a \top a, a \top -a$

(b) $b \top a \Rightarrow b \top -a$

(c) $b \top a \wedge b \neq 0 \Rightarrow |b| \leq |a|$

(d) $b \top a \wedge a \top b \Rightarrow a = b \vee a = -b$;

      d.h. die Teilerrelation ist in $\mathbb{Z}$ keine Ordnungsrelation, da sie nicht identitiv ist.

Es gilt $b \top a$ genau dann, wenn $|b| \top |a|$, und $0 \top a$ genau dann, wenn $a = 0$, und $a \top 0$ für alle $a \in \mathbb{Z}$.[4]

Aufgabe 1.8: Beweise diese Behauptungen.

Daher kann man sich auf die Teilbarkeit in $\mathbb{N}$ beschränken. Die Verallgemeinerung bringt hier nichts ein, im Gegenteil, sie erschwert die Formulierung.[5]

2.2. Teilermengen und Vielfachmengen

Wir wollen noch einmal auf die Definition 1.1 zurückkommen. Wegen der Kommutativität der Multiplikation ist mit b auch c ein Teiler von a. Die Zahlen b und c heißen „komplementäre Teiler" der Zahl a. Es erscheint zweckmäßig, alle Teiler einer Zahl mathematisch zu beschreiben. Angemessen ist der Mengenbegriff. Damit sind wir von der Frage, ob bei gegebenem a und b gilt $b \top a$ oder $b \not\top a$, dazu übergegangen, alle Zahlen b zu erfassen, für die gilt $b \top a$.

Definition 2.1: Die Menge aller Teiler einer Zahl a heißt *Teilermenge* T_a:

$$T_a = \{x \mid x \top a\}.$$

Beispiele: $T_{15} = \{1, 3, 5, 15\}$; $T_{24} = \{1, 2, 3, 4, 6, 8, 12, 24\}$.

Welches sind komplementäre Teiler[6]?

Aufgabe 2.1: Bestimme die Teilermenge T_a für alle $1 \leqslant a \leqslant 40$. Beachte, daß es genügt, die „Hälfte" der Teiler zu bestimmen, die andere „Hälfte" sind die komplementären Teiler. Trage die Zahlen in eine Tabelle ein mit den Eingängen a und Kardinalzahl von T_a, die wir mit $|T_a|$ bezeichnen.

a	
$|T_a|$	

Die Zuordnung $a \mapsto |T_a|$ ist in $\mathbb{N}$ eine Funktion. (Warum?) — Beobachte die Zahlen der Tabelle! Dabei fallen dir „teilerreiche" und teilerarme" Zahlen auf. Beachte dabei, daß die Termini „teilerreich" und „teilerarm" nicht mathematisch (eindeutig) definiert sind, sie kennzeichnen gut die Beobachtungsphase, aus der wir mathematisch wichtige Begriffe und Beziehungen erst noch herausfinden wollen.

---

4) Der Unterschied zwischen der Teilerrelation und der Division als Operation in $\mathbb{Z}$ wird hier dadurch besonders deutlich, daß $0 \top 0$ wahr ist, $0 : 0$ aber überhaupt keinen Sinn hat!

5) Aber in einer anderen Richtung ist eine *Verallgemeinerung* von Bedeutung, wie wir kurz erläutern wollen.

    Die Teilbarkeit in der Menge $\mathbb{Q}$ der rationalen Zahlen zu untersuchen, ist sinnlos, da für zwei beliebige rationale Zahlen a und b ($b \neq 0$) die Gleichung $b \cdot c = a$ stets in $\mathbb{Q}$ lösbar ist. Das zeichnet ja gerade $\mathbb{Q}$ als Körper aus. Die Menge $\mathbb{Z}$ der ganzen Zahlen bildet einen Integritätsbereich mit Einselement. Da die Ringaxiome über die Lösbarkeit der Gleichung $b \cdot c = a$ nichts aussagen, kann man in Ringen (besser in speziellen Ringen, den Integritätsbereichen mit Einselement) die Teilbarkeit analog zu Definition 1.1 festlegen und die Teilbarkeitsverhältnisse untersuchen. Vgl. dazu Joachim [6, S. 66 ff.] und Lugowski-Weinert [8, S. 113 ff.].

6) Die Teilerrelation ordnet die Elemente der Teilermenge T_a. Diese Ordnung läßt sich anschaulich darstellen in Hasse-Diagrammen. Verschiedene Teilermengen können gleiche Hasse-Diagramme haben; man sagt dann, sie sind von derselben Ordnungsstruktur. (Vgl. Gerhardts [4, S. 81—83]; man lasse die Primfaktorzerlegung noch außer acht.)

Aufgabe 2.2: Ist $b \cdot c = a$, so gilt $b \leqslant \sqrt{a}$ oder $c \leqslant \sqrt{a}$.

Wir hätten die Teilermengen natürlich schon vor der Beschäftigung mit den Relationseigenschaften der Teilerrelation einführen können. Dort aber hätte der Begriff wenig genutzt. Zu viele Begriffe hintereinander eingeführt verwirren eher als daß sie zur Klärung eines komplexen Sachverhaltes beitragen. Zunächst müssen wir mit *einer* Definition arbeiten, damit sie uns hinreichend vertraut wird und sich ihre Nützlichkeit mindestens andeutet.

Aus der Reflexivität der Teilerrelation folgt, daß es eine leere Teilermenge T_a nicht gibt. Da 1 der komplementäre Teiler von a ist, hat T_a außer im Fall $a = 1$ mindestens 2 Elemente. Ferner ist T_a wegen Satz 1.2 f) endlich. Damit haben wir den

Satz 2.1: Für alle a ist T_a eine nicht-leere, endliche Menge.

Es gilt

$$1 \leqslant |T_a| \leqslant a.$$

Problem 2.1: Gibt es ein Verfahren, das uns erlaubt, die Teiler einer Zahl einfach zu bestimmen?

Wir werden später sehen, daß es zur Lösung dieses Problems eines weiteren Begriffes bedarf.

Die Definition 1.3 erlaubt uns, die Teilbarkeit anders als bisher zu formulieren:

$$b \mathbin{\mathsf{T}} a \Longleftrightarrow b \in T_a$$

$$b \mathbin{\mathsf{T}} a \Longleftrightarrow T_b \subseteq T_a.$$

Inhaltlich besagen $b \in T_a$, $T_b \subseteq T_a$ und $b \mathbin{\mathsf{T}} a$ dasselbe, Unterschiede bestehen aber in der Art, also im „Charakter" der Aussage.

Aufgabe 2.3: Übersetze in die neuen Sprechweisen: $8 \mathbin{\mathsf{T}} 40$ und $12 \mathbin{\mathsf{T}} 36$.

Die erste logische Äquivalenz ist evident, die zweite wollen wir jetzt beweisen. Dazu sind zwei Schritte nötig:

(1) $b \mathbin{\mathsf{T}} a \Rightarrow T_b \subseteq T_a$

Sei x ein beliebiges Element von T_b : $x \in T_b$, d.h. $x \mathbin{\mathsf{T}} b$.

Nach Voraussetzung ist $b \mathbin{\mathsf{T}} a$. Aufgrund der Transitivität der Teilerrelation gilt

$x \mathbin{\mathsf{T}} b \wedge b \mathbin{\mathsf{T}} a \Rightarrow x \mathbin{\mathsf{T}} a$, was mit $x \in T_a$ gleichbedeutend ist.
Also haben wir (1) bewiesen.

(2) $T_b \subseteq T_a \Rightarrow b \mathbin{\mathsf{T}} a$.

Wegen $b \mathbin{\mathsf{T}} b$ gilt $b \in T_b$ und aufgrund der Definition der Inklusion auch $b \in T_a$, was mit $b \mathbin{\mathsf{T}} a$ gleichbedeutend ist.

Wir bemerken, daß die erste der beiden obigen neuen Formulierungen der Teilbarkeit sich hierbei als Bindeglied zwischen $b \mathbin{\mathsf{T}} a$ und $T_b \subseteq T_a$ erwiesen hat.

Die Kenntnis der naiven Mengenlehre legt uns nahe, die Inklusion $T_b \subseteq T_a$ in die Gleichung $T_b \cap T_a = T_b$ umzuschreiben. Damit haben wir:

$$b \top a \iff T_b \cap T_a = T_b$$

Beispiel: Mit $6 \top 18$ ist $\{1, 2, 3, 6\} \cap \{1, 2, 3, 6, 9, 18\} = \{1, 2, 3, 6\}$ und umgekehrt.

Die *Analogie* hat sich als eine Methode zur *Konstruktion* neuer Begriffe und Zusammenhänge erwiesen; aber welches ist der Sinn dieser Begriffsbildungen für unsere übergreifende Thematik?

Zunächst erscheinen die neu definierten Begriffe unter einem anderen Aspekt, in einem anderen Gewand. Dadurch lernt man den neuen Begriff besser kennen und wird motiviert, sich weiter mit ihm auseinanderzusetzen. Man verwendet bekannte Begriffe (hier: Mengen), um sich neue Begriffe (hier: Teilbarkeit) zu erschließen. Dabei hegt man die Erwartung, daß mit Hilfe der neuen Formulierungen Beweise einfacher, durchsichtiger und Verflechtungen mit anderen Gebieten erkennbar werden.

Die Identitivität der Teilerrelation

$$a \top b \wedge b \top a \Rightarrow a = b$$

übersetzen wir in die neue Schreibweise[7]:

$$T_a \subseteq T_b \wedge T_b \subseteq T_a \Rightarrow T_a = T_b$$

Das aber ist die Identitivität der $\subseteq$-Relation (Inklusion) in der Menge der Teilermengen

$$T = \{X \mid X = T_a \wedge a \in \mathbb{N}\}.$$

Entsprechendes gilt für die Reflexivität und die Transitivität. Wir sagen: Die Teilerrelation in $\mathbb{N}$ und die Inklusion in der Menge der Teilermengen sind analog. Diese Analogie können wir genau beschreiben:

(1) Jedem $a \in \mathbb{N}$ ist ein $T_a \in T$ eindeutig zugeordnet. Denn aus $a = b$ folgt $T_a = T_b$ und umgekehrt. Die Abbildung $\varphi(a) = T_a$ ist bijektiv.

(2) Bei dieser Abbildung wird die Relationsstruktur erhalten. D.h. $b \top a$ entspricht $\varphi(b) \subseteq \varphi(a)$. Daher ist diese Analogie ein Isomorphismus zwischen $(\mathbb{N}, \top)$ und $(T, \subseteq)$.

Aus Freude am Analogisieren wollen wir weitere Sätze in die Mengenschreibweise übersetzen. Das mag zunächst ein Spiel sein, vielleicht aber läßt sich daraus doch mathematisches Kapital schlagen. Nur die Darstellung einer fertigen Theorie kann auf solches Tun verzichten. Wir beginnen mit den ersten Teilaussagen des Satzes 1.2, was aber nicht sehr erfolgversprechend aussieht. Dann versuchen wir es mit Satz 1.2 h), der für $c_1 = c_2 = 1$ so lautet:

Teilt t die Zahlen b und c, so teilt t auch die Summe a dieser Zahlen:

$$t \top b \wedge t \top c \Rightarrow t \top a.$$

---

7) Zum Vergleich betrachte man noch einmal die Aufgabe 1.3. Der Beweis zeigt die Übersetzung (Zurückführung) der Identitivität der Teilerrelattion auf die Identitivität der $\leqslant$-Relation in $\mathbb{N}$.

Entsprechend gilt: Teilt t die Summe a zweier Zahlen und den Summanden b, so teilt t auch den anderen Summanden c:

$$t \top a \wedge t \top b \Rightarrow t \top c.$$

$t \top b \wedge t \top c$ bedeutet $t \in T_b \wedge t \in T_c$, woraus aufgrund der Definition der Schnittmenge $t \in T_b \cap T_c$ und aufgrund des Satzes 1.2 h) $t \in T_a$, also $T_b \cap T_c \subseteq T_a$, folgt. Entsprechend ergibt sich: $T_a \cap T_b \subseteq T_c$.

Die beiden Inklusionen gefallen uns so noch nicht. Wir versuchen, sie in einer Gleichung zusammenzubringen. Dazu müssen wir uns die Eigenschaft der Identitivität zunutze machen. In der Tat gilt

$$T_b \cap T_c \subseteq T_a \Rightarrow T_b \cap T_c \subseteq T_a \cap T_b$$

$$T_a \cap T_b \subseteq T_c \Rightarrow T_a \cap T_b \subseteq T_c \cap T_b.$$

Damit haben wir den

Satz 2.2: Es sei

$$a = b + c,$$

dann ist

$$T_a \cap T_b = T_b \cap T_c$$

oder

$$T_a \cap T_b = T_b \cap T_{a-b}$$

Wir bemerken, daß unsere Kenntnisse und Erfahrungen aus der naiven Mengenlehre den Satz haben auffinden helfen und den Beweisgang leiteten.

Beispiele:

(a) $T_{36} \cap T_{24} = T_{24} \cap T_{12} = T_{12}$ (Warum?)

(b) $T_{36} \cap T_{30} = T_{30} \cap T_6 = T_6$ (Warum?)

(c) $T_{36} \cap T_{15} = T_{15} \cap T_{21} = \{1, 2, 3\} = T_3$

Die Beispiele zeigen uns, wenn wir es nicht schon vorher bemerkt haben, daß die Beziehung $T_a \cap T_b = T_b$ ein *Spezialfall* von Satz 2.2 ist.

Denken wir über die in diesem Abschnitt verwendeten Mengen und ihre Operationen nach, so wird unsere Aufmerksamkeit auf einen Begriff gelenkt, der bislang versteckt war. $T_b \subseteq T_a$ bedeutet doch, daß jedes $t \in T_b$ Teiler von b und gleichzeitig Teiler von a ist. Auch Satz 1.2 h) und satz 2.2 handeln von Teilern, die mehrere Zahlen gemeinsam haben. Wir halten fest:

Definition 2.2: Jede Zahl t, die Teiler von a und b ist, heißt ein *gemeinsamer Teiler* dieser Zahlen.

Mengentheoretisch werden die gemeinsamen Teiler zweier Zahlen von der Schnittmenge ihrer Teilermengen erfaßt:

$$T_a \cap T_b = \{t \mid t \top a \wedge t \top b\}.$$

Beispiel: $T_{28} \cap T_{24} = \{1, 2, 4, 7, 14, 18\} \cap \{1, 2, 3, 4, 6, 8, 12, 24\} = \{1, 2, 4\}$.

Wir kommen im übernächsten Abschnitt auf diesen Begriff zurück.

Aufgabe 2.4: Formuliere den Satz 2.2 verbal in der neuen Terminologie!

Wir wollen noch in einer anderen Richtung Analogien aufdecken. Dazu schließen wir an die Definition 1.2 an und setzen fest:

Definition 2.3: Die Menge aller Vielfachen einer Zahl a heißt *Vielfachmenge* V_a

$$V_a = \{x \mid x \perp a\}.$$

Wir können auch schreiben

$$V_a = \{x \mid a \top x\}. \qquad \text{(Warum?)}$$

Beispiel: $V_3 = \{3, 9, 12, 15, 18, \ldots\}$; $V_{16} = \{16, 32, 48, 64, \ldots\}$; $V_1 = \mathbb{N}$

Analog zur Teilbarkeit läßt sich das Vielfachessein jetzt in verschiedene Sprachen übersetzen:

$$a \perp b \iff a \in V_b$$

und

$$a \perp b \iff V_a \in V_b$$

Analog zu Satz 2.1 gilt der

Satz 2.3: Für alle a ist V_a eine unendliche Menge.

Aufgabe 2.5: Beweise die Richtigkeit der Übersetzungen und den Satz 2.2.

Entsprechend der Menge T setzen wir fest:

$$V = \{X \mid X = V_a, \ a \in \mathbb{N}\}.$$

Dann läßt sich leicht zeigen, daß $(\mathbb{N}, \perp)$ und $(V, \subseteq)$ isomorph sind.

Unser Analogisieren wollen wir fortsetzen, indem wir das Pendant zu dem Begriff „gemeinsamer Teiler" definieren:

Definition 2.4: Jede Zahl v, die ein Vielfaches von a und b ist, heißt ein *gemeinsames Vielfaches* dieser Zahlen.

Mengentheoretisch werden die gemeinsamen Vielfachen zweier Zahlen von der Schnittmenge ihrer Vielfachmengen erfaßt:

$$V_a \cap V_b = \{v \mid v \perp a \wedge v \perp b\}.$$

Die Übersetzung der Vielfachrelation

$$a \perp b \iff V_a \subseteq V_b$$

enthält bereits den Begriff gemeinsames Vielfaches. Schreiben wir

$$a \perp b \iff V_a \cap V_b = V_a,$$

so ist V_a ein erstes Beispiel für die soeben definierte Menge.

Beispiele:

(a) $V_{30} = \{30, 60, 90, 120, 150, 180, \dots\}$
     $V_{15} = \{15, 30, 45, 60, 75, 90, \dots\}$
     $V_{30} \subseteq V_{15}$ und $V_{30} \cap V_{15} = V_{30}$

(b) $V_{18} = \{18, 36, 54, 72, 90, 108, 126, \dots\}$
     $V_{12} = \{12, 24, 36, 48, 60, 72, 84, 96, 108, 120, 132, \dots\}$
     $V_{18} \cap V_{12} = \{36, 72, 108, \dots\}$

(c) $V_5 = \{5, 10, 15, 20, 25, 30, 35, 40, 45, \dots\}$
     $V_3 = \{3, 6, 9, 12, 15, 18, 21, 24, 27, 30, 33, \dots\}$
     $V_5 \cap V_3 = \{15, 30, \dots\}$

Wir werden sehen, daß sich diese Begriffsbildungen ausbauen lassen und sich in verschiedenen Zusammenhängen bewähren. Dabei hoffen wir auch die Lücke auszufüllen, die wir hier formulieren als

Problem 2.1: Lassen sich auch für die Fälle $b \nmid a$ und $a \pm b$ die Schnittmengen $T_a \cap T_b$ bzw. $V_a \cap V_b$ innerhalb der Begriffsbildungen der Teilbarkeit kurz und treffend beschreiben?

Zum Schluß dieses Abschnittes sollen die definierten Begriffe einander gegenübergestellt werden. So werden die Harmonie des Aufbaus und die Zuordnung entsprechender Begriffe besonders deutlich.

$$b \cdot c = a$$

$$b \top a \qquad\qquad\qquad a \perp b$$

$T_a = \{x \mid x \top a\}$	$V_a = \{x \mid x \perp a\}$
$b \top a \Longleftrightarrow b \in T_a$	$a \perp b \Longleftrightarrow a \in V_b$
$b \top a \Longleftrightarrow T_b \subseteq T_a$	$a \perp b \Longleftrightarrow V_a \subseteq V_b$
$b \top a \Longleftrightarrow T_b \cap T_a = T_b$	$a \perp b \Longleftrightarrow V_a \cap V_b = V_a$
$(\mathbb{N}, \top) \simeq (T, \subseteq)$	$(\mathbb{N}, \perp) \simeq (V, \subseteq)\,.$

2.3. Division mit Rest

Bisher haben wir den Fall $b \top a$ untersucht. Jetzt wenden wir uns dem Fall $b \nmid a$ zu. Es gilt der

Satz 3.1: Sei $a \geqslant b$. Dann gibt es genau ein q und genau ein r („Rest" genannt), so daß gilt:

$$a = b \cdot q + r \quad \text{mit} \quad 0 \leqslant r < b.$$

$r = 0$ bedeutet $b \top a$. Für spätere Überlegungen ist es sinnvoll, diesen Fall als *Spezialfall* in den Satz aufzunehmen.[8]

Beweis: Der Beweis zerfällt in zwei Teile. Zunächst muß die Existenz der behaupteten Zerlegung, dann ihre Eindeutigkeit nachgewiesen werden.

(1) Die Menge $M = \{\, x \mid x = a - bk,\ k \in \mathbb{N} \text{ und } x \geqslant 0 \}$ ist nicht leer. (Welches Element enthält sie sicher?) Nach dem „Prinzip der kleinsten natürlichen Zahl"[9] gibt es also ein kleinstes Element in m, das wir $r = a - b \cdot q$ nennen. Nach Definition von M ist $r \geqslant 0$. Zu zeigen bleibt $r < b$. Aus $r \geqslant b$ würde aber folgen:

$$r - b = (a - bq) - b = a - b(q + 1) \geqslant 0.$$

$r - b > 0$ und $r - b = 0$ widersprechen der Minimaleigenschaft von r $(k = q + 1$ würde also ein noch kleineres Element von M ergeben als $k = q)$.[10]

(2) Sei $a = b \cdot q_1 + r_1$ mit $0 \leqslant r_1 < b$ eine zweite Darstellung. Dann ergibt sich durch Gleichsetzen

$$b \cdot q + r = b \cdot q_1 + r_1$$

und weiter

$$b(q - q_1) = r_1 - r.$$

In die Sprache der Definition 1.1 übersetzt heißt das $b \top r_1 - r$. Wegen der einschränkenden Bedingungen für r und r_1 ist aber $-b < r_1 - r < b$, d.h. $|r_1 - r| < b$. Daher kann b nur für $r = r_1$ die Differenz $r_1 - r$ teilen. Wegen $0 = b(q - q_1)$ ist auch $q = q_1$. Damit ist die Eindeutigkeit bewiesen.

q. e. d.

---

8) Es sei darauf hingewiesen, daß man die Teilbarkeit auch mit Satz 3.1 beginnen kann und anschließend den Spezialfall $r = 0$ durch Definition heraushebt. Dazu vergleiche man Maxfield – Maxfield [9, S. 8–13].

9) Das „Prinzip der kleinsten natürlichen Zahl" besagt, daß jede nicht-leere Teilmenge von $\mathbb{N}$ ein kleinstes Element enthält. Es hängt ganz eng mit dem als 5. Peanosches Axiom bekannten „Prinzip der vollständigen Induktion" und dem in Fußnote 10 formulierten „Archimedischen Prinzip" zusammen. (Vgl. Maxfield – Maxfield [9, S. 9–10]; Agnew [1, S. 11–15]).

10) Man kann dem Existenznachweis auch direkt das „Archimedische Prinzip" zugrundelegen: Zu zwei Zahlen a und b mit $a \geqslant b$ gibt es stets genau eine Zahl q, so daß $bq \leqslant a < b(q + 1)$ ist.

$$\xleftarrow{\hspace{1em}} r \xrightarrow{\hspace{1em}}$$

$$\begin{array}{ccccc} \mid & * & + \cdots\cdots & + & * \\ 0 & b & & b \cdot q & b(q+1) \end{array}$$

q ist die größte ganze Zahl, die die rationale Zahl $\frac{a}{b}$ nicht überschreitet: $q \leqslant \frac{a}{b} < q + 1$. Sie legt die Anzahl der Vielfachen von b fest, die kleiner oder höchstens gleich a sind. Im Fall der Gleichheit ist die Strecke der Länge a LE meßbar mit einer Strecke der Länge b LE. Subtrahieren wir $b \cdot q$ von allen Gliedern der Ungleichungskette $bq \leqslant a < b(q + 1)$, so erhalten wir wie gewünscht $0 \leqslant a - b \cdot q = r < b$.

Der Beweis des Satzes 3.1 und die Fußnoten 9 und 10 machen deutlich, wie unmittelbar die von den ersten Schuljahren vertraute „Division mit Rest" mit *grund*legenden Eigenschaften der natürlichen Zahlen zusammenhängt.

Man beachte, daß die Darstellung $a = bq + r$ nur unter der Bedingung $0 \leqslant r < b$ eindeutig ist. Z. B. sind

$$143 = 25 \cdot 4 + 43$$
$$143 = 25 \cdot 2 + 93$$
$$143 = 25 \cdot 5 + 18$$

verschiedene Zerlegungen. Satz 3.1 garantiert die Eindeutigkeit von q und r für $0 \leqslant r < 25$, also für $r = 18$ und $q = 5$. Unter dem Terminus „Division mit Rest" wollen wir stets die Darstellung des Satzes 3.1 verstehen.

Die Notwendigkeit, den Nachweis für die Eindeutigkeit zu führen, ist schwerer einzusehen als diesen Nachweis zu führen. Denn aus Erfahrung wissen wir, daß uns das bewährte Verfahren der Division q und r verschafft, und zwar eindeutig. Wir müssen aber lernen, scheinbar Selbstverständliches zu hinterfragen. Die Schwierigkeit liegt darin, Probleme dieser Art zu erkennen und anzuerkennen. Zunächst läßt sich nämlich gar nicht ausschließen, daß es ein weiteres, uns noch unbekanntes Verfahren für eine Bestimmung von q und r bei Vorgabe von a und b gibt.

Mit Hilfe des Satzes 2.2 können wir Satz 3.1 leicht wie folgt übersetzen:

Mit $a = bq + r$ ist

$$T_a \cap T_b = T_b \cap T_r .$$

Die Menge der gemeinsamen Teiler von a und b ist also gleich der Menge der gemeinsamen Teiler von b und r. Dabei haben wir q außer acht gelassen, d. h. wir betrachten nicht die Teiler von $b \cdot q$, sondern von b. In dieser Form wollen wir den Satz 3.1 später anwenden, wenn wir die gemeinsamen Teiler von a und b genauer untersuchen.

Aufgabe 3.1:
Bestimme jeweils q und r für

(a) $a = 52$, $\quad b = 7$

(b) $a = 169$, $\quad b = 13$

(c) $a = 1749$, $\quad b = 325$

Aufgabe 3.2:
(a) Für alle a gilt $4 \top a^2 + 2$.

(b) Für alle a gilt $2 \top a^2 - a$.

(c) Für alle ungeraden Zahlen a gilt $8 \top a^2 - 1$.

   Hinweis: Man setze $b = 2$ und charakterisiere die Eigenschaften einer Zahl, gerade oder ungerade zu sein.

Aufgabe 3.3:
Von drei aufeinanderfolgenden natürlichen Zahlen ist genau eine durch 3 teilbar.

Hinweis: Welche Darstellung haben nach Satz 3.1 drei aufeinanderfolgende Zahlen a_1, a_2, a_3, wenn wir $b = 3$ setzen?

Aufgabe 3.4:

Das Quadrat einer natürlichen Zahl hat bei Division durch 4 entweder den Rest 0 oder den Rest 1.

Hinweis: Man setze b = 4 und überlege, welchen Rest eine Zahl a nach Satz 3.1 haben kann.

Die Aufgaben 3.1 bis 3.4 lassen erkennen, von welcher Art die Eigenschaften der natürlichen Zahlen sind, die wir über Satz 3.1 beweisen können.

2.4. Größter gemeinsamer Teiler

Wir schließen an die Definition 2.2 an. Die Menge $T_a \cap T_b$ der gemeinsamen Teiler der Zahlen a und b ist nicht leer und sie hat endlich viele Elemente. Letzteres folgt wegen $T_a \cap T_b \subseteq T_b$ aus der Endlichkeit der Teilermengen, andererseits ist 1 Element jeder Teilermenge, also auch $1 \in T_a \cap T_b$. Da jede endliche, nicht-leere Menge natürlicher Zahlen ein größtes Element besitzt, ist die folgende Definition sinnvoll.

Definition 4.1: Der größte unter den gemeinsamen Teilern zweier Zahlen a und b heißt *größter gemeinsamer Teiler* (g. g. T.) und wird mit (a, b) bezeichnet.

Nachdem die Existenz des Begriffs g. g. T. gesichert ist, fragen wir nach einem Verfahren zu seiner Berechnung.

Die Definitionen 2.2 und 4.1 zeigen uns einen *experimentellen Weg.* Wir bestimmen T_a und T_b, indem wir etwa durch Division der Zahlen a und b durch 2, 3, 4, 5 usw. ihre Teiler feststellen. Dann bilden wir $T_a \cap T_b$ und suchen die größte Zahl aus dieser Menge heraus. Das Verfahren ist für größere Zahlen sehr umständlich.

Erinnern wir uns an den Satz 2.2, so brauchen wir nicht alle Teiler der Zahlen a und b zu bestimmen, sondern können die Bestimmung des g. g. T. durch Differenzbildung auf kleinere Zahlen b und c zurückführen. Denn es folgt aus diesem Satz: (a, b) = (b, a – c). (Warum?) Natürlich können wir den Satz mehrfach anwenden, wie die folgenden Beispiele (f), (g), (h) zeigen.

Beispiele:[11]

(a) a =   16, b =   10 : $T_{16} \cap T_{10} = \{1, 2\}$, also (16,10) = 2

(b) a =   12, b =   16 : $T_{12} \cap T_{16} = \{1, 2, 3, 4\}$, also (12, 16) = 4

(c) a =   7, b =   12 : $T_7 \cap T_{12} = \{1\}$, also (7,12) = 1

(d) a =   9, b =   27 : $T_9 \cap T_{27} = \{1, 3, 9\}$, also (9,27) = 9

(e) a =   18, b =   24 : $T_{18} \cap T_{24} = \{1, 2, 3, 6\}$, also (18, 24) = 6

(f) a =   48, b =   32 : $T_{48} \cap T_{32} = T_{32} \cap T_{16} = T_{16} \cap T_{16} = T_{16}$, also (48, 32) = 16

(g) a =   54, b =   24 : $T_{54} \cap T_{24} = T_{24} \cap T_{30} = T_{24} \cap T_6 = T_{18} \cap T_6 = T_6$

(h) a = 245, b = 175 : $T_{245} \cap T_{175} = T_{175} \cap T_{70} = T_{70} \cap T_{105} = T_{70} \cap T_{35} = T_{35}$

---

[11] Vergleiche auch die Beispiele auf Seite 93. Die Darstellung gemeinsamer Teiler mit Hilfe von Venn- und Hassediagrammen findet man in Gerhardts [4, S. 84–85]. Diese Diagramme sind als Verfahren zur Bestimmung des g. g. T. praktisch ohne Bedeutung. (Vgl. auch Fußnote 6.)

Es ist $1 \leqslant (a, b) \leqslant \min\{a, b\}$ [12]. Der Extremfall $(a, b) = \min\{a, b\}$ tritt ein, wenn $b \top a$ oder $a \top b$ — wie wir bereits auf Seite 92 gesehen haben. Dann ist $T_a \cap T_b = T_b$ bzw. $T_a \cap T_b = T_b$. — Nicht weniger wichtig ist der andere Extremfall $(a, b) = 1$, also $T_a \cap T_b = T_1$, so daß wir ihn terminologisch hervorheben wollen. Das geschieht in der

Definition 4.2: Zwei Zahlen a und b heißen *teilerfremd*, wenn $(a, b) = 1$.

Betrachten wir die Definition 2.2 und das Beispielmaterial auf den Seiten 93 und 98 so drängt sich die Frage auf, ob wir die Schnittmenge zweier Teilermengen mit den bisherigen Begriffen kurz und treffend beschreiben können. Die Beispiele lassen die Vermutung zu, daß die Schnittmenge der Teilermengen T_a und T_b selbst wieder eine Teilermenge T_c ist, ja sogar die Teilermenge des g.g.T. In der Tat ist das für die genannten Extremfälle bereits als richtig erkannt. — Für beliebige a und b enthält die Schnittmenge jedenfalls 1 und (a, b). Sind aber auch alle Teiler von (a, b) Elemente von $T_a \cap T_b$? Wäre das so, müßten die Teiler des g.g.T. gemeinsame Teiler von a und b sein. Das wäre eine sehr schöne Eigenschaft des g.g.T. Ist es aber wahrscheinlich, daß sie zutrifft? Wir wollen vorsichtig sein:

Bevor wir unsere Vermutung als Satz formulieren, unterwerfen wir sie einer Belastung, indem wir weitere Beispiele dieses Mal mit größeren Zahlen durchprobieren.

Aufgabe 4.1: Berechne die Menge der gemeinsamen Teiler der Zahlen a und b und prüfe, ob sie die Teilermenge ihres g.g.T. ist.

(1) $a = 72$, $b = 64$;   (2) $a = 169$, $b = 13$;

(3) $a = 252$, $b = 210$;   (4) $a = 1848$, $b = 1980$

Die Ergebnisse der Aufgabe 4.1 stützen unsere Vermutung, stabilisieren sie, so daß wir wagen können, den folgenden Satz zu formulieren:

Satz 4.1: Es ist $T_a \cap T_b = T_{(a,b)}$ für beliebige a, b.

Das Wort „wagen" meint, daß wir mit der Formulierung des Satzes auch die Verpflichtung eines Beweises übernehmen müssen. Jedoch nicht leichtfertig probierend, auf einen Zufall vertrauend versuchen wir, einen Beweis zu finden, sondern wir wollen den bisherigen Gedankengang konsequent weiter verfolgen.

Wir versuchen, über den Ausbau des Verfahrens zur Bestimmung des g.g.T. mittels des Satzes 2.2 den Satz 4.1 zu beweisen. Dabei hoffen wir also, über die Bestimmung des g.g.T. tiefere Einsicht in diesen Begriff zu erhalten.

Anstelle des Satzes 2.2 nehmen wir jedoch den tieferliegenden Satz 3.1. Sein Vorteil besteht hier darin, daß wir *eindeutig* eine Folge von Differenzen angeben können. Dabei setzen wir fest, daß jeweils ein Vielfaches der kleineren Zahl subtrahiert wird, so daß der Rest immer möglichst klein bleibt. Während die Anwendung des Satzes 2.2 allein in

---

12) Es ist $\min\{a, b\} = a$ für $a \leqslant b$ und $\min\{a, b\} = b$ für $b \leqslant a$; entsprechend ist $\max\{a, b\} = b$ für $a \leqslant b$ und $\max\{a, b\} = a$ für $b \leqslant a$.

der Bildung von Differenzen besteht, kommt jetzt die Division hinzu. Wir erhalten durch mehrfache Anwendung der „Division mit Rest":

$$a = b \cdot q_1 + r_1 \qquad 0 < r_1 < b \qquad T_a \cap T_b = T_b \cap T_{r_1}$$

$$b = r_1 \cdot q_2 + r_2 \qquad 0 < r_2 < r_1 \qquad T_b \cap T_{r_1} = T_{r_1} \cap T_{r_2}$$

$$r_1 = r_2 \cdot q_3 + r_3 \qquad 0 < r_3 < r_2 \qquad T_{r_1} \cap T_{r_2} = T_{r_2} \cap T_{r_3}$$

$$r_2 = r_3 \cdot q_4 + r_4$$

$$\vdots \qquad\qquad\qquad \vdots \qquad\qquad\qquad \vdots$$

$$r_{n-2} = q_n \cdot r_{n-1} + r_n \qquad 0 < r_n < r_{n-1} \qquad T_{r_{n-2}} \cap T_{r_{n-1}} = T_{r_{n-1}} \cap T_{r_n}$$

$$r_{n-1} = q_{n+1} \cdot r_n \qquad\qquad\qquad\qquad T_{r_{n-1}} \cap T_{r_n} = T_{r_n}$$

Das Verfahren bricht (nach endlich vielen Schritten) ab. Denn die Reste r_i bilden eine nach oben durch b begrenzte streng monoton fallende Folge natürlicher Zahlen:

$$b > r_1 > r_2 > r_3 > \cdots > r_{n-2} > r_{n-1} > r_n,$$

die notwendig endlich sein muß (und zwar ist n < b). Abbrechen des Verfahrens heißt aber: die Division geht beim (n + 1). Schritt auf.

Die Übersetzung der einzelnen Rechenschritte in die Mengenschreibweise erzeugt eine Gleichungskette, aus der

$$T_a \cap T_b = T_{r_n}$$

folgt. Diese Gleichung besagt aber, daß $r_n = (a, b)$ ist.

Damit haben wir ein *systematisches Verfahren*, das uns durch eine Kette von n Divisionen mit Rest den g.g.T. zweier Zahlen liefert, wobei n die Nummer des letzten (von Null verschiedenen) Restes ist.

Dieses Verfahren heißt *Euklidischer Algorithmus*.[13] Es läßt sich in einen Computer einprogrammieren.[14] Gleichzeitig ist der Satz 4.1 bewiesen. Damit ist es gelungen, den g.g.T. zweier Zahlen wie folgt zu charakterisieren:

Genau dann ist d = (a, b), wenn d gemeinsamer Teiler von a und b ist, und wenn jeder gemeinsame Teiler von a und b auch d teilt.

Aufgabe 4.2: Überlege, warum die Wendung „genau dann" zutrifft.

Die hier ausformulierte Eigenschaft des g.g.T. hat die Bedeutung eines *Kriteriums*.

---

13) Vgl. Euklid [2, S. 141 ff.] und Schräder [14, S. 26—27, S. 31—32]. — Den Zusammenhang des Euklidischen Algorithmus mit Kettenbrüchen findet man in Schräder [14, S. 34 ff.] ausführlich dargestellt.

14) Den systematischen Ablauf des Euklidischen Algorithmus zeigt treffend seine Darstellung im Flußdiagramm und in der Codierung für Rechenanlagen. Vgl. Werner [16].

Beispiel: (391, 323) ist mit Hilfe des Euklidischen Algorithmus zu bestimmen.

$722 = 1 \cdot 589 + 133$

$589 = 4 \cdot 133 + 57$

$133 = 2 \cdot 57 + 19$

$57 = 3 \cdot 19$

$(722, 589) = 19$

Zuerst wird für die Zahlen $a = 722$ und $b = 589$ der Rest r_1 bestimmt. — Da $r_1 = 133$, also ungleich 0 ist, wiederholt sich die Rechnung für $b = 589$ und $r_1 = 133$, und man erhält $r_2 = 57$. — Die Division mit Rest ergibt für die Zahlen 133 und 57 den Rest $r_3 = 19$. — Beim nächsten Schritt endet das Verfahren, da 19 ein Teiler von 57 ist.

Aufgabe 4.3: Bestimme mit Hilfe des Euklidischen Algorithmus (a, b) für

(a) a und b wie in Aufgabe 4.1

(b) a = 504,   b = 792

(c) a = 504,   b = 1188

(d) a = 5733,   b = 4732

(e) a = 6468,   b = 15246

(f) a = 9702,   b = 10164

Wir wollen hier darauf hinweisen, daß ein Satz nach sehr verschiedenen Gesichtspunkten im Aufbau eines mathematischen Gebietes lokalisiert werden kann. Als Beispiel betrachten wir den Satz 2.2, der mit dem Euklidischen Algorithmus eng verflochten ist. Aus dem Wunsch, die begonnenen Analogiebildungen fortzuführen, wurde dieser Satz in Abschnitt 2.2 aufgenommen. Heuristische und vielleicht auch aesthetische Gesichtspunkte bestimmen seine Einordnung. Der Satz hätte auch zum ersten Mal gegen Ende des Abschnittes 2.3 als Übersetzung der Darstellung a = qb + r auftauchen (besser angehängt) werden können. An dieser Stelle hat der Sachverhalt allerdings keine Selbständigkeit, er wird auf ein Fernziel hin einprogrammiert. Sind allein beweistechnische Gründe maßgebend, so kann man den Satz 2.2 auch unmittelbar vor seiner Anwendung beim Euklidischen Algorithmus als Hilfssatz bereitstellen, wenngleich dadurch der zielgerichtete Ablauf der Überlegungen gestört würde.

Die Anwendung des Satzes 2.2 in Abschnitt 4 verbindet plausible und demonstrative Elemente. Zunächst gelang es uns mit seiner Hilfe, die Bestimmung des g.g.T. zu erleichtern. Unser Wunsch nach weiterer Vereinfachung und Systematisierung führte uns auf die Einbeziehung des Satzes 3.1 (Division mit Rest) in der mit Satz 2.2 vorgenommenen mengentheoretischen Einkleidung und schließlich auf den Euklidischen Algorithmus. Der Beweis des Satzes 4.1 und damit die Begründung, daß der letzte von Null verschiedene Rest gleich dem g.g.T. ist, gestaltete sich so einfach und durchsichtig, weil wichtige Beweisschritte vorweggenommen und die Ergebnisse des Satzes 2.2 in treffender Formulierung zur Verfügung standen. Die Übersetzung einer jeden Zeile des Euklidischen Algorithmus in eine Mengengleichung beinhaltet nämlich zwei Schlußketten:

(1) von unten nach oben: $r_n \top r_{n-1}$; $r_n \top r_{n-2}$; ...; $r_n \top b$; $r_n \top a$ (warum?)

(2) von oben nach unten: (a, b) $\top$ a; (a, b) $\top$ b; (a, b) $\top r_1$; ...; (a, b) $\top r_n$ (warum?)

Daraus folgt $r_n = (a, b)$. (Warum?)

— Wir wollen jetzt unsere Kenntnisse über den g. g. T. erweitern. Dabei soll sich die Bedeutung des Euklidischen Algorithmus für die Beweistechnik zeigen.

Will man (150, 225) bestimmen und erkennt 150 und 225 als Zahlen des 1×1 mit 25, so liegt es nahe, 25 „auszuklammern", nämlich (150, 250) = 25 · (6, 9) zu schreiben. In der Tat ist (150, 225) = 25 · (6, 9) = 25 · 3 = 75.

Allgemein gilt der

Satz 4.2: $(c \cdot a, c \cdot b) = c \cdot (a, b)$

Beweis: Wir setzen den Euklidischen Algorithmus für ac und bc an. Das läuft auf die Multiplikation aller Gleichungen des auf Seite 100 für a und b aufgestellten Algorithmus hinaus. Dann gehen die erste und die vorletzte Gleichung über in

$$(ac) = (bc) \cdot q_1 + (r_1 \cdot c), \quad 0 < r_1 \cdot c < b \cdot c$$

bzw.

$$c \cdot r_{n-2} = q_n \cdot (c \cdot r_{n-1}) + c \cdot r_n, \quad 0 < cr_n < cr_{n-1}.$$

Wegen $r_n = (a, b)$ ist also $(c \cdot a, c \cdot b) = c \cdot r_n = c \cdot (a, b)$.

Folgerungen aus Satz 4.2:

Ist t ein gemeinsamer Teiler von a und b, so ist

$$(a, b) = \left(\frac{a}{t} \cdot t, \frac{b}{t} \cdot t \right) = \left(\frac{a}{t}, \frac{b}{t} \right) \cdot t, \quad \text{d. h.} \quad \left(\frac{a}{t}, \frac{b}{t} \right) = \frac{(a, b)}{t} .$$

Insbesondere gilt für t = (a, b):

$$\left(\frac{a}{(a, b)}, \frac{b}{(a, b)} \right) = \frac{(a, b)}{(a, b)} = 1 .$$

Damit haben wir eine neue kennzeichnende Eigenschaft des g. g. T. erhalten, die einem *Kriterium* gleichkommt:

Genau dann ist d = (a, b), wenn d ein gemeinsamer Teiler der Zahlen a und b ist und wenn

$$\left(\frac{a}{d}, \frac{b}{d} \right) = 1$$

ist.

Aufgabe 4.4: Berechne unter mehrfacher Anwendung des Satzes 4.2

(385, 595), (1120, 1540), (11 · 126, 11 · 162) und (441, 504).

Es wäre hierbei wünschenswert, wenn wir die Problemfrage 1.1 (wenigstens für kleine Teiler) beantwortet hätten.

Damit die Verwendung bereits bekannter Eigenschaften des g. g. T. bei der Herleitung neuer Sätze besonders gut sichtbar wird, wählen wir für die Beweise eine Kurzdarstellung.

Es soll bedeuten:

$$t \top a, b, c, \ldots, \quad \text{daß} \quad t \top a \wedge t \top b \wedge t \top c \wedge, \ldots .$$

Wir wollen die folgenden Beweise formalisieren, weil wir dadurch die Gedankengänge besonders gut konturieren können. Es sei noch angemerkt, daß wir inzwischen die Teilerrelation so gut kennen, daß wir nur noch selten den Übersetzungsmodus der Definition 1.1 in Anspruch nehmen müssen.

Satz 4.3: $(a, b) = 1 \Rightarrow (ac, b) = (c, b)$.

Beweis: $(ac, b) \top ac, bc, (ac, bc), c, b, (c, b)$

$\qquad (c, b) \top ac, b, (ac, b)$

Wegen der Identitivität der Teilerrelation ist $(c, b) = (ac, b)$.
Als Folgerung aus Satz 4.3 notieren wir den *Spezialfall:*

$$(a, b) = 1 \wedge (c, b) = 1 \Rightarrow (ac, b) = 1.$$

Beispiel: $(360, 63) = (8 \cdot 45, 63) = (45, 63) = 9$.

Aufgabe 4.5: Beweise:

(a) den Spezialfall des Satzes 4.3 direkt,

(b) seine Umkehrung: $(ac, b) = 1 \Rightarrow (a, b) = (c, b) = 1$,

(c) diese Verallgemeinerung: Aus $(a_i, b) = 1$ für $1 \leqslant i \leqslant s$ folgt $(a_1 \cdot a_2 \cdot \ldots \cdot a_s, b) = 1$.

    (Für spätere Anwendungen ist es bequem, diese Verallgemeinerungen des Satz 4.3 zur Verfügung zu haben.)

Satz 4.4: Ist $(a, b) = 1 \wedge b \top ac$, so gilt $b \top c$.

Beweis: $b \top ac, bc, (ac, bc), c \cdot (a, b), c$.

Beispiele:

(a) Es ist $154 = 11 \cdot 14$.

    $7 \top 154 \wedge (11, 7) = 1$, also gilt $7 \top 14$.

(b) $9 \top 108 \wedge (9, 8) = 1$, also gilt $9 \top \dfrac{1008}{8} = 126$.

Aufgabe 4.6: Beweise den Satz 4.4 noch einmal, indem du direkt von der Gleichungsfolge des Euklidischen Algorithmus ausgehst.

Hinweis: Beachte, daß in dem Schema auf Seite 100 $r_n = 1$ ist.

Unser Beweis des Satzes 4.4 ist deshalb einfacher, weil wir den Satz 4.2 benutzt haben, den wir vorher aus demselben Schema hergeleitet hatten.

Aufgabe 4.7: Ist der folgende Beweis für den Satz 4.4 richtig?

$$(a, b) = 1 \Rightarrow b \nmid a,$$

und folglich

$$b \top c.$$

Hinweis: Zeige anhand eines *Gegenbeispiels*, daß der Satz 4.4 nicht mehr gilt, wenn man die Voraussetzung $(a, b) = 1$ auf $b \nmid a$ abschwächt.

Aufgabe 4.8: $(a, b) = 1 \Rightarrow (a + b, a \cdot b) = 1$

Aufgabe 4.9: Zeige unter Verwendung des Euklidischen Algorithmus, daß sich (a, b) als Linearform darstellen läßt:

$$(a, b) = a \cdot s + b \cdot t; \ s, t \in \mathbb{Z} \,.$$

Damit hat man eine weitere *Charakterisierung des g.g.T.*: (a, b) ist die kleinste positive Zahl der Menge

$$\{ax + by \mid x, y \in \mathbb{Z}\} \,.$$

Hinweis: Setze in die vorletzte Gleichung des Schemas auf Seite 100 für r_{n-1} den der drittletzten Zeile zu entnehmenden Term $r_{n-3} - q_{n-1} \cdot r_{n-2}$ ein, löse nach r_n auf, ersetze nur aus q_i und ganzen Zahlen bestehende Terme durch einzelne Buchstaben (damit durch Bezeichnung des Wesentlichen die Rechnung durchschaubar wird) und fahre entsprechend fort. [15]

Die *„praktische"* Bedeutung des Euklidischen Algorithmus ist gering. Wann ergibt sich schon die Notwendigkeit, den g.g.T. zweier großer Zahlen zu bestimmen? Deswegen haben wir dem Euklidischen Algorithmus keine eigene Satznummer gegeben. Seine *„theoretische"* Bedeutung als Beweismethode und zur Aufdeckung von Eigenschaften der natürlichen Zahlen ist groß, wie wir bereits gesehen haben und noch sehen werden.

Die Begriffe „gemeinsamer Teiler" und „größter gemeinsamer Teiler" lassen sich auf mehr als 2 Zahlen *verallgemeinern.*

Definition 4.3: Jede Zahl t, die Teiler einer jeden Zahl $a_1, a_2, \ldots, a_n$ ist, heißt ein *gemeinsamer Teiler* dieser Zahlen; d.h.

$$T_{a_1} \cap T_{a_2} \cap \ldots \cap T_{a_n} = \{t \mid t\,T a_1 \wedge t\,T a_2 \wedge \ldots \wedge t\,T a_3\} \,.$$

Der größte unter den gemeinsamen Teilern der Zahlen $a_1, a_2, \ldots, a_n$ heißt *größter gemeinsamer Teiler* und wird mit $(a_1, a_2, \ldots, a_n)$ bezeichnet.

Wir erarbeiten die Verallgemeinerung hier für den Spezialfall $n = 3$, um die wichtigsten Schritte, von jedem formalen Ballast befreit, durchsichtig zu machen. Die Übertragung der Sätze auf ein beliebiges $n \in \mathbb{N}$ ist dann fast nur noch Schreibarbeit.

Wir stellen die Frage nach der Berechnung des g.g.T. von mehr als 2 Zahlen. Ist z.B. $(24, 36, 18)$ gesucht, so liegt es wegen $18\,T\,36$, also $(18, 36) = 18$, nahe, so zu vereinfachen: $(24, 36, 18) = (24, 18) = 6$.

---

15) Die Darstellung $(a, b) = a \cdot s + b \cdot t; \ s, t \in \mathbb{Z}$ läßt sich auch als Methode zum Beweis von Eigenschaften des g.g.T. (a, b) benutzen. Vgl. dazu etwa Agnew [1, S. 26 ff.]. Agnew leitet diese Darstellung des g.g.T. allein mit Hilfe der „Division mit Rest" her, also ohne den Euklidischen Algorithmus.

Entsprechend erkennen wir im Beispiel (70, 50, 45) sofort 10 als g.g.T. von 70 und 50 und rechnen versuchsweise $(70, 50, 45) = ((70, 50), 45) = (10, 45) = 5$. Auch das ist richtig, wie wir anhand der in Definition 4.3 geforderten Schnittmengenbildung feststellen.

Die Richtigkeit der Gleichung

$$(a, b, c) = ((a, b), c) = (a, (b, c))$$

für beliebige Zahlen a, b, c folgt aus Satz 4.1:

$(a, b, c) \mathsf{T}\ a, b, (a, b), c, ((a, b), c)$

$((a, b), c) \mathsf{T}\ c, (a, b), a, b.$

Denn mit $((a, b), c)\ \mathsf{T}\ (a, b)$ gilt auch für jedes z nach Satz 1.2 d):

$((a, b), c)\ \mathsf{T}\ z \cdot (a, b).$

Nun gibt es r und s, so daß

$$r \cdot (a, b) = a \quad \text{und} \quad s \cdot (a, b) = b$$

ist.

Wenn aber der größte gemeinsame Teiler (a, b, c) den gemeinsamen Teiler ((a, b), c) der Zahlen a, b, c teilt, muß $(a, b, c) = ((a, b), c)$ sein.

In Mengenschreibweise ausgedrückt besagt das Ergebnis:

$$T_{(a, b, c)} = (T_a \cap T_b) \cap T_c = T_a \cap (T_b \cap T_c) = T_{(a, b)} \cap T_c = T_a \cap T_{(b, c)}\ .$$

Damit haben wir erkannt, daß sich die Berechnung des g.g.T. von mehr als 2 Zahlen auf die Berechnung des g.g.T. von zwei Zahlen zurückführen läßt.

Aufgabe 4.10: Berechne (a) (32, 56, 60); (b) (27, 81, 54); (c) (180, 216, 225); (d) (1694, 1617, 2002).

Aufgabe 4.11: Übertrage den Satz 4.2 auf $n > 3$.

Die Verallgemeinerung der für $n = 2$ analysierten Begriffsbildungen hat im wesentlichen nur formalen Charakter. Die Untersuchung des Spezialfalles genügte also mathematisch; sie erleichert aber dem Lernenden das Verständnis erheblich. Jedoch ist eine Ergänzung wichtig.

Es ist

$$(14, 21, 6) = (14, 21, 15) = (14, 21, 15) = (14, 33, 25) = 1,$$

d.h. die drei Zahlen sind jeweils teilerfremd. Bestimmen wir nun die größten gemeinsamen Teiler von je zwei dieser Zahlen:

$$(14, 21) \neq 1; \quad (21,\ 6) \neq 1; \quad (14,\ 6) \neq 1$$
$$(14, 21) \neq 1; \quad (21, 15) \neq 1; \quad (14, 15) = 1$$
$$(14, 21) \neq 1; \quad (21, 25) = 1; \quad (14, 25) = 1$$
$$(14, 33) = 1; \quad (33, 25) = 1; \quad (14, 25) = 1$$

Den letzten Fall zeichnen wir aus durch die

Definition 4.4: Die Zahlen a_1, a_2, ..., a_n heißen *paarweise teilerfremd*, wenn für alle $1 \leq i, j \leq n$ und $i \neq j$ gilt $(a_i, a_j) = 1$.

Man gehe von den obigen Beispielen aus und überlege, daß aus der paarweisen Teilerfremdheit der Zahlen a_1, ..., a_n ihre Teilerfremdheit folgt und daß die Umkehrung nicht richtig ist. Für die Teilerfremdheit von n Zahlen a_i genügt bereits, daß unter ihnen ein einziges teilerfremdes Paar existiert. Andererseits kann bei $(a_i, a_j) \neq 1$ für alle $i \neq j$ $(a_1, a_2, ..., a_n) = 1$ sein.

Die Verallgemeinerung auf $n > 2$ führte in der Definition 4.4 zu einer Begriffsbildung, die für $n = 2$ gegenstandslos ist, da hier „teilerfremd" und „paarweise teilerfremd" zusammenfallen. „Paarweise teilerfremd" konnte für $n = 2$ gar nicht in das mathematische Blickfeld rücken.

Aufgabe 4.12: Gib 4 Zahlen an, die paarweise teilerfremd sind und 4 teilerfremde Zahlen, die nicht paarweise teilerfremd sind.

2.5. Kleinstes gemeinsames Vielfaches

Beim Entstehen des folgenden Abschnittes wollen wir uns wieder leiten lassen von der Methode der Analogie. Das ist nicht so zu verstehen, als ob der Aufbau von 2.4 und 2.5 zwei parallelen Geraden vergleichbar wäre. Im Gegenteil, wir werden bereits gleich sehen, wie innig der soeben erarbeitete Begriff g.g.T. mit dem neuen Begriffssystem verwoben wird. − Natürlich ist auch ein ganz anderer Aufbau möglich, z.B. kann man zwei entsprechende Begriffe und die jeweiligen Sätze direkt aufeinander folgen lassen oder auch mit dem in der folgenden Definition einzuführenden Begriff des kleinsten gemeinsamen Vielfachen beginnen und daran den g.g.T. anschließen.[16]

Die Schnittmenge $V_a \cap V_b$ ist nicht leer, sie enthält mindestens das Element $a \cdot b$, das als Vielfaches von a in V_a und als Vielfaches von b in V_b enthalten ist. Es gibt sogar unendlich viele gemeinsame Vielfache der Zahlen a und b. (Warum?) Da jede nichtleere Menge von natürlichen Zahlen ein kleinstes Element enthält, können wir analog zu Definition 4.1 festlegen:

Definition 5.1: Das kleinste unter den gemeinsamen Vielfachen zweier Zahlen a und b heißt *kleinstes gemeinsames Vielfaches* (k.g.V.) und wird mit $[a, b]$ bezeichnet.

Nachdem die Existenz des Begriffs k.g.V. gesichert ist, fragen wir nach einem Verfahren zu seiner Berechnung. Die Definitionen 2.4 und 5.1 zeigen uns einen *experimentellen Weg*. Wir bestimmen die ersten Elemente von V_a, V_b und $V_a \cap V_b$ und suchen das kleinste Element heraus. Abgekürzt können wir so verfahren: Wir sagen das 1×1 der größeren Zahl auf und sehen bei jeder genannten Zahl nach, ob sie auch zum 1×1 der kleineren Zahl gehört. Die kleinste Zahl mit dieser Eigenschaft ist das k.g.V. Wende die beiden

---

16) Den zuletzt genannten Aufbau findet man in Agnew [1, S. 22 ff.] ausgeführt.

Verfahren bei den folgenden Beispielen und den folgenden Aufgaben an. Für größere Zahlen ist die Berechnung des k.g.V. auf diese Weise sehr umständlich.

Beispiele:[17)]

(a) $a = 10$, $b = 15$: $V_{10} \cap V_{15} = \{30, 60, 90, \ldots\}$, also $[10, 15] = 30$

(b) $a = 6$, $b = 8$: $V_6 \cap V_8 = \{24, 48, 72, \ldots\}$, also $[6, 8] = 24$

(c) $a = 12$, $b = 16$: $V_{12} \cap V_{16} = \{49, 96, 144, \ldots\}$, also $[12, 16] = 48$

(d) $a = 18$, $b = 9$: $V_{18} \cap V_9 = \{18, 36, 54, 72, \ldots\}$ also $[18, 9] = 18$

(e) $a = 2$, $b = 3$: $V_2 \cap V_3 = \{6, 12, 18, 24, \ldots\}$ also $[2, 3] = 6$

(f) $a = 9$, $b = 15$: $V_9 \cap V_{15} = \{45, 90, 135, \ldots\}$, also $[9, 15] = 45$

(g) $a = 1$, $b = 13$: $V_1 \cap V_{13} = \{13, 26, 39, \ldots\}$, also $[1, 13] = 13$

Es ist $\max\{a, b\} \leqslant [a, b] \leqslant a \cdot b$. Der Extremfall $[a, b] = \max\{a, b\}$ tritt ein, wenn $a \perp b$ oder $b \perp a$. Dann ist $V_a \cap V_b = V_a$ bzw. $V_a \cap V_b = V_b$. Dieser Sachverhalt entspricht genau $(a, b) = \min\{a, b\}$ auf S. 99. Wir führen die Analogie zum g.g.T. fort und vermuten: Es gilt $[a, b] = a \cdot b$ genau dann, wenn $(a, b) = 1$ ist. Da dieser „Schluß" nicht demonstrativ ist, überprüfen wir zunächst die Beispiele daraufhin. Sie sprechen für die Richtigkeit. Dann müßte aber $[a, b] < a \cdot b$ sein, wenn $(a, b) > 1$ ist. Auch diese Vermutung bestätigen die Beispiele. Damit erkennen wir eine enge Verzahnung von g.g.T. und k.g.V., die es gilt, mathematisch exakt zu beschreiben.

Dazu wollen wir das in den Beispielen zur Verfügung stehende Zahlenmaterial genauer untersuchen. Zur systematischen Erfassung fertigen wir eine Tabelle an:

a	b	$a \cdot b$	$[a, b]$	(a, b)
10	15	150	30	5
6	8	48	24	2
12	16	192	48	4
18	9	162	18	9
2	3	6	6	1
9	15	135	45	3

[17)] Vergleiche auch die Beispiele auf Seite 95. Besonders deutlich heben sich die gemeinsamen Vielfachen heraus, wenn man schreibt:

V_{10} = $\{10, 20, 30, 40, 50, 60, 70, 80, 90, 100, 110, \ldots\}$

V_{15} = $\{15\quad 30, 45, 60, 75, 90, 105, \ldots\}$

$V_{10} \cap V_{15} = \{\quad 30, \quad 60, \quad 90, \quad \ldots\}$

Die Veranschaulichung des k.g.V. mit Hilfe von Venn- und Hassediagrammen findet man in Gerhardts [4, S. 85–86]. Vgl. auch die Fußnote 11.

Die ersten Beispiele provozieren die Vermutung:

$$a \cdot b = [a, b] \cdot (a, b) \, ,$$

die sich im Rahmen des Materials der Tabelle als richtig erweist.

Aufgabe 5.1: Berechne $a \cdot b$, (a, b) und $[a, b]$ und prüfe, ob gilt

$$a \cdot b = (a, b) \cdot [a, b].$$

(a)　$a = 14$,　$b = 21$

(b)　$a = 12$,　$b = 9$

(c)　$a = 7$,　$b = 5$

(d)　$a = 18$,　$b = 12$

Da unsere Vermutung auch dieser Belastungsprobe standhielt, formulieren wir den folgenden

Satz 5.1: Für alle a, b ist $(a, b) \cdot [a, b] = a \cdot b$.

Spezialfälle:

(1)　$(a, b) = 1$,　dann ist　$[a, b] = a \cdot b$.

(2)　$(a, b) = \min \{a, b\}$,　dann ist　$\min \{a, b\} \cdot \max \{a, b\} = a \cdot b$.

Dieser Satz beinhaltet ein Rechenverfahren für das k.g.V. zweier Zahlen, da (a, b); $a \cdot b$ und $(a \cdot b) : (a, b)$ algorithmisch bestimmbar sind.

Wir hatten die Berechnung des g.g.T. erfolgreich gekoppelt mit dem Beweis des schönen Satzes 4.1, der besagte, daß $T_a \cap T_b = T_{(a, b)}$ gilt. Daher wollen wir hier einen ähnlichen Ansatz versuchen.

Für die Analogisierung des Satzes 4.1 bieten sich zwei Möglichkeiten an:

$$V_a \cap V_b = V_{[a, b]} \quad \text{oder} \quad V_a \cup V_b = V_{[a, b]}.$$

Die zweite (gar nicht von vornherein unwahrscheinliche) Gleichung scheidet hier aus; z.B. spricht die Beschreibung von $a \perp b$ durch $V_a \cap V_b = V_a$ bereits dagegen. Die Beispiele bestätigen die erste Version: So ist

$$V_6 \cap V_8 = V_{24}, \quad V_{12} \cap V_{16} = V_{36}, \quad V_{18} \cap V_9 = V_{18}, \quad V_2 \cap V_3 = V_6,$$
$$V_9 \cap V_{15} = V_{45}.$$

Wir formulieren unsere Vermutung nun als

Satz 5.2: Es ist für beliebige a, b

$$V_a \cap V_b = V_{[a, b]}.$$

Beweis:

1. Schritt: Nach Definition 2.4 ist

$$V_a \cap V_b = \{v \mid v \perp a \wedge v \perp b\}.$$

Wir wollen versuchen, v mit bekannten Begriffen darzustellen. Zu jedem $v \in V_a \cap V_b$ gibt es ein r, so daß $v = a \cdot r$ ist.

Aus $b \top a \cdot r$ folgt $\frac{b}{(a,b)} \top \frac{a}{(a,b)} \cdot r$, wenn wir Satz 1.2 a) mit $c = (a, b)$ auf

$$b \cdot \frac{(a,b)}{(a,b)} \top a \cdot \frac{(a,b)}{(a,b)} \cdot r$$

anwenden.

Als den g.g.T. kennzeichnend haben wir in Satz 4.2 erkannt, daß $\left(\frac{a}{(a,b)}, \frac{b}{(a,b)}\right) = 1$ ist.

Dann folgt aber aus Satz 4.4:

$$\frac{b}{(a,b)} \top r, \quad \text{d.h. es gibt ein c mit} \quad \frac{b}{(a,b)} \cdot c = r.$$

Also ist

$$v = a \cdot r = a \cdot \frac{b}{(a,b)} \cdot c = \frac{a \cdot b}{(a,b)} \cdot c.$$

D.h.: Ist v gemeinsames Vielfaches der Zahlen a und b, dann ist v *notwendig* von der Form $v = \frac{a \cdot b}{(a,b)} \cdot c$ *(Notwendige Bedingung)*. Der Term $\frac{a \cdot b}{(a,b)} \cdot c$ könnte aber so allgemein sein, daß er gar nicht mehr charakteristisch ist für die gemeinsamen Vielfachen von a und b. M.a.W.: Wir haben $V_a \cap V_b \subseteq V_{\frac{a \cdot b}{(a,b)}}$ und müssen noch zeigen

$$V_{\frac{a \cdot b}{(a,b)}} \subseteq V_a \cap V_b.$$

2. Schritt: Umgekehrt ist jedes $v = \frac{a \cdot b}{(a,b)} \cdot c$ (c ist eine beliebige Zahl) ein gemeinsames Vielfaches der Zahlen a und b; m.a.W.: ein Element der Menge $V_{\frac{a \cdot b}{(a,b)}}$. Wenn also v von der Form $v = \frac{a \cdot b}{(a,b)} \cdot c$ ist, dann ist v *sicher* gemeinsames Vielfaches von a und b *(Hinreichende Bedingung)*; m.a.W.: $V_{\frac{a \cdot b}{(a,b)}} \subseteq V_a \cap V_b$.

3. Schritt: Für sich läßt die hinreichende Bedingung offen, ob es nicht noch ganz anders geartete Ausdrücke gibt, die gemeinsame Vielfache von a und b darstellen. Das aber wird durch die notwendige Bedingung ausgeschlossen. Daher ergibt der Term $\frac{a \cdot b}{(a,b)} \cdot c$ genau alle gemeinsamen Vielfachen von a und b, wenn c die natürlichen Zahlen durchläuft:

Genau dann ist v Vielfaches von a und b, wenn $v = \frac{a \cdot b}{(a,b)} \cdot c$; m.a.W.:

$$V_a \cap V_b = V_{\frac{a \cdot b}{(a,b)}}$$

4. Schritt: Wir müssen uns noch vergewissern, daß $\frac{a \cdot b}{(a, b)} = [a, b]$ ist. $V_a \cap V_b$ enthält alle gemeinsame Vielfache von a und b, also auch [a, b], das kleinste. Dieses hat als Element von $V_{\frac{a \cdot b}{(a, b)}}$ die Darstellung $\frac{a \cdot b}{(a, b)} \cdot c$. Da es das kleinste Element sein soll, ist c = 1.

Damit haben wir gezeigt:

$$(a, b) \cdot [a, b] = a \cdot b \qquad \text{(Satz 5.1)}$$

und

$$V_a \cap V_b = V_{[a, b]} \qquad \text{(Satz 5.2)}$$

Es ist uns gelungen, das k. g. V. zweier Zahlen wie folgt zu charakterisieren:

Genau dann ist v = [a, b], wenn v gemeinsames Vielfaches von a und b ist, und wenn jedes gemeinsame Vielfache von a und b auch Vielfaches von v ist.

Die hier ausformulierte Eigenschaft des k. g. V. hat die Bedeutung eines *Kriteriums*.

Aufgabe 5.2: Berechne das k. g. V. der in Aufgabe 4.3 angegebenen Zahlen.

Wir wollen jetzt untersuchen, ob sich der Satz 4.2 auf das k. g. V. übertragen läßt.

Satz 5.3: $[c \cdot a, c \cdot b] = c \cdot [a, b]$

Beweis: Es ist

$$[c \cdot a, c \cdot b] \cdot (ca, cb) = ca \cdot cb$$

und weiter nach Satz 4.2

$$[c \cdot a, c \cdot b] \cdot c (a, b) = ca \cdot cb,$$

also

$$[ca, cb] = c \cdot \frac{a \cdot b}{(a, b)} = c \cdot [a, b] \qquad\qquad \text{q. e. d.}$$

Wir übertragen jetzt die im Anschluß an Satz 4.2 hergeleitete und den g. g. T. kennzeichnende Eigenschaft *analog* auf das k. g. V.:

Genau dann ist v = [a, b], wenn v ein gemeinsames Vielfaches der Zahlen a und b ist und wenn

$$\left(\frac{v}{a}, \frac{v}{b}\right) = 1$$

ist.

Zum *Beweis* unserer Vermutung multiplizieren wir die Gleichung $\left(\frac{v}{a}, \frac{v}{b}\right) = 1$ mit $a \cdot b$ und erhalten

$$a \cdot b \left(\frac{v}{a}, \frac{v}{b}\right) = (b \cdot v, a \cdot v) = v(a, b) = a \cdot b,$$

also $\frac{a \cdot b}{(a, b)} = v$, woraus mit Satz 5.1 v = [a, b] folgt.

Aufgabe 5.3: Berechne mit Hilfe des Satzes 5.3 das k.g.V. der Zahlen a und b:

(a) $a = 70$, $b = 30$

(b) a und b wie in Aufgabe 4.4

(c) $a = 125$, $b = 75$

Aufgabe 5.4: Beweise:

(a) $\left[\dfrac{a}{(a,\,b)},\, \dfrac{b}{(a,\,b)}\right] = \dfrac{a}{(a,\,b)} \cdot \dfrac{b}{(a,\,b)}$

(b) $(a,\,b) = [a,\,b] \Rightarrow a = b$

(c) $\alpha)$ $b \top a \wedge b > (a,\,c) \Rightarrow b \mp c$

    $\beta)$ $b \perp a \wedge b < [a,\,c] \Rightarrow b \pm c$

Aufgabe 5.5: Bestimme alle a und b, so daß $(a,\,b) = 10$ und $[a,\,b] = 100$ ist.

Die Begriffe „gemeinsames Vielfaches" und „kleinstes gemeinsames Vielfaches" lassen sich auf mehr als 2 Zahlen *verallgemeinern*.

Definition 5.2: Jede Zahl v, die ein Vielfaches einer jeden Zahl $a_1, a_2, \ldots, a_n$ ist, heißt ein *gemeinsames Vielfaches* dieser Zahlen. D.h.:

$$V_{a_1} \cap V_{a_2} \cap V_{a_3} \cap \ldots \cap V_{a_n} = \{v \mid v \perp a_1 \wedge v \perp a_2 \ldots \wedge v \perp a_3\}.$$

Das kleinste unter den gemeinsamen Vielfachen der Zahlen $a_1, a_2, \ldots, a_n$ heißt *kleinstes gemeinsames Vielfaches* und wird mit

$$[a_1, a_2, \ldots, a_n]$$

bezeichnet.

Wir beschränken die Diskussion der Verallgemeinerung auf den Fall $n = 3$ aus bereits genannten Gründen. Nach den entsprechenden Überlegungen beim g.g.T. ist klar, wie wir die Berechnung des k.g.V. von 3 Zahlen auf die Berechnung des k.g.V. von 2 Zahlen zurückführen werden. Wir vermuten den

Satz 5.4:

$$[a, b, c] = [[a, b], c] = [a, [b, c]]$$

Beispiel:

$$[12, 16, 18] = [[12, 16], 18] = [48, 18] = 144$$

Aufgabe 5.6: Beweise diese Behauptung und übertrage sie auf n Zahlen.

Aufgabe 5.7: Berechne das k.g.V.:

    (a) $[4, 5, 6]$, (b) $[16, 24, 36]$, (c) $[18, 30, 20, 15]$,

    (d) $[1, 2, 3, 4, 5, 6, 7, 8, 9, 10]$

Mit unseren Kenntnissen über das k.g.V. von 2 Zahlen beherrschen wir den allgemeinen Fall. Die Überlegungen auf Seite 106 geben zu der Frage Anlaß, ob wir mit Hilfe des k.g.V. mehr über n paarweise teilerfremde Zahlen aussagen können. Orientieren wir uns an dem Spezialfall n = 3.

Seien a, b, c paarweise teilerfremd. Dann ist

$$[a, b, c] = [[a, b], c] = [a \cdot b, c] = a \cdot b \cdot c.$$

Die Gültigkeit des letzten Schrittes folgt mit Satz 4.3. Sind die Zahlen a, b, c teilerfremd, aber nicht paarweise teilerfremd, so ist ihr k.g.V. nicht gleich ihrem Produkt, wie folgendes *Gegenbeispiel* zeigt:

$$[10, 15, 7] = [[10, 15], 7] = [30, 7] = 210$$
$$[10, 15, 7] \neq 10 \cdot 15 \cdot 17 = 1050$$

Satz 5.5: Sind die Zahlen $a_1, a_2, \ldots, a_n$ paarweise teilerfremd, so ist

$$[a_1, a_2, \ldots, a_n] = a_1 \cdot a_2 \cdot \ldots \cdot a_n.$$

Aufgabe 5.8: Beweise den Satz.

Damit haben wir eine paarweise teilerfremde Zahlen charakterisierende Eigenschaft, ein *Kriterium* für paarweise Teilerfremdheit, erhalten:

Genau dann sind die Zahlen $a_1, a_2, \ldots, a_n$ paarweise teilerfremd, wenn ihr k.g.V. gleich dem Produkt $a_1 \cdot a_2 \cdot \ldots \cdot a_n$ ist.

Man könnte geneigt sein, den Satz 5.1 so auf mehr als 3 Zahlen zu *verallgemeinern:*

$$(a, b, c) \cdot [a, b, c] = a \cdot b \cdot c.$$

Unsere letzten Überlegungen lassen uns aber an der Gültigkeit zweifeln. In der Tat wird diese voreilig hingeschriebene Gleichung bereits durch unser obiges Gegenbeispiel a = 10, b = 15, c = 7 widerlegt. Es gilt aber der

Satz 5.6: Für alle a, b, c ist

$$(a, b, c) \cdot [ab, bc, ca] = a \cdot b \cdot c.$$

und

$$(ab, bc, ca) \cdot [a, b, c] = a \cdot b \cdot c.$$

Aufgabe 5.9: Zeige mit Hilfe des Satzes 5.4, daß für paarweise teilerfremde a, b, c gilt

$$[ab, bc, ca] = [a, b, c].$$

Aufgabe 5.10: Beweise den Satz 5.6.

Hinweis: Löse zunächst Aufgabe 5.9. Forme dann [ab, bc, ca] unter Verwendung von Satz 5.4 um und benutze Satz 5.1.

Wir bemerken, daß bei der Verallgemeinerung der Definitionen von g.g.T. und k.g.V. von n = 2 auf n > 2 den Sätzen 4.1 und 5.2 entscheidende Bedeutung zukam.

Aufgabe 5.11: Verallgemeinere andere für 3 Zahlen behandelte Sätze auf n Zahlen a_1, a_2, ..., a_n und beweise sie.

Problem 5.1: Wir haben inzwischen erkannt, daß die Symmetrie $b \top a$ und $a \perp b$ eine schöne, nicht nur formal bedeutsame Entsprechung ist, die sich fortsetzte in der g.g.T.-Bildung (*größtes* Element in einer *endlichen Schnittmenge*) und der k.g.V.-Bildung (*kleinstes* Element in einer *unendlichen Schnittmenge*).

Die in diesem Abschnitt aufgedeckten Analogien sind aber noch nicht „vollkommen". Es wäre wünschenswert, die entscheidend wichtigen dualen Mengengleichungen

$$T_a \cap T_b = T_{(a, b)}$$
$$V_a \cap V_b = V_{[a, b]}$$

dahingehend zu verbessern, daß einer Schnittmengenbildung beim g.g.T. eine Vereinigungsmengenbildung beim k.g.V. entspricht und daß nur ein Mengentyp benötigt wird; d.h., daß mit einer noch aufzufindenden Mengenbildung gilt

$$M_a \cap M_b = M_{(a, b)}$$
$$M_a \cup M_b = M_{[a, b]}.$$

Mit den bisher bereitgestellten Begriffsbildungen scheint das Problem nicht lösbar zu sein.

Zum Schluß dieses Abschnittes fragen wir nach einem allgemeineren Begriff, dem wir die g.g.T.- und die k.g.V.-Bildung subsummieren können. Beides sind *Verknüpfungen*, die einem Elementepaar aus $\mathbb{N} \times \mathbb{N}$ eindeutig ein Element aus $\mathbb{N}$ zuordnen. Wir schreiben, um diesen Gedanken leichter verständlich zu machen:

$$a \;\sqcap\; b = (a, b) \quad \text{und} \quad a \;\sqcup\; b = [a, b].$$

Die Verknüpfungen sind in $\mathbb{N}$ stets ausführbar, und sie haben folgende Eigenschaften:

$$1 \;\sqcap\; a = 1 \qquad\qquad 1 \;\sqcup\; a = a$$
$$a \;\sqcap\; b = b \;\sqcap\; a \qquad\qquad a \;\sqcup\; b = b \;\sqcup\; a$$
$$(a \;\sqcap\; b) \;\sqcap\; c = a \;\sqcap\; (b \;\sqcap\; c) \qquad (a \;\sqcup\; b) \;\sqcup\; c = a \;\sqcup\; (b \;\sqcup\; c)$$

Unsere Übersetzung der Teilerrelation in die Sprache der Teilermengen zeigte die Bedeutung der Mengenoperationen und ihrer Gesetze in den Beweisen.[18] Daher besteht ein Zusammenhang zwischen dem Verknüpfungsgebilde[19] $(T, \cap)$ mit $(\mathbb{N}, \sqcap)$. Die bijektive Abbildung $a \longleftrightarrow T_a$ ist nämlich abbildungstreu (warum?), daher sind die kommu-

---

18) Die Kommutativität der $\sqcap$-Verknüpfung läßt sich so darstellen: $T_{(a, b)} = T_a \cap T_b = T_b \cap T_a = T_{(b, a)}$. Zur Assoziativität vgl. S. 105.

19) Auf den Seiten 92 und 94 sind T bzw. V definiert.

tativen Halbgruppen $(T, \cap)$ und $(\mathbb{N}, \sqcap)$ isomorph. Entsprechendes gilt für $(V, \cap)$ und $(\mathbb{N}, \sqcup)$; zusätzlich gibt es hier noch das neutrale Element V_1 bzw. 1.[20]

2.6. Primzahlen und zusammengesetzte Zahlen

Der Funktionsterm der in Aufgabe 2.1. eingeführten Funktion wird häufig mit $\tau(n)$ bezeichnet. $\tau(n)$ gibt die Anzahl der Teiler der Zahl n an. Uns fielen im Wertebereich „teilerreiche" und „teilerarme" Zahlen auf. Außer 1 hat jede natürliche Zahl mindestens 2 Teiler. Solche n, für die $\tau(n) = 1$ oder 2 ist, können daher als „teilerärmste Zahlen" bezeichnet werden.

Definition 6.1: Eine natürliche Zahl heißt *Primzahl* p oder ist *prim*[21], wenn sie genau zwei verschiedene Teiler hat. Es ist also $\tau(p) = 2$ und $T_p = \{1, p\}$.

Definition 6.2. Eine Zahl n heißt *zusammengesetzt*, wenn sie mehr als 2 Teiler hat; d.h. wenn $\tau(n) > 2$ ist.

Die einzige Zahl n für die $\tau(n) = 1$ ist, nämlich n = 1, ist weder prim noch zusammengesetzt. Ihre durch Definition 6.1 betonte Sonderstellung wird später noch gerechtfertigt.

Zunächst wollen wir einige der in Definition 6.1 festgelegten Zahlen angeben. Wir stellen uns die Aufgabe, alle Primzahlen bis 100 systematisch zu ermitteln. Das Verfahren geht auf den griechischen Mathematiker Eratosthenes (295-214 v. Chr.) zurück.

Wir schreiben die Folge der natürlichen Zahlen von 1 bis 100 auf. Bei welcher Zahl wir die Zeile umbrechen, ist prinzipiell belanglos. Zumeist bildet man ein quadratisches Zahlfeld von 10 Zeilen und 10 Spalten. Wir wollen jedoch hier die Zahlen in Gruppen zu je 6 zusammenfassen und systematisch (1 und) die zusammengesetzten Zahlen herausstreichen. Auf diese Weise werden die Primzahlen ausgesiebt („Sieb des Eratosthenes").

Wir streichen 1 und alle Vielfachen von 2 außer 2; die Zahl 2 ist eine Primzahl, ihre echten Vielfachen $m \cdot 2$, $m \neq 1$, sind zusammengesetzt. Das auf 2 folgende nicht-gestrichene Element ist die Primzahl 3: nach Streichung ihrer echten Vielfachen erkennen wir 5 als nächstes nicht-gestrichenes Element. 5 ist Primzahl, anderenfalls wäre 5 gestrichen. So verfährt man weiter. Das Verfahren ist beendet, wenn alle echten Vielfachen der größten Primzahl gestrichen sind, die nicht größer als $\sqrt{100} = 10$ ist.

---

20) Neben den Kommutativ- und Assoziativgesetzen gelten auch die Absorptions- und Distributivgesetze:

    $a \sqcap (a \sqcup b) = a$ $a \sqcup (a \sqcap b) = a$

    $a \sqcap (b \sqcup c) = (a \sqcap b) \sqcup (a \sqcap c)$ $a \sqcup (b \sqcap c) = (a \sqcup b) \sqcap (b \sqcup c)$

(Beweise diese Gesetze.)

Daher ist $(\mathbb{N}, \sqcup, \sqcap)$ ein *distributiver Verband*. Zum Verbandsbegriff vgl. etwa: Der Mathematikunterricht 18 (1972), Heft 2: Verbandstheorie I.

21) Im folgenden sollen p und q ausschließlich Primzahlen bezeichnen.

1 (2) (3) 4 (5) 6
7 8 9 10 (11) 12
(13) 14 15 16 (17) 18
(19) 20 21 22 (23) 24
25 26 27 28 (29) 30
(31) 32 33 34 35 36
(37) 38 39 40 (41) 42
(43) 44 45 46 (47) 48
49 50 51 52 (53) 54
55 56 57 58 (59) 60
(61) 62 63 64 65 66
(67) 68 69 70 (71) 72
(73) 74 75 76 77 78
(79) 80 81 82 (83) 84
85 86 87 88 (89) 90
91 92 93 94 95 96
(97) 98 99 100

Vielfache von 2: − − − −
Vielfache von 3: − − − −
Vielfache von 5: ⎯⎯⎯⎯
Vielfache von 7: ⋅⋅⋅⋅⋅⋅⋅⋅⋅

Damit haben wir

$$M = \{p \mid p \leqslant 100\} = \{2, 3, 5, 7, 11, 13, 17, 19, 23, 29, 31, 37, 41, 43, 47, 53, 59,$$
$$61, 67, 71, 73, 79, 83, 89, 97\}.$$

Das Aussieben der Zahlen in der gewählten Blockbildung gibt unmittelbar Anlaß zu der Vermutung, daß alle von 2 und 3 verschiedenen Primzahlen entweder einem Vielfachen von 6 direkt vorangehen oder ihm direkt folgen.

Aufgabe 6.1: Beweise die Richtigkeit der Vermutung.

Hinweis: Benutze die Aufgabe 3.1.

Wir wollen jetzt noch zeigen, daß das Aussieben der Primzahlen $\leqslant$ n beendet ist, sobald alle echten Vielfachen aller Primzahlen $\leqslant \sqrt{n}$ gestrichen sind. Sei das geschehen und sei $p \leqslant \sqrt{n} < p'$. Dann sind nämlich alle Vielfachen von p', die kleiner als n sind, also $2p'$, $3p'$, $5p'$, ..., $p \cdot p'$, gestrichen; $p' \cdot p'$ aber ist größer als n und tritt nicht mehr auf.

Aufgabe 6.2: Bestimme mit Hilfe des Siebverfahrens von Eratosthenes die Elemente der Menge

$$M = \{p | p \leqslant 200\}.$$

(Zur Abwechslung fasse man jetzt nicht mehr jeweils 6 Zahlen zu einer Zeile zusammen.)

Die Bedeutung des Primzahlbegriffs deutet sich in dem folgenden Satz an, der einen Zusammenhang zwischen den Definitionen 6.1 und 6.2 aufzeigt.

Satz 6.1: Jede natürliche Zahl n > 1 wird von mindestens einer Primzahl geteilt; und zwar ist der kleinste von 1 verschiedene Teiler eine Primzahl.

Beweis (indirekt): Die Menge $T_n \setminus \{1\}$ ist nicht leer, daher gibt es ein kleinstes Element in dieser Menge, das wir mit m bezeichnen. Wir behaupten, daß m eine Primzahl ist.

Gegenannahme: m ist zusammengesetzt, d.h. es gibt ein m' mit folgenden Eigenschaften:

$$m' \top m \quad \text{und} \quad 1 < m' < m .$$

Aus $m' \top m$ und $m \top n$ folgt aber aufgrund der Transitivität der Teilerrelation $m' \top n$. Die Aussagen $1 < m' < m$ und $m' \top n$ stehen aber im Widerspruch zur vorausgesetzten Minimaleigenschaft von m. Daraus folgt, daß m eine Primzahl ist.[22]   q. e. d.

Der Satz 6.1. garantiert die Existenz eines Primteilers p; er macht jedoch keine Angaben über ein Verfahren zu seiner Bestimmung. Im konkreten Fall müssen wir die vorgegebene Zahl n solange durch Primzahlen dividieren, bis die Division aufgeht. Wir können jedoch die Anzahl der zunächst anstehenden Primzahlen drastisch einschränken, indem wir uns an die Aufgabe 2.2 erinnern. Sie erlaubt unmittelbar diese Abschätzung des kleinsten Primteilers p einer zusammengesetzten Zahl n: $p \leqslant \sqrt{n}$.

Umgekehrt können wir schließen: Gibt es für die Zahl n keinen Primteiler $p \leqslant \sqrt{n}$, so ist n selbst eine Primzahl. Bei der Untersuchung, ob eine Zahl n prim ist oder nicht, braucht man also nur ihre Teilbarkeit durch alle Primzahlen $p \leqslant \sqrt{n}$ zu prüfen.

Unmittelbar aus der Definition 6.1 folgt der

Satz 6.2: Ist p eine Primzahl und $n \in \mathbb{N}$, so gilt (n, p) = 1 oder p.

Aufgabe 6.3: Bestimme jeweils den kleinsten von 1 verschiedenen Teiler der Zahlen 175, 139, 143, 637, 701, 1001.

---

22) Wir merken hier an, daß im Sieb des Eratosthenes jede zusammengesetzte Zahl $a \leqslant n$ als Vielfaches ihres kleinsten Primteilers gestrichen wird.

Aufgabe 6.4: Der deutsche Mathematiker Goldbach (1690–1764) hat vermutet, daß sich jede gerade Zahl ungleich 2 (auf mindestens eine Weise) als Summe zweier Primzahlen darstellen läßt. Diese Vermutung konnte bisher trotz großer Anstrengungen weder bewiesen noch widerlegt werden.

Stelle die geraden Zahlen zwischen 4 und 100 als Summe zweier Primzahlen dar.

Lies dann Pólyas Ausführungen zu der Goldbachschen Vermutung nach.[23] Pólya zeigt anhand dieses Sachverhaltes sehr ausführlich, wie man induktiv eine Aussage gewinnt und diese induktiv stützt und damit ihren „Plausibilitätsgrad" erhöht.

Wir beenden diesen Abschnitt mit dem Beweis eines Satzes, den wir später anwenden. Hier kommt es uns bei seiner Behandlung auf ein tieferes Vertrautwerden mit dem Primzahlbegriff an. Die jetzt auftretende Schwierigkeit besteht darin, einen (wegen unserer Vorerfahrungen und unseres Vorwissens) selbstverständlich erscheinenden Sachverhalt in Frage zu stellen. Im nächsten Abschnitt werden wir diese Problematik thematisieren.

Satz 6.3: Sei p eine Primzahl und $n \in \mathbb{N}$. Dann ist

$$T_p n = \{1, p, \ldots, p^n\}.$$

Beweis: Sei $M = \{t \,|\, t \top p^n \wedge t \neq p^r, 0 \leqslant r \leqslant n\}$.

Wir nehmen $M \neq \emptyset$ an. Dann hat M ein kleinstes Element, das wir m nennen.

Wir teffen folgende Fallunterscheidung: (a) $p \top m$ und (b) $p \,\top\!\!\!\!\!- m$.

Fall (a): Wegen $p \top m$ gibt es eine natürliche Zahl m_1, so daß $p \cdot m_1 = m$ ist. Aus $p \cdot m_1 \top p^n$ folgt aber $m_1 \top p^n$. Wenn nun $m_1 \notin M$, so folgt $m_1 \cdot p = m \notin M$. Also muß $m_1 \notin M$. Da aber $m_1 < m$, könnte m nicht das kleinste Element von M sein.

Fall (b): Aus $p \,\top\!\!\!\!\!- m$ folgt mit Satz 6.2 $(p, m) = 1$ und weiter mit Satz 6.3 $(p^n, m) = 1$. Diese Aussage ist mit $m \top p^n$ nur verträglich für $m = 1$, also $m \notin M$.

Da wir in beiden Fällen zu widersprüchlichen Aussagen gelangten, muß unsere Annahme $M \neq \emptyset$ falsch sein. Damit haben wir den Satz 6.3 bewiesen.

2.7. Primfaktorzerlegung

Wir beschäftigen uns jetzt mit den zusammengesetzten Zahlen. Dabei schließen wir an den Satz 6.1 an und zeigen, daß die Primzahlen die multiplikativen (nicht weiter zerlegbaren) Grundbausteine der natürlichen Zahlen sind. Es gilt der folgende Satz, der wegen seiner grundlegenden Bedeutung „Fundamentalsatz der Arithmetik" genannt wird.

Satz 7.1: Jede zusammengesetzte Zahl n ist eindeutig als Produkt von Primzahlpotenzen darstellbar:

$$n = p_1^{\alpha_1} \cdot p_2^{\alpha_2} \cdots p_r^{\alpha_r}$$

mit

$$p_1 < p_2 < \ldots < p_r \quad \text{und} \quad \alpha_i > 0, \, 1 \leqslant i \leqslant r.$$

---

23) Pólya [13, S. 21–28].

Definition 7.1: Eine Darstellung $n = p_1^{\alpha_1} \cdot p_2^{\alpha_2} \cdots p_r^{\alpha_r}$, in der die r Primzahlen voneinander verschieden und der Größe nach geordnet und die Exponenten α_i für $1 \leqslant i \leqslant r$ positive natürliche Zahlen sind, heißt *kanonische Zerlegung* der Zahl n. Abkürzend schreibt man unter Verwendung des griechischen Buchstabens Π, der die Produktbildung anzeigen soll,

$$n = p_1^{\alpha_1} \cdot p_2^{\alpha_2} \cdots p_r^{\alpha_r} = \prod_{i=1}^{r} p_i^{\alpha_i} .$$

Die Primzahlen, die in der Darstellung von n vorkommen, heißen *Primteiler* oder *Primfaktoren* von n.

Zur Vereinfachung der Sprech- und Schreibweise bezieht man terminologisch den Fall ein, daß n eine Primzahl ist, und nennt auch $n = p$ kanonische Darstellung von n.

Beispiele für kanonische Darstellungen natürlicher Zahlen:

$$147 = 3^1 \cdot 7^2; \quad 2069438800 = 2^4 \cdot 5^2 \cdot 11^3 \cdot 13^2 \cdot 23^1; \quad 101 = 101;$$

$$92787521031 = 3^4 \cdot 757^2 \cdot 1999.$$

Satz 7.1 behauptet die Existenz und die Eindeutigkeit der kanonischen Zerlegung. Letzteres ist der tieferliegende Inhalt, was wir noch begründen müssen. Daher gliedern wir den Beweis in Teil I: Nachweis der Existenz einer kanonischen Darstellung, Teil II: Gegenbeispiel zum Nachweis der Notwendigkeit des Eindeutigkeitsbeweises, Teil III: Nachweis der Eindeutigkeit der kanonischen Zerlegung.

In Definition 6.1 haben wir die Zahl 1 nicht in die Menge der Primzahlen aufgenommen. Anderenfalls wäre die wichtige Eigenschaft der Eindeutigkeit nicht gewährleistet, wie folgendes Beispiel zeigt:

$$147 = 3 \cdot 7^2 = 1 \cdot 3 \cdot 7^2 = 1^6 \cdot 3 \cdot 7^2.$$

Beweis des Satzes 7.1:

I. Teil: Nachweis der Existenz einer kanonischen Darstellung

Nach Satz 6.1 ist der kleinste Teiler der zusammengesetzten Zahl n eine Primzahl, die wir p_1 nennen. Daher gilt $n = p_1 \cdot n_1$, und nach Satz 1.2 f) ist $n > n_1$. Wenden wir denselben Schluß auf n_1 an, so folgt: $n_1 = p_2 \cdot n_2$ und $p_1 \leqslant p_2$, $n_1 > n_2$. Ist n_1 zusammengesetzt (anderenfalls sind wir fertig), erhalten wir entsprechend p_3 und n_3. Schließlich haben wir

$$n = p_1 \cdot n_1, \quad n_1 = p_2 \cdot n_2, \quad n_2 = p_3 \cdot n_3, \quad \ldots, \quad n_{k-1} = p_k \cdot n_k \qquad (\,*)$$

mit

$$n > n_1 > n_2 > \ldots > n_{k-1} > n_k \qquad (**)$$

$$p_1 \leqslant p_2 \leqslant p_3 \leqslant \ldots \leqslant p_{k-1} \leqslant p_k .$$

Da die Folge $(**)$ streng monoton fällt, bricht das Verfahren ab; d.h. es ist $n_k = 1$.

Aus (*) folgt durch Einsetzen

$$n = p_1 \cdot p_2 \cdots \cdot p_k$$

und daraus durch Zusammenfassen gleicher Primzahlen zu Potenzen die kanonische Darstellung. [24]

Dieser Beweis beinhaltet ein Verfahren zur Auffindung der Primfaktorzerlegung einer (nicht zu großen(!)) natürlichen Zahl, das von dem kleinsten Primteiler ausgeht.

Problem 7.1: Will man die Bestimmung der kanonischen Darstellung algorithmieren oder programmieren, müssen alle Primzahlen bekannt oder doch leicht auffindbar sein. Wir kommen in Abschnitt 2.9 auf dieses Problem zurück.

II. Teil: Gegenbeispiel zum Nachweis der Notwendigkeit des Eindeutigkeitsbeweises

Wir formulieren einen mathematischen Satz nur dann, wenn wir einen wichtigen Sachverhalt hervorheben wollen. Selbstverständlichkeiten brauchen wir nicht zu formulieren und erst recht nicht zu beweisen. Auf unsere Situation bezogen heißt das: Dem Lernenden scheint die Eindeutigkeit der kanonischen Zerlegung zweifelsfrei gegeben. Wir sind so sehr vertraut mit dem multiplikativen Aufbau der natürlichen Zahlen, daß wir uns zunächst die Möglichkeit eines anderen Verfahrens als das in Teil I angegebene gar nicht vorstellen können. Die Eindeutigkeit der Primfaktorzerlegung anzuzweifeln, stellt daher hohe Anforderungen an das Denken.

Um dem Lernenden die Einsicht in die Notwendigkeit des Eindeutigkeitsbeweises zu erleichtern, bedienen wir uns der Methode der *Analogie*. Wir konstruieren eine Menge M von Zahlen, die analoge Eigenschaften hat, wie die Menge $\mathbb{N}$ der natürlichen Zahlen, in der aber die Eindeutigkeit der Primfaktorzerlegung nicht gilt. [25]

Es sei $M = \{x \mid x = 4n + 1 \land n \in \mathbb{N}_0\} = \{1, 5, 9, 13, 17, 21, 25, 29, 33, 37, 41, \ldots\}$. Wir konstatieren die folgenden Eigenschaften:

(a) M ist bezüglich der Multiplikation abgeschlossen, d.h. das Produkt zweier Zahlen aus M ist Element von M.

(b) In M läßt sich die „Teilbarkeit" analog zu Definition 1.1 einführen.

---

[24] Die Existenz läßt sich auch indirekt über das „Prinzip der kleinsten natürlichen Zahl" (vgl. Fußnote 9) nachweisen. Dieser Beweis ist kürzer, aber auch schwerer zu verstehen.

Sei M die Menge der zusammengesetzten Zahlen, die keine kanonische Darstellung haben. Wir machen die Gegenannahme: $M \neq \emptyset$. Dann gibt es nach dem genannten Prinzip in M ein kleinstes Element m mit $m = m_1 \cdot m_2$ und $m_1 \neq 1$, $m_2 \neq 1$. Nach Satz 1.2 f) ist $m_1 < m$ und $m_2 < m$, folglich ist $m_1 \notin M$, $m_2 \notin M$. D.h. m_1 und m_2 lassen sich als Primzahlpotenzprodukte schreiben. Also hat auch ihr Produkt $m_1 \cdot m_2 = m$ eine solche Darstellung. Das aber ist ein Widerspruch zur Gegenannahme, also ist $M = \emptyset$.

Um deutlich zu machen, daß die Existenzaussage ein wenig tiefliegender Satz ist, haben wir auf die Anwendung des Satzes 6.1 hier verzichtet und ausschließlich die Definition der zusammengesetzten Zahl und den sehr einfachen Satz 1.2 f) in den Beweis eingebracht.

[25] Das hier angegebene Gegenbeispiel geht nach einer Bemerkung von Neß [10] auf D. Hilbert zurück.

(c) In M lassen sich die Begriffe „Primzahl" und „zusammengesetzte Zahl" analog zu den Definitionen 6.1 und 6.2 einführen. Die ersten 10 „Primzahlen" sind: 5, 9, 13, 17, 21, 29, 33, 37, 41, 49; die ersten 5 zusammengesetzten Zahlen: 25, 45, 65, 81, 85.

Aufgabe 7.1:

(a) Beweise die Abgeschlossenheit bez. der Multiplikation und mache dir die Übertragung der Definitionen 1.1, 6.1 und 6.2 in die Menge M klar.[26]

(b) Bestimme die nächsten 10 „Primzahlen" und die nächsten 5 „zusammengesetzten Zahlen" in M.

Die Analogie zwischen M und $\mathbb{N}$ besteht in der Übereinstimmung der Eigenschaften (a), (b) und (c). Da M *Gegenbeispiel* zum Nachweis der Notwendigkeit eines Beweises sein soll, darf die Analogie natürlich nicht zu weitgehend sein. In der Tat gilt für Elemente aus M nicht immer die Eindeutigkeit der Primfaktorzerlegung, wie folgende Beispiele demonstrieren:

$$441 = 21 \cdot 21 = 9 \cdot 49, \quad 693 = 9 \cdot 77 = 21 \cdot 33$$

Diese unerwartete Eigenschaft zeigt uns, daß wir nicht vorsichtig, nicht skeptisch genug sein können. Sie hat uns verunsichert in der zunächst für indiskutabel gehaltenen Auffassung von der Eindeutigkeit der kanonischen Zerlegung der natürlichen Zahlen.

Aufgabe 7.2: Ein anderes Gegenbeispiel ist die Menge der positiven geraden Zahlen $G = \{x \mid x = 2n \wedge n \in \mathbb{N}_0\}$. Führe die entsprechenden Überlegungen für diese Menge durch.

Problem 7.2: Die analogen Situationen mögen uns isoliert, vielleicht auch künstlich erscheinen. Sie fordern uns daher zum Nachdenken heraus, welches die tieferen Gründe für das Funktionieren der Mengen M und G als Gegenbeispiele sind. Jedenfalls erkennen wir, daß die Eindeutigkeit der kanonischen Zerlegung nicht aus den Eigenschaften der Ring- oder Halbringstruktur folgt.[27] Welche besonderen Eigenschaften müssen also (Halb)-ringe haben, damit in ihnen die kanonische Zerlegung eindeutig ist? — Diese Frage muß gestellt, sie kann aber hier nicht beantwortet werden. Die Teilbarkeitslehre in Ringen wird in der Algebra behandelt.[28]

Teil III: Nachweis der Eindeutigkeit der kanonischen Zerlegung

Wir wissen, daß es für die zusammengesetzte Zahl n (mindestens) eine kanonische Darstellung gibt, die nämlich den kleinsten Primteiler enthält. Nehmen wir die Existenz einer zweiten Darstellung an.

---

26) Der Lernende muß mit diesen Begriffen in $\mathbb{N}$ hinreichend vertraut sein, sonst gelingt ihm die Übertragung in die Menge M nicht. Die Denkleistung besteht hier darin, sich bewußt von der Menge $\mathbb{N}$ zu distanzieren.

27) Die Mengen $\mathbb{N}$ und G bilden Halbringe, da bei ihnen bezüglich der Addition nur Halbgruppeneigenschaft vorliegt. (Zur Definition des Halbringes vgl. etwa Joachim [6, S. 52].) Wollen wir uns auf Ringe beziehen, so betrachten wir die Menge $\mathbb{Z}$ der ganzen Zahlen bzw. die Menge $\{x \mid x = 2 \cdot z, z \in \mathbb{Z}\}$.

28) Vgl. etwa Lugowski-Weinert [8, Kapitel VIII].

Dann ist

$$n = p_1^{\alpha_1} \cdot p_2^{\alpha_2} \cdot \ldots \cdot p_r^{\alpha_r} = q_1^{\beta_1} \cdot q_2^{\beta_2} \cdot \ldots q_s^{\beta_s}$$

mit

$$p_1 < p_2 < \ldots < p_r, \quad q_1 < q_2 < \ldots < q_s,$$
$$\alpha_i > 0 \quad \text{für} \quad 1 \leq i \leq r, \quad \beta_i > 0 \quad \text{für} \quad 1 \leq i \leq s.$$

Dies ist der rote Faden des Beweises. Wir zeigen:

(a) $p_1 = q_1$

(b) $\alpha_1 = \beta_1$

(c) $p_i = q_i$, $\alpha_i = \beta_i$ für $2 \leq i \leq \min(r, s)$ und $r = s$

Schritt a): Wegen (*) gilt $p_1 \mid q_1^{\beta_1} q_2^{\beta_2} \ldots q_s^{\beta_s}$. Da $p_1, q_1, \ldots, q_s$ Primzahlen sind, folgt $p_1 \mid q_i^{\beta_i}$ für ein bestimmtes i ($1 \leq i \leq s$) und weiter $p_1 = q_i$.

Der unkritische oder flüchtige Leser hält diesen Schluß ohne weitere Überlegung für gültig. Die Evidenz resultiert aus seinem Vorwissen von den Primzahlen. Daß man dafür aber wesentlich mehr benötigt als die Definition des Primzahlbegriffs, zeigt unser obiges Gegenbeispiel:

$$441 = 21 \cdot 21 = 9 \cdot 49, \quad 9 \mid 441, \quad \text{aber} \quad 9 \nmid 21$$

Zur Absicherung des obigen Schlusses benutzen wir den zu Aufgabe 4.5 c) formulierten Sachverhalt als Hilfssatz:

Aus

$$(a_i, b) = 1 \quad \text{für} \quad 1 \leq i \leq s \quad \text{folgt} \quad \left(\prod_{i=1}^{s} a_i, b \right) = 1.$$

Mit $a_i = q_i^{\beta_i}$, $1 \leq i \leq s$, und $b = p_1$ würde damit aus $(p_1, q_1^{\beta_1}) = (p_1, q_2^{\beta_2}) = \ldots = (p_1, q_s^{\beta_s}) = 1$ folgen $(p_1, n) = 1$. Das aber ist ein Widerspruch. Also ist unsere Annahme $(p_1, q_i^{\beta_i}) = 1$ für $1 \leq i \leq s$ falsch. Somit gilt für (mindestens) ein i $(p_1, q_i^{\beta_i}) \neq 1$, woraus mit den Sätzen 6.2 und 6.3 folgt:

$$(p_1, q_i^{\beta_i}) = p_1 \quad \text{und weiter} \quad p_1 = q_i.$$

Da die Primzahlen der Größe nach geordnet sind und wir ohne Einschränkung p_1 als kleinsten Primteiler von n annehmen können, ist $p_1 = q_1$.

Wir merken an, daß der hier benutzte Satz 4.3 mit dem Euklidischen Algorithmus bewiesen wurde, der bereits ein recht tiefliegendes Hilfsmittel ist. In der Tat charakterisiert dieser Satz die Teilbarkeitsstruktur der natürlichen Zahlen treffend. Bei unserem analogen Fall versagt unsere Schlußweise natürlich, die folgende Aussage ist falsch:

$$(21, 9) = (33, 9) = 1 \Rightarrow (21 \cdot 33, 9) = (693, 9) = 1.$$

Es ist nämlich $(693, 9) = 9$, weil $693 = 77 \cdot 9$ und $77 \in M$.

Schritt b): Nehmen wir $\alpha_1 \neq \beta_1$ an; ohne Einschränkung sei $\alpha_1 > \beta_1$. Dann ist

$$p_1^{\alpha_1 - \beta_1} \cdot p_2^{\alpha_2} \ldots p_r^{\alpha_r} = q_2^{\beta_2} \cdot q_3^{\beta_3} \ldots q_s^{\beta_s}.$$

Da wir von kanonischen Darstellungen ausgegangen sind, kann nicht $p_1 = q_i$ für $2 \leqslant i \leqslant s$ sein. Nach Satz 6.3 ist dann aber $(p_1, q_i^{\beta_i}) = 1$ für $2 \leqslant i \leqslant s$ und nach Satz 4.3 auch $(p_1, q_2^{\beta_2} q_3^{\beta_3} \ldots q_s^{\beta_s}) = 1$. Also gilt erst recht $p_1 \nmid q_2^{\beta_2} \cdot q_3^{\beta_3} \ldots q_s^{\beta_s}$. Andererseits aber teilt p_1 wegen $\alpha_1 - \beta_1 > 0$ $p_1^{\alpha_1 - \beta_1} p_2^{\alpha_2} \ldots p_r^{\alpha_r}$.

Damit ist unsere Annahme zum Widerspruch geführt. Also ist $\alpha_1 = \beta_1$ und $p_1^{\alpha_1} = q_1^{\beta_1}$.

Schritt c): Ohne Einschränkung sei $r \leqslant s$, also $\min(r, s) = r$. Die Schritte a) und b) lassen sich analog (d. h. hier „wörtlich“) übertragen auf p_i, $2 \leqslant i \leqslant r$. Wir erhalten dann

$$p_i = q_i \quad \text{und} \quad \alpha_i = \beta_i \quad \text{für} \ 2 \leqslant i \leqslant r$$

und weiter

$$1 = q_{r+1}^{\beta_{r+1}} \ldots q_s^{\beta_s}.$$

Daraus folgt $q_{r+1} = q_{r+2} = \ldots = q_s = 1$; d. h. q_i kann für $r + 1 \leqslant i \leqslant s$ keine Primzahlen bezeichnen, Potenzen von 1 aber treten nach Definition in der kanonischen Zerlegung einer Zahl nicht auf. Also ist

$$r = s.$$

Damit haben wir gezeigt, daß beide in $(*)$ angegebene kanonische Darstellungen der Zahl n übereinstimmen.[29]   q. e. d.

Aufgabe 7.3: Bestimme die kanonischen Zerlegungen der folgenden Zahlen: 231, 101, 1001, 720, 924, 8200, 3969, 81120.

Hinweis: Die Primzahlen $p \leqslant 200$ haben wir in Abschnitt 2.6 ausgesiebt. Zur Auffindung der kanonischen Zerlegung können wir nach dem im Teil I des Beweises von Satz 7.1 genannten Verfahren systematisch vorgehen oder aber die gegebene Zahl in ein „naheliegendes" Produkt zerlegen (z. B. $8200 = 82 \cdot 100$) und jeden Faktor für sich weiter aufspalten. Nach Satz 7.1 müssen wir stets dieselbe kanonische Darstellung erhalten. Die Kenntnis der Lösung von Problem 1.1 zumindestens für die ersten Primzahlen ist eine gute Hilfe.

---

29)   Gerhardts [4] beweist den Satz, daß das Teilerdiagramm (vgl. auch Fußnote 6) einer natürlichen Zahl $n > 1$ ein Quader ist. Seine Dimension r ist gleich der Anzahl der Primfaktoren in der kanonischen Zerlegung von n, und die Kantenlängen entsprechen den Exponenten der Primzahlen. Somit ist die Gestalt der Diagramme unabhängig von den speziellen Primfaktoren von n. Die „anschaulichen" Diagramme, nämlich für

$$p_1^{\alpha_1}, \ p_1^{\alpha_1} \cdot p_2^{\alpha_2}, \ p_1^{\alpha_1} \cdot p_2^{\alpha_2} \cdot p_3^{\alpha_3},$$

untersucht Padberg [11] sehr ausführlich.

Für den von uns dargestellten „klassischen Beweis" der Eindeutigkeit spricht, daß er direkt mit der im Existenzbeweis konstruierten kanonischen Zerlegung weiterarbeitet, also formal mit ihm eine Einheit bildet, und den Lernenden zu einer intensiven Auseinandersetzung mit der kanonischen Zerlegung zwingt. Andererseits wirkt der „klassische Beweis" im Nachhinein umständlich, so daß sich die Frage nach einer Vereinfachung stellt. In der Tat ist es möglich, über den wichtigen Schritt a) mit dem „Prinzip der kleinsten natürlichen Zahl" rasch auf die Eindeutigkeit zu schließen.

Aufgabe 7.4: Führe den Beweis durch.

Hinweis: Lies zunächst (noch einmal) die Fußnote 24. Definiere jetzt eine Menge M von Elementen, die mindestens zwei verschiedene kanonische Darstellungen haben und nimm $M \neq \emptyset$ an. Dann gibt es nach dem „Prinzip der kleinsten natürlichen Zahl" ein kleinstes Element mit zwei Zerlegungen der Form (∗). — Auf die Anwendung des Satzes 6.3 können wir verzichten, wenn wir nicht mit der kanonischen Darstellung arbeiten, sondern alle Primfaktoren von (∗) in der 1. Potenz schreiben.

Ganz anders verläuft der Beweis der Eindeutigkeit der kanonischen Zerlegung von E. Zermelo, der den Schritt a) des klassischen Beweises geschickt umgeht. Um den Lernenden mit der strukturellen Eigenart der natürlichen Zahlen noch besser vertraut zu machen, stellen wir den *Beweis* hier dar.

Es sei M die Menge der Zahlen, die keine eindeutige Primfaktorzerlegung haben, sei $M \neq \emptyset$ und m das kleinste Element. Nach dem im Teil I des obigen Beweises aufgezeigten Verfahren gibt es für die Zahl m eine Zerlegung mit der kleinsten Primzahl p. Wegen der Minimaleigenschaft von m kann keine andere Zerlegung p enthalten. Denn wegen $m:p < m$ wären $m:p = k$ und folglich auch $m = p \cdot k$ eindeutig zerlegbar. Daher gilt für den kleinsten Primteiler q der zweiten Zerlegung $q > p$. Wir haben also

$$m = p \cdot k \quad \text{und} \quad m = q \cdot l \quad \text{mit} \quad p < q \quad \text{und} \quad k > l.$$

Wir bilden die Differenz

$$m' = m - p\,l = q\,l - p\,l = (q - p)\,l$$
$$m' = m - p\,l = p\,k - p\,l = (k - l)\,p.$$

Wegen $0 < m' < m$ ist m' eindeutig zerlegbar, p tritt also in der Primfaktorzerlegung von $(q - p) \cdot l$ auf. Weil alle Primteiler von l größer als p sind, gilt $p \top q - p$. Daraus folgt aber $p \top q$ mit Satz 1.2 h).

Diese Aussage widerspricht der Primzahleigenschaft von q, unsere Annahme $M \neq 0$ ist falsch und die Eindeutigkeit der kanonischen Zerlegung gesichert. q. e. d.

Der Lernende mag den Beweis überzeugend finden, nachdem er sich erfolgreich bemüht hat, jeden Schritt zu verstehen. Wirklich verstanden ist der Beweis jedoch erst, wenn zwei Fragen gestellt und beantwortet sind: (a) Was ist der entscheidende Gedanke des Beweises? (b) An welcher Stelle versagt die Schlußweise für die Elemente der in Teil II definierten und als Gegenbeispiele fungierenden Mengen M und G?

Aus $m = p \cdot k = q \cdot l$ können wir ohne weiteres keine Schlüsse ziehen. Denn es muß unterschieden werden zwischen den Aussagen $p \top q \cdot l$ und p tritt in einer etwa durch $q \cdot l$ bezeichneten Zerlegung als Primfaktor auf. Nur wenn wir den Satz 4.4 (oder wie oben[30] den Satz 4.3) benutzen, können wir aus der richtigen Voraussetzung $(p, q) = 1$ schließen $p \top l$, womit ein Widerspruch deutlich geworden ist. Der weitere Gedankengang entspricht der Aufgabe 7.5, es handelt sich um eine Variante des klassischen Beweises.

Entscheidend ist die Differenzbildung. Wegen $m' < m$ muß p nicht nur m' teilen, sondern als Primfaktor in $(q - p) \cdot l$ auftreten. Damit wird die Anwendung der Sätze 4.3 oder 4.4 umgangen.

In der Differenzbildung muß also auch die Ursache für das Versagen der Gegenbeispiele zu suchen sein. In der Tat liegt die Differenz zweier Zahlen aus $M = \{x | x = 4n + 1 \land n \in \mathbb{N}\}$ gar nicht mehr in M. — Ein wenig versteckt ist die entsprechende Stelle im Gegenbeispiel $G = \{x | x = 2n \land n \in \mathbb{N}_0\}$.

Aufgabe 7.5: Führe den Gedankengang des Zermeloschen Beweises für $m = 2 \cdot 30 = 6 \cdot 10$, also für $p = 2$, $k = 30$, $q = 6$, $l = 10$ durch. Warum verläuft der letzte Schluß anders als bei Elementen der Menge $\mathbb{N}$?

Diese Überlegungen unterstreichen die Bedeutung des Problems 7.1.[31]

2.8. Anwendung des Primzahlbegriffs bei Teilbarkeitsfragen

In diesem Abschnitt wollen wir aufzeigen, welche Bedeutung dem Fundamentalsatz der Arithmetik für die Aufdeckung von Eigenschaften der natürlichen Zahlen zukommt. So lösen wir zunächst das Problem 2.1, in dem nach der systematischen Bestimmung aller Teiler einer Zahl gefragt wurde. Ferner beschreiben wir Begriffe wie g. g. T. und k. g. V. und ihre Beziehungen zueinander neu mit Hilfe des Primzahlbegriffs. Es versteht sich von selbst, daß wir gerade in diesem Abschnitt die Anzahl der Sätze minimal halten müssen.[32] Mehr als auf Ergebnisse kommt es uns darauf an, den Verlauf einer Theorie zu kennzeichnen, der durch die Einführung eines weittragenden Begriffes bestimmt wird.

Aufgabe 8.1: Bestimme T_{72} und stelle dann die Elemente der Teilmenge kanonisch dar. Fertige zur systematischen Erfassung der Teiler eine Tabelle an. Wovon hängt die Anzahl der Teiler der Zahl 72 ab?

Satz 8.1: Sei $n = p_1^{\alpha_1} p_2^{\alpha_2} \dots p_r^{\alpha_r}$ die kanonische Zerlegung der Zahl n. Dann ist

$$T_n = \{t | t = p_1^{\beta_1} p_2^{\beta_2} \dots p_r^{\beta_r} \land 0 \leqslant p_i \leqslant \alpha_i \quad \text{für} \quad 1 \leqslant i \leqslant r\}.$$

Beweis: Sei t ein Teiler von n und $t \neq 1$, dann gibt es ein $c \neq n$, so daß $t \cdot c = n$ ist. Nach dem Fundamentalsatz der Arithmetik stimmen die kanonischen Zerlegungen von n und $t \cdot c$ überein. D. h. die Primzahlpotenzen $p_i^{\alpha_i}$ müssen sich auf t und c „verteilen". Nehmen wir den Fall $t = 1$ hinzu, so sind alle Teiler erfaßt und diese stimmen genau mit den Elementen von T_n überein.

---

30) Dabei kommen wir ohne die in Aufgabe 7.4 zu beweisende Verallgemeinerung nicht aus.

31) Wer noch einen dritten von dem klassischen und dem Zermeloschen Beweis verschiedenen Beweis kennenlernen will, lese in Trost [15, S. 8] nach. Der dort dargestellte Beweis benutzt den Satz 3.1 (Division mit Rest).

32) Weitere interessante Sätze findet man u. a. in Schräder [14].

Damit können wir leicht einen Funktionsterm für die in Aufgabe 2.1 definierte Funktion $n \mapsto \tau(n)$ angeben, die jedem n die Anzahl ihrer Teiler zuordnet; unter der Voraussetzung, daß wir die kanonische Zerlegung von n kennen.

Mit den Bezeichnungen des Satzes 8.1 gibt es für die Exponenten β_i, $1 \leqslant i \leqslant r$, jeweils $\alpha_i + 1$ Möglichkeiten, nämlich $0, 1, \ldots, \alpha_i$. Aus den $(\alpha_1 + 1) \cdot (\alpha_2 + 1) \ldots (\alpha_r + 1)$ Kombinationen lassen sich aber nach Satz 8.1 genau alle Teiler zusammensetzen. Daher gilt

$$\tau(p_1^{\alpha_1} \cdot p_2^{\alpha_2} \ldots p_r^{\alpha_r}) = (\alpha_1 + 1)(\alpha_2 + 1) \ldots (\alpha_r + 1).$$

Aufgabe 8.2:

(a) Gib alle Teiler der Zahl 1274 an.

(b) Für welche n ist $\tau(n) = 4$ (21, 18, 36)?

Aufgabe 8.3: Beweise

(a) n ist genau dann quadratisch, wenn alle Exponenten α_i in der kanonischen Zerlegung von n gerade sind. Also ist für quadratisches n die Anzahl der Teiler $\tau(n)$ ungerade.

(b) Jede natürliche Zahl n läßt sich eindeutig als Produkt einer Quadratzahl r^2 und einer quadratfreien Zahl s schreiben: $n = r^2 \cdot s$.

Der Satz 8.1 rechtfertigt die Erwartung, daß sich mit Hilfe unserer Kenntnisse vom Primzahlbegriff der g.g.T. und das k.g.V. einfach beschreiben lassen. Wir gehen *induktiv* vor.

Aufgabe 8.4: Fertige eine Tabelle an mit den Spalten a, b, (a, b), [a, b] und trage einige der in den Abschnitten 2.4 und 2.5 behandelten Beispiele ein, jedoch die Zahlen in ihren kanonischen Darstellungen. Was beobachtest du?

Zur einfachen Formulierung der Vermutung variieren wir die kanonische Darstellung. Seien p_i, $1 \leqslant i \leqslant r$, die r verschiedenen Primzahlen, die a oder b teilen. Dann nehmen wir $p_i^{\alpha_i}$ mit $\alpha_i = 0$ in die Primfaktorzerlegung der Zahl a genau dann auf, wenn $p_i \nmid a$; entsprechend verfahren wir bei b. Mit dieser Verabredung gilt der

Satz 8.2: Sei $a = p_1^{\alpha_1}\ p_2^{\alpha_2} \ldots p_r^{\alpha_r}$ und $b = p_1^{\beta_1}\ p_2^{\beta_2} \ldots p_r^{\beta_r}$ mit $\alpha_i \geqslant 0$, $\beta_i \geqslant 0$, dann ist

$$(a, b) = p_1^{\min(\alpha_1,\,\beta_1)} \cdot p_2^{\min(\alpha_2,\,\beta_2)} \ldots \cdot p_r^{\min(\alpha_r,\,\beta_r)}$$

und

$$[a, b] = p_1^{\max(\alpha_1,\,\beta_1)} \cdot p_2^{\max(\alpha_2,\,\beta_2)} \ldots \cdot p_r^{\max(\alpha_r,\,\beta_r)}$$

Beispiele:

(a)
$$144 = 2^4 \cdot 3^2 \cdot 5^0$$
$$600 = 2^3 \cdot 3 \cdot 5^2$$
$$(144, 600) = 2^3 \cdot 3 \cdot 5^0 = 24$$
$$[144, 600] = 2^4 \cdot 3^2 \cdot 5^2 = 3600$$

(b)
$$980\,000 = 2^5 \cdot 5^4 \cdot 7^2 \cdot 11^0$$
$$2\,324\,168 = 2^3 \cdot 5^0 \cdot 7^4 \cdot 11^2$$
$$(980\,000,\ 2\,324\,168) = 2^3 \cdot 5^0 \cdot 7^2 \cdot 11^0 = 392$$
$$[980\,000,\ 2\,324\,168] = 2^5 \cdot 5^4 \cdot 7^4 \cdot 11^2 = 5\,810\,420\,000$$

Aufgabe 8.2: Beweise den Satz 8.2

Hinweis: Zeige mit Hilfe des Satzes 8.1, daß die auf Seite 102 bzw. 110 formulierten Kriterien erfüllt sind.

Mit Satz 8.2 haben wir ein weiteres Verfahren zur Bestimmung von g.g.T. und k.g.V. erhalten, die Primfaktormethode. Sie eignet sich gut bei Zahlen, deren Primfaktorzerlegung man ohne größere Mühe angeben kann.

Aufgabe 8.3: Bestimme (a, b) und [a, b] nach der Primfaktormethode:

$$a = 40, \quad b = 35; \quad a = 36, \quad b = 48; \quad a = 47, \quad b = 49;$$
$$a = 36, \quad b = 60, \quad c = 48; \quad a = 1350, \quad b = 3240.$$

Als weitere Übungen eignen sich die entsprechenden Beispiele und Aufgaben in den Abschnitten 2.4 und 2.5.

Wir kommen hier noch einmal auf unser in Aufgabe 7.4 behandeltes Gegenbeispiel zurück. In dem Halbring $G = \{\,x\,|\,x = 2n \wedge n \in \mathbb{N}_0\}$ ohne eindeutige Primfaktorzerlegung erfüllen die analog über die Definitionen 4.1 und 5.1 eingeführten Begriffe „g.g.T." bzw. „k.g.V." nicht die eben zum Beweis von Satz 8.2 herangezogenen Kriterien.

Aufgabe 8.4: Mache dir die Gültigkeit dieser Behauptung an geeigneten Elementen aus G klar.

Mit unseren jetzigen Kenntnissen lassen sich einige Sätze aus den Abschnitten 2.4 und 2.5 ganz einfach beweisen. Als Beispiel möge der Satz 5.1 dienen: $(a, b) \cdot [a, b] = a \cdot b$ folgt unmittelbar aus Satz 8.2, wenn man beachtet, daß $\min(\alpha_i, \beta_i) + \max(\alpha_i, \beta_i) = \alpha_i + \beta_i$ ist.

Auf Seite 112 haben wir ein Kriterium für paarweise teilerfremde Zahlen hergleitet. Wir können aus Satz 8.1 eine weitere *charakteristische Eigenschaft* ableiten:

Genau dann sind die Zahlen $a_1, a_2, \ldots, a_n$ paarweise teilerfremd, wenn je zwei (verschiedene) von ihnen keinen gemeinsamen Primteiler besitzen.

Aufgabe 8.5: Beweise diese Aussage.

Aufgabe 8.1 und Satz 8.1 zeigen uns, daß die Teiler einer Zahl n aus Kombinationen von Primzahlpotenzen bestehen. Diese Bausteine der Teiler, zu denen man noch die Zahl 1 hinzunimmt, bilden eine Teilmenge der Menge T_n.

Definition 8.1: Ein Teiler $t = p^\alpha$ der Zahl n heißt *Primärteiler* von n, wenn $p^\alpha \top n$. Die Menge aller Primärteiler von n bilden die *Primärteilermenge* P_n. Es ist also

$$P_n = \{t \mid t = p^\alpha, \alpha \in \mathbb{N}_0, p^\alpha \top n\}.$$

Aus der Definition folgt unmittelbar, daß das Produkt der in P_n vorkommenden Primzahlpotenzen mit den für jedes p höchsten Exponenten gleich n ist.

Beispiele:

$$P_{12} = \{1, 2, 2^2, 3\}; \quad P_{21} = \{1, 2, 7\}; \quad P_{360} = \{1, 2, 2^2, 2^3, 3, 3^2, 5\}.$$

Für $n = p^\alpha, \alpha \in \mathbb{N}$ gilt $T_n = P_n$.

Aufgabe 8.6: Bestimme: $P_{36}, P_{60}, P_{81}, P_{101}$.

Wir wollen mit den neuen Begriffen eine Arbeitsweise des Abschnittes 2.8 fortsetzen und Ergebnisse der Abschnitte 2.4 und 2.5 mit dem Primzahlbegriff beschreiben. Die Primärteilermengen können als analoge Bildungen zu den Teilermengen interpretiert werden. Daher liegt es nahe, die in den ersten Abschnitten praktizierte Analogisierung fortzusetzen. In der Tat gilt, wie man sich leicht überlegt, entsprechend den Seiten 91 und 92

$$b \top a \Longleftrightarrow P_b \subseteq P_a \Longleftrightarrow P_b \cap P_a = P_b \qquad (*)$$

Eine der Primärteilermenge entsprechende Mengenbildung für die Vielfachmenge einer Zahl gibt es nicht. (Warum?) Aber es gilt in Analogie zu $(*)$:

$$a \perp b \Longleftrightarrow P_b \subseteq P_a \Longleftrightarrow P_b \cup P_a = P_a .$$

Für Zahlen a und b mit den Eigenschaften $b \top a$ und $a \perp b$ hatten wir in den Abschnitten 2.4 und 2.5 den g.g.T. und das k.g.V. als Spezialfälle untersucht. Das führt uns jetzt wegen $(*)$ zu der Vermutung, daß die Menge P_n die im Problem 5.1 gewünschte Mengenbildung sein könnte. Wir untersuchen gezielt Zahlenmaterial auf diese Vermutung hin.

Sei $a = 24$, $b = 36$. Dann ist

$$P_{24} = \{1, 2, 2^2, 2^3, 3\}, P_{36} = \{1, 2, 2^2, 3, 3^2\}$$
$$P_{24} \cap P_{36} = \{1, 2, 2^2, 3\} = P_{2^2 \cdot 3} = P_{12} = P_{(24, 36)}$$
$$P_{24} \cup P_{36} = \{1, 2, 2^2, 2^3, 3, 3^2\} = P_{2^2 \cdot 3^2} = P_{72} = P_{[24, 36]}$$

Aufgabe 8.7: Führe die entsprechenden Rechnungen für weitere Zahlen aus dem Beispielmaterial der Seiten 98 und 107 durch.

Wir verallgemeinern die an den Beispielen erkannte Gesetzmäßigkeit in dem

Satz 8.3: Es ist

$$P_a \cap P_b = P_{(a,\, b)}$$

und

$$P_a \cup P_b = P_{[a,\, b]} \, .$$

Bemerkung: (a, b) und [a, b] errechnen sich als Produkte der in den Primärteilermengen $P_a \cap P_b$ bzw. $P_a \cup P_b$ enthaltenen Primzahlpotenzen mit dem für jedes p höchsten Exponenten.

Beweis: Sei mit den Bezeichnungen des Satzes 8.2

$$a = \prod_{i=1}^{r} p_i^{\alpha_i} \quad \text{und} \quad b = \prod_{i=1}^{r} p_i^{\beta_i} \quad \text{mit} \quad \alpha_i \geqslant 0 \quad \text{und} \quad \beta_i \geqslant 0.$$

t gehört genau dann zu $P_a \cap P_b$, wenn $t = p_i^{\gamma_i}$ ist mit $0 \leqslant \gamma_i \leqslant \min(\alpha_i, \beta_i)$ und $1 \leqslant i \leqslant r$.

Nun ist aber nach Satz 8.2 $(a, b) = \prod_{i=1}^{r} p_i^{\min(\alpha_i,\, \beta_i)}$, folglich stimmen die Mengen $P_a \cap P_b$ und $P_{(a, b)}$ überein. Die zweite Behauptung des Satzes folgt entsprechend.   q. e. d.

Die Überlegungen in diesem Abschnitt haben natürlich Konsequenzen für die auf den Seiten 92, 94 und 113 entwickelten Isomorphie. Entsprechend den Mengen *T* und *V* definieren wir *P* als Menge aller Primärteilermengen:

$$P = \{\, X | X = P_a, \, a \in \mathbb{N} \,\}.$$

Aufgabe 8.8: Vergleiche die Operationen $\cap$, $\cup$ bezüglich ihrer Abgeschlossenheit in den Mengen *T*, *V* und *P*.

Da die Abbildung $a \mapsto P_a$ bijektiv ist und die Relationsstrukturen $\sqcup$ und $\sqcap$ erhalten bleiben, gilt

$$(\mathbb{N}, \top, \sqcap, \sqcup) \simeq (P, \subseteq, \cap, \cup).$$

Hinsichtlich dieser Isomorphie bleiben keine Wünsche mehr, der Analogisierungsprozeß ist abgeschlossen. Wir merken an, daß die Unterscheidung von $\top$ und $\bot$, die sich allmählich anbahnte, jetzt entfallen kann. Wir wollen aber nicht das „neutrale" Symbol $\mid$ für $\top$ einführen.

Unser Umgang mit den natürlichen und den rationalen Zahlen beruht ganz wesentlich auf dem Fundamentalsatz der Arithmetik. Durch ständige Gewöhnung ist das so selbstverständlich geworden und so tief in unserem Vorwissen verankert, daß eine hohe Denkleistung dazu gehört, sich dessen bewußt zu werden. Unser Aufbau der „Teilbarkeit" intendiert einen Lernprozeß mit dem Ziel einer mathematischen Analyse und der systematischen Aufarbeitung des Vorwissens über die natürlichen Zahlen. Darum müssen wir jedesmal begründen, warum ein neuer Begriff gerade an der dafür von uns vorgesehenen Stelle sinnvoll eingeführt wird.

Wir haben den Primzahlbegriff konsequent aus den ersten Abschnitten herausgelassen und uns in Abschnitt 2.6 die ersten Primzahlen mit dem Sieb des Eratosthenes „verschaft". So wurde deutlich, daß und wie weit man Teilbarkeitslehre organisch entwickeln kann, ohne die Zerlegung der Zahlen in ihre multiplikativen Bausteine zu kennen. Andererseits sei die Möglichkeit erwähnt, daß man auf die primzahlfreie Teilbarkeitslehre nahezu ganz verzichten kann, wenn man direkt vom Zermeloschen Eindeutigkeitsbeweis ausgeht. Eine Durchmischung beider Ansätze erweist sich wenig sinnvoll. Durch unseren Aufbau wird dem Lernenden im Abschnitt 2.8 besonders deutlich gemacht, wie einfach Beweise von Sätzen sein können, um die wir uns vorher sehr bemühen mußten, und wie wir zu weiteren, vorher nicht beweisbaren Aussagen kommen, sofern es gelingt, geeignete Begriffsbildungen einzubringen. Das erhellt die Bedeutung des Primzahlbegriffs und des Fundamentalsatzes.

2.9. Über Anzahl und Verteilung der Primzahlen

Wir haben gesehen, daß den Primzahlen eine herausragende Bedeutung zukommt, da mit ihrer Hilfe grundlegende Eigenschaften der natürlichen Zahlen erkennbar werden. Das motiviert die Mathematiker zu einer intensiven Beschäftigung mit der Menge der Primzahlen. Die Primzahltheorie ist eines der schönsten, an genialen Ideen reichsten Gebiete der Mathematik, das in der Antike seinen Ursprung fand und bis heute an Aktualität nichts verloren hat. Trotzdem werden wir diesen Abschnitt sehr kurz halten.[33] Hier kommt es uns nur darauf an, bewußt zu machen, wie wenig Sätze über Primzahlen wir tatsächlich in der Teilbarkeitslehre benötigt haben, und darzulegen, welche Fragen über Primzahlen sich unmittelbar daran anschließen, also in die Primzahltheorie einführen.

Bei der Erforschung der Menge der Primzahlen drängt sich als erstes Problem die Frage nach der Anzahl der Primzahlen auf. Aus den bisherigen Sätzen, insbesondere aus dem Fundamentalsatz, läßt sich nicht unmittelbar, d.h. nicht ohne einen zusätzlichen Gedanken, entnehmen, ob es endlich oder unendlich viele Primzahlen gibt. Denn man kann aus endlich und aus unendlich vielen Primzahlen unendlich viele natürliche Zahlen multiplikativ aufbauen. Andererseits brauchten wir bisher auch noch keine Entscheidung darüber, so daß mit dieser Frage ein neues Gebiet eingeleitet wird.

---

33) Es empfiehlt sich, nach der Durcharbeitung dieses Abschnittes die von Schräder [14] didaktisch geschickt zusammengestellten, interessanten Fragen und Ergebnisse der Primzahltheorie nachzulesen. Als weitergehendes Buch sei auf Trost [15] verwiesen.

Die folgenden Daten geben Auskunft über die Anzahl der Primzahlen in aufeinanderfolgenden Intervallen zu je 100 Zahlen (1. Intervall: $1 \leqslant x < 100$, letztes Intervall $1900 < x \leqslant 2000$). Sie sind mit Hilfe des Siebes von Eratosthenes ermittelt.

25, 21, 16, 16, 17, 14, 16, 14, 15, 14, 16, 12, 15, 11, 17, 12, 15, 12, 12, 13

Wir beobachten, daß die Zahlen dieser Folge allmählich abnehmen, aber nicht monoton und sehr unregelmäßig. Um diesen Eindruck zu präzisieren, bestimmen wir aus diesen Daten die Anzahl der Primzahlen in aufeinanderfolgenden Intervallen zu je 500 Zahlen (1. Intervall: $1 \leqslant x \leqslant 500$, letztes Intervall $1500 < x \leqslant 2000$):

95, 73, 71, 64

Es ist mühsam, mit Hilfe des Siebverfahrens Primzahlen in Zahlintervallen auszuzählen. Aufgrund des obigen allerdings sehr spärlichen Zahlenmaterials scheinen die Primzahlen immer seltener zu werden. Aber sollten alle natürlichen Zahlen wirklich nur aus endlich vielen Primzahlen zusammengesetzt sein? Das ist sehr unwahrscheinlich! So einfach können doch die natürlichen Zahlen nicht gebaut sein! – Damit haben wir eine Meinung dokumentiert, und eine Meinung muß man ja schließlich haben. Diese gilt es zu untersuchen, also zu verifizieren oder zu falsifizieren.

Überlegen wir zunächst, was es heißt, daß die Menge der Primzahlen „unendlich" ist. Euklid sagt:[34] „Es gibt mehr Primzahlen als jede vorgelegte Anzahl von Primzahlen". Andere Wendungen lauten: Eine größte Primzahl gibt es nicht. Zu jeder noch so großen Primzahl kann man eine noch größere finden. Das sind Formulierungen im „Endlichen". Wollen wir sie für einen Beweis nutzen, so müssen wir zu gegebenen Primzahlen eine weitere Primzahl bestimmen oder doch deren Existenz nachweisen. Das erscheint schwierig.

„Einen nicht augenfälligen Beweis zu finden, ist eine beachtenswerte geistige Tat, aber einen solchen Beweis zu lernen oder ihn ganz zu verstehen, kostet auch ein gewisses Quantum geistiger Anstrengung".[35] Darum wollen wir G. Pólya folgend die Argumentation des sehr kurzen Euklidischen Beweises ausführlich darstellen.[36]

Wir wollen ganz unkonventionell ansetzen. Unser Ziel soll nämlich dadurch erreicht werden, daß wir den unwahrscheinlichen Fall ausmerzen. Dies ist der unwahrscheinliche Fall: Es gibt eine letzte, eine größte Primzahl, sie habe in der nach der Größe der Elemente geordneten Menge der Primzahlen die Nummer n. Also lautet die Menge P *aller* Primzahlen:

$$P = \{2, 3, 5, 7, 11, \ldots, p_n\}.$$

Wir glauben (argwöhnen), daß wir etwas Falsches hingeschrieben haben. Aber können wir erkennen, was daran falsch ist? Offenbar nicht.

Es ist klar, daß wir eine Aussage herleiten müssen, die *sichtbar* falsch ist, die *offensichtlich* widersinnig ist, aus der wir *direkt* ablesen können, daß etwas nicht in Ordnung ist.

---

34) Euklid [2, S. 204].
35) Pólya [12, S. 194].
36) Vgl. Pólya [12, S. 188 ff.]. – Es lohnt sich, Euklids Beweis [2, S. 204–205] nachzulesen, wenn der Gedankengang anhand unseres Textes verstanden ist.

Dazu bedarf es einer *Idee.* Und eine genial einfache Idee hatte Euklid. Wir folgen ihm und konstruieren die Zahl Q als das um 1 vergrößerte Produkt aus *allen* Primzahlen:

$$Q = 2 \cdot 3 \cdot 5 \cdot 7 \cdot 11 \ldots \cdot p_n + 1$$

Q ist eine natürliche Zahl größer als 1. Da wir einen Satz über Primzahlen beweisen wollen, bringen wir Q verständlicherweise mit uns bereits bekannten Aussagen in Zusammenhang. Wir fragen nach einem Primfaktor von Q.

Nach Satz 6.1 muß es (mindestens) eine Primzahl $p \in P$ geben, die Q teilt:

$$p \top Q.$$

Andererseits aber sehen wir, daß die Division $Q : p_k$, $p_k \in P$, $k = 1, 2, \ldots, n$, den Rest 1 ergibt: $Q = p_k \cdot x_k + 1$, also $p_k \not\top Q$. Da P aber alle Primzahlen enthält, können wir schreiben

$$p \not\top Q.$$

„$p \top Q$ und $p \not\top Q$", das ist aber offensichtlich unsinnig.

Wie können wir uns diesen Widersinn erklären? Wie kommen wir aus diesem Dilemma wieder heraus? Irgendetwas muß falsch sein. Das ist nicht Satz 6.1, den wir sorgfältig bewiesen haben. Auf der Suche nach einer Erklärung stoßen wir auf unsere Annahme, auf den unwahrscheinlichen Fall, daß P die Menge *aller* Primzahlen sei. Diese Annahme muß falsch sein und ihr Gegenteil richtig. Die Beseitigung des unwahrscheinlichen Falles heißt doch: Es gilt nicht, daß es endlich viele Primzahlen gibt, also gibt es unendlich viele.

Die Enttarnung des unwahrscheinlichen Falles läuft auf die Rehabilitierung unserer eigentlichen Meinung hinaus. Dieses Ergebnis formulieren wir in dem

Satz 9.1: Die Menge $\mathbb{P}$ der Primzahlen ist unendlich:

$$\mathbb{P} = \{2, 3, 5, 7, 11, \ldots\}.$$

Wir wissen nun, daß wir nach jedem Element der Primzahlfolge Punkte setzen dürfen als Zeichen dafür, daß die Folge niemals endet. Keiner kann unendlich viele Primzahlen bestimmen oder hinschreiben oder zählen. Trotzdem gelingt es, über Euklids einfachen und scharfsinnigen Schluß eine bindende Aussage zu machen über das Nichtabbrechen der Primzahlfolge.

Wir haben die Wahrheit einer Behauptung bewiesen, indem die entgegengesetzte Behauptung (ihr kontradiktorisches Gegenteil) widerlegt wurde. Das heißt bei Pólya so:[37] „Der indirekte Beweis hat so ein wenig Ähnlichkeit mit dem Kunstgriff des Politikers, der einen Kandidaten damit durchbringt, daß er den Ruf des Gegenkandidaten zerstört."

Aufgabe 9.1: Stelle den Euklidischen Beweis des Satzes 9.1 ohne „Beiwerk" dar.

Aufgabe 9.2: Mit der Existenzaussage des Satzes 9.1 ist noch kein sicherer Weg zur Konstruktion neuer Primzahlen aufgezeigt. Wir definieren $Q_n = 2 \cdot 3 \cdot 5 \ldots \cdot p_n + 1$, dann ist $n \mapsto Q_n$ eine Funktion in $\mathbb{N}$. Keineswegs ist der Wertebereich dieser Funktion eine Teilmenge von $\mathbb{P}$. Untersuche daraufhin Q_n für $1 \leqslant n \leqslant 5$.

---

37) Pólya [12, S. 188].

In Aufgaben des Abschnittes 2.3 hatten wir uns mit den Resten beschäftigt, die bei der Division einer natürlichen Zahl durch eine andere auftreten können. Daran knüpfen wir jetzt an.

Bei der Division durch 3 treten ausschließlich die Reste 0, 1, 2 auf; das führt zu einer Klasseneinteilung der Menge $\mathbb{N}_0$:

$$M_1 = \{x \mid x = 3k, k \in \mathbb{N}_0\}, \quad M_2 = \{x \mid x = 3k + 1, k \in \mathbb{N}_0\}, \quad M_3 = \{x \mid x = 3k + 2, k \in \mathbb{N}_0\}.$$

Es liegt nahe zu fragen, ob sich in den Teilmengen M_i, $i = 1, 2, 3$ jeweils endlich oder unendlich viele Primzahlen befinden. Offensichtlich enthält M_1 nur die Primzahl 3. Also müssen nach Satz 9.1 unendlich viele Primzahlen die Form $3k + 1$ oder $3k + 2$ haben. Diesen Überlegungen liegt eine *Verallgemeinerung* des Satzes 9.1 zugrunde. Das erkennt man sofort daran, daß bei Division durch 2 die Menge $\mathbb{N}$ in die Klasse $\mathbb{G}$ der geraden und in die Klasse $\mathbb{U}$ der ungeraden Zahlen zerfällt. So sagt der Satz 9.1, daß in $\mathbb{G}$ als einzige Primzahl 2 liegt und daß $\mathbb{U}$ unendlich viele Primzahlen enthält. Unter diesem Aspekt liegt es nahe, auch den Euklidischen Beweis zu verallgemeinern. Wir wollen sehen, ob wir die folgende Behauptung nachweisen können:

Satz 9.2: Es gibt unendlich viele Primzahlen der Form $3k + 2$, $k \in \mathbb{N}_0$; d.h. in $M_3 = \{3k + 2, k \in \mathbb{N}_0\}$ liegen unendlich viele Primzahlen.

Beweis: Wir bemerken, daß $M_3 = \{x \mid x = 3k + 2, k \in \mathbb{N}_0\} = \{x \mid x = 3k - 1, k \in \mathbb{N}\}$ ist.

Gegenannahme: Die Menge $P = \{2, 5, 11, 17, \ldots, p_n\}$ der Primzahlen in der Menge M_3 ist endlich.

Wir bilden die Zahl $Q = 3 \cdot (2 \cdot 5 \cdot 11 \cdot 17 \ldots \cdot p_n) - 1$, die Element von M_3 (aber nicht von P) ist.

Nach dem Fundamentalsatz 7.1 gilt $\displaystyle\prod_{p=1}^{s} q_i = Q$. Offenbar sind alle Primzahlen q_i von den in P enthaltenen Primzahlen verschieden: $q_i \notin P$, für $1 \leqslant i \leqslant s$, denn anderenfalls müßte nach Satz 1.2 b) und Aufgabe 1.7 $q_i \mathrm{T} - 1$, was für kein $1 \leqslant i \leqslant s$ zutrifft.

Diese Erkenntnis berechtigt uns allerdings noch nicht zu dem Schluß, daß es unendlich viele Primzahlen in M_3 gibt. Es könnte ja sein, daß alle q_i, $1 \leqslant i \leqslant s$, (also die Primzahlen, die in der Primfaktorzerlegung von Q vorkommen) in M_1 und M_2 enthalten sind. Einzige Primzahl von M_1 ist aber das Element 3, für das gilt: $3 \mathrm{\mp} Q$. Wären nun alle Primzahlen q_i, $1 \leqslant i \leqslant s$, Elemente von M_2 (also von der Form $3k + 1$), so müßte wegen der Abgeschlossenheit der Multiplikation in M_2 (vgl. Aufgabe 7.1 (a)) $Q \in M_2$ sein. Folglich gilt für mindestens ein i, $1 \leqslant i \leqslant s$, sagen wir für $i = k$: $q_k \mathrm{T} Q$ und $q_k \in M_3$.

Damit ist die Gegenannahme als falsch erkannt und der Satz bewiesen.

Wir wollen versuchen, durch die folgende Aufgabe tiefer in den Beweisgang einzudringen.

Aufgabe 9.3: Vergleiche die Beweise der Sätze 9.1 und 9.2. (Beachte dabei den eben genannten Aspekt der Klasseneinteilung $\mathbb{N} = \mathbb{G} \cup \mathbb{U}$). Welchen Klassen ist die Zahl Q jeweils entnommen? Warum haben wir die Zahl 3 vor das Primzahlprodukt gesetzt? Welche

Zahl beim Euklidischen Beweis entspricht ihr? Warum haben wir die Schreibweise $3k + 2$ gegen $3k - 1$ ausgewechselt? Wollen wir bei der Darstellung $3k + 2$ bleiben, ist Q so festzulegen: $Q = 3 \cdot (5 \cdot 11 \cdot 17 \cdot \ldots \cdot p_n) + 2$. Als Teiler von Q wird $2 \in P$ ausgeschlossen, da Q ungerade ist.

Auf welche analogen Fälle läßt sich der Beweis des Satzes 9.2 übertragen? Warum versagt die Schlußweise, wenn man versuchen will nachzuweisen, daß auch in M_2 unendlich viele Primzahlen sind?

Aufgabe 9.4: Beweise, daß es unendlich viele Primzahlen der Formen $4k + 3$, $6k + 5$ gibt.

Die Terme $ak + d$, $k \in \mathbb{N}_0$ definieren arithmetische Folgen. Eine arithmetische Folge kann nur dann unendlich viele Primzahlen enthalten, wenn $(a, d) = 1$ ist. (Warum?) Der Satz 9.2 und die Aufgabe 9.4 lassen uns *vermuten*, daß $(a, d) = 1$ nicht nur notwendig, sondern sogar hinreichend dafür ist, daß die durch den Term $ak + d$, $k \in \mathbb{N}_0$ definierte arithmetische Folge unendlich viele Primzahlen enthält. Durch Abwandlungen des obigen Beweises läßt sich die Vermutung für weitere Spezialfälle bestätigen.[38]

L. Dirichlet bewies: In jeder arithmetischen Folge, deren Anfangsglied zur Differenz teilerfremd ist, gibt es unendlich viele Primzahlen.

Wir merken hier an, daß man den Beweis dieses Satzes nicht durch Verallgemeinerung des obigen Beweisgedankens erhält, sondern dieser schwierige Beweis erfordert zusätzliche Ideen. D.h. die Spezialfälle stützen zwar die Behauptung, tragen aber zum Finden eines Beweises nichts bei.

Aufgabe 9.5: Zeige, daß es nicht zwei Zahlen a und d so gibt, daß der Wertebereich der Funktion $n \mapsto f(n) = an + d$ nur Primzahlen enthält.

Auf L. Euler geht die Funktion $n \mapsto g(n) = n^2 + n + 41$ zurück, auch „Eulersches Trinom" genannt. Sie soll uns zeigen, wie vorsichtig wir induktiv gewonnene Aussagen einschätzen müssen. Es ist $g(0) = 41$, $g(1) = 43$, $g(2) = 47$, $g(3) = 53$, $g(4) = 61$, $g(5) = 71$. Prüfen wir systematisch weiter, so ergeben sich zunächst als Funktionswerte ohne Unterbrechung Primzahlen. Sollte der Wertebereich dieser Funktion ausschließlich aus Primzahlen bestehen? — Das ist nicht der Fall. Auf die erste zusammengesetzte Zahl stoßen wir bei $n = 40 : g(40) = 40^2 + 40 + 41 = 40 (40 + 1) + 41 = 41 (40 + 1) = 41^2$.

Es ist noch ungeklärt, ob der Wertebereich des Eulerschen Trinoms unendlich viele Primzahlen enthält oder nicht.

Die verschiedenen Fragen dieses Abschnittes haben uns an das Problem herangeführt, wie sich die Primzahlen in der Folge der natürlichen Zahlen verteilen.

Besonders auffallend ist das folgende „extreme Verhalten":

(a) Erfahrungsgemäß findet man immer wieder Primzahlen p, so daß $p + 2$ Primzahl ist. Zwei Primzahlen mit dem minimalen Abstand 2 heißen *Primzahlzwillinge*. Vermutet wird die Existenz von unendlich vielen Primzahlzwillingen. Diese Vermutung läßt sich vielfach stützen, aber bisher noch nicht beweisen.

---

38) Vgl. etwa Agnew [1, 4.1].

Beispiele: 3, 5; 17, 19; 239, 241; 1871, 1873; 1997, 1999; 10 016 957, 10 016 959.

(b) Andererseits lassen sich leicht beliebig lange primzahlfreie Lücken nachweisen. Dazu erinnern wir an die Zahl Q, die wir auf Seite 130 beim Beweis des Satzes 9.1 konstruiert haben. Setzen wir das Produkt aus den n ersten Primzahlen $2 \cdot 3 \cdot \ldots \cdot p_n = s$, dann enthält die aus $p_n - 1$ Zahlen bestehende Folge $s + 2$, $s + 3$, $s + 4$, ..., $s + p_n$ keine Primzahl. (Warum?)

Definition 9.1: Unter $\pi(x)$ versteht man die Anzahl der Primzahlen p, die kleiner oder gleich x sind. $\pi(x)$ heißt *Primzahlfunktion*.

Beispielsweise ist $\pi(10) = 4$, $\pi(17,9) = 7$, $\pi(100) = 25$; $\pi(2000) = 303$; $\pi(p_n) = n$.

$\pi(x)$ ist eine (nicht streng) monotone Funktion, d.h.

$$\pi(x_1) \leqslant \pi(x_2) \quad \text{für} \quad x_1 < x_2,$$

die nach Satz 9.1 für hinreichend großes x jede noch so große Zahl überschreitet, d.h.
$$\lim_{x \to \infty} \pi(x) = \infty.$$

Das Studium umfangreicher Primzahlentabellen bestätigt den von uns auf der Seite 130 anhand des sehr kleinen Intervalls $1 \leqslant x \leqslant 2000$ gewonnenen Eindruck: Im einzelnen verteilen sich die Primzahlen sehr unregelmäßig, aber im Mittel nimmt ihre Dichte ab. Das große Problem besteht nun darin, die Verteilung der Primzahlen zu beschreiben, d.h. die Funktion $\pi(x)$ durch eine Kombination $f(x)$ bekannter von den Primzahlen unabhängiger Funktionen darzustellen. Die Entdeckung solcher Funktionen für die Beschreibung der Primzahlfunktion ist ein hervorragendes Beispiel für induktives Vorgehen in der Mathematik. Darum ist dieser Sachverhalt für uns hier von großer Bedeutung.

Da die Verteilung der Primzahlen sehr unregelmäßig ist, kann nicht eine exakte Darstellung von $\pi(x)$ durch $f(x)$ erwartet werden. Ziel mußte von vornherein eine „angenäherte" Darstellung sein, und zwar in folgendem Sinne: Gesucht ist $f(x)$, so daß

$$\lim_{x \to \infty} \frac{\pi(x)}{f(x)} = 1.$$

Man sagt dann: $\pi(x)$ ist „asymptotisch gleich" $f(x)$. Das bedeutet: für hinreichend großes x ist der Quotient aus $\pi(x)$ und $f(x)$ zwar nicht gleich 1, aber hinreichend genau gleich 1. Dann ist auch

$$\lim_{x \to \infty} \frac{\pi(x) - f(x)}{\pi(x)} = 0;$$

d.h. der Fehler $\pi(x) - f(x)$ wird im Verhältnis zu der wahren Anzahl der Primzahlen $\pi(x)$ mit $x \to \infty$ beliebig klein.

Aber auch diese Aufgabe, die unter dem Namen „Primzahlproblem" bekannt wurde, erwies sich als sehr schwer. Die Geschichte des Primzahlproblems beginnt mit einer langen heuristischen Phase, in der anhand von Zahlenmaterial Vermutungen aufgestellt, korrigiert und gestützt wurden. Allerdings muß hervorgehoben werden, daß bereits die Beschaffung des erforderlichen Zahlenmaterials, also hinreichend umfangreicher Primzahltabellen, kompliziert und zeitaufwendig war und sich dabei zahlreiche Fehler nicht vermeiden ließen. Nachdem mancherlei Mutmaßungen über eine Gesetzmäßigkeit der

Primzahlverteilung mehr in spekulativer Art aufgetaucht waren, gelang Legendre im Jahre 1798 eine bemerkenswerte Erkenntnis zum Primzahlproblem, die er 1808 präzisierte. Dabei verwandte er ein Modell des Eratosthenischen Siebes.

Wir zitieren zunächst die Äußerung Legendres[39] aus dem Jahre 1798, in der a eine natürliche Zahl und b die Anzahl der Primzahlen $\leqslant$ a, also b = π(a), bezeichnet.

„Au reste, il est vraisemblable que la formule rigoureuse gui donne la valeur de b lorsque a est très-grand, est de la forme b = $\dfrac{a}{A \log. a + B}$, A et B étant des coefficiens constans, et log. a désignant un logarithme hyperbolique. La détermination exacte de ces coefficiens seroit un problême curieux et digne d'exercer la sagacité des Analystes."

Im Jahre 1808 schrieb Legendre:

„Quoique la suite des nombres premiers soit extrêmement irrégulière, on peut cependant trouver avec une précision très-satisfaisante, combien il y a de ces nombres depuis 1 jusqu' à une limite donnée x. La formule qui résout la question est

$$y = \frac{x}{\log. x - 1.08366} \, ,$$

log. x étant un logarithme hyperbolique."

Legendre vermutete also, daß π(x) asymptotisch gleich $\dfrac{x}{\log x - 1.08366}$ ist.[40] Damit würde selbstverständlich auch $\dfrac{x}{\log x}$ diese Forderung erfüllen. Die Konstante 1,08366 wird erst bei einer genaueren Fehlerabschätzung wichtig.

Auch Gauß hatte sich mit der Primzahlverteilung beschäftigt und war unabhängig zu ähnlichen Ergebnissen wie Legendre gekommen. Seine Methode bestand im Auszählen der Primzahlen in Intervallen zu je 1000 Zahlen, und er vermutete, daß die Funktion $\dfrac{1}{\log x}$ die durchschnittliche Dichte der Verteilung, also $\displaystyle\int_{2}^{x} \frac{dn}{\log n}$ die Funktion π(x), approximiert. Gauß hat aber darüber nichts veröffentlicht. In einem Brief an den Mathematiker Enke vom 24.12.1849 berichtet er über seine Vermutungen zur Beschreibung der Primzahlfunktion. Dies ist der Wortlaut des interessanten Briefes:[41]

Hochzuverehrender Freund!

– – Die gütige Mittheilung Ihrer Bemerkungen über die Frequenz der Primzahlen ist mir in mehr als einer Beziehung interessant gewesen. Sie haben mir meine eigenen Beschäftigungen mit demselben Gegenstande in Erinnerung gebracht, deren erste Anfänge in eine sehr entfernte Zeit fallen, ins Jahr 1792 oder 1793,[42] wo ich mir die LAMBERT'schen Supplemente zu den Logarithmentafeln angeschafft hatte. Es war noch ehe ich mit feineren Untersuchungen aus der höhern Arithmetik mich befasst hatte eines meiner ersten Geschäfte, meine Aufmerksamkeit auf die abnehmende Frequenz

---

39) Nach Landau [7, S. 5].
40) log x bedeutet den natürlichen Logarithmus, also den Logarithmus zur Basis e.
41) Gauß [3, S. 444–447].
42) Gauß ist im Jahre 1777 geboren, er war also zu der Zeit 15 bis 16 Jahre alt. Der Brief wurde in seinem 72. Lebensjahr verfaßt.

der Primzahlen zu richten, zu welchem Zweck ich dieselben in den einzelnen Chiliaden[43] abzählte, und die Resultate auf einem der angehefteten weissen Blätter verzeichnete. Ich erkannte bald, dass unter allen Schwankungen diese Frequenz durchschnittlich nahe dem Logarithmen verkehrt proportional sei, so dass die Anzahl aller Primzahlen unter einer gegebenen Grenze n nahe durch das Integral

$$\int \frac{dn}{\log n}$$

ausgedrückt werde, wenn der hyperbolische Logarithm. verstanden werde. In späterer Zeit, als mir die in VEGA's Tafeln (von 1796) abgedruckte Liste bis 400031 bekannt wurde, dehnte ich meine Abzählung weiter aus, was jenes Verhältnis bestätigte. Eine grosse Freude machte mir 1811 die Erscheinung von CHERNAC's cribrum, und ich habe (da ich zu einer anhaltenden Abzählung der Reihe nach keine Geduld hatte) sehr oft einzelne unbeschäftige Viertelstunden verwandt, um bald hie bald dort eine Chiliade abzuzählen; ich liess jedoch zuletzt es ganz liegen, ohne mit der Million ganz fertig zu werden. Erst später benutzte ich GOLDSCHMIDT's Arbeitsamkeit, theils die noch gebliebenen Lücken in der ersten Million auszufüllen, theils nach BURCKHARDT's Tafeln die Abzählung weiter fortzusetzen. So sind (nun schon seit vielen Jahren) die drei ersten Millionen abgezählt, und mit dem Integralwerth verglichen. Ich setze hier nur einen kleinen Extract her:

Unter	gibt es Primzahlen	Integral $\int \frac{dn}{\log n}$	Abweich.	Ihre Formel	Abweich.
500000	41556	41606,4	+ 50,4	41596,9	+ 40,9
1 000000	78501	79627,5	+ 126,5	78672,7	+ 171,7
1 500000	114112	114263,1	+ 151,1	114374,0	+ 264,0
2 000000	148883	149054,8	+ 171,8	149233,0	+ 350,0
2 500000	183016	183245,0	+ 229,0	183495,1	+ 479,1
3 000000	216745	216970,6	+ 225,6	217308,5	+ 563,5

Dass LEGENDRE sich auch mit diesem Gegenstande beschäftigt hat, war mir nicht bekannt, auf Veranlassung Ihres Briefes habe ich in seiner Théorie des Nombres nachgesehen, und in der zweiten Ausgabe einige darauf bezügliche Seiten gefunden, die ich früher übersehen (oder seitdem vergessen) haben muss. LEGENDRE gebraucht die Formel

$$\frac{n}{\log n - A},$$

wo A eine Constante sein soll, für welche er 1,08366 setzt. Nach einer flüchtigen Rechnung finde ich danach in obigen Fällen die Abweichung

- 23,3
+ 42,2
+ 68,1
+ 92,8
+ 159,1
+ 167,6

---

43) Eine Chiliade bedeutet ein Intervall von 1000 Zahlen.

Diese Differenzen sind noch kleiner als die mit dem Integral, sie scheinen aber bei zunehmendem n schneller zu wachsen als diese, so dass leicht möglich wäre, dass bei viel weiterer Fortsetzung jene die letztern überträfen. Um Zählung und Formel in Uebereinstimmung zu bringen, müsste man respective anstatt A = 1,08366 setzen

    1,09040

    1,07682

    1,07582

    1,07529

    1,07179

    1,07297

Es scheint, dass bei wachsendem n der (Durchschnitts-)Werth von A abnimmt, ob aber die Grenze beim Wachsen des n ins Unendliche 1 oder eine von 1 verschiedene Grösse sein wird, darüber wage ich keine Vermuthung. Ich kann nicht sagen, dass eine Befugnis da ist, einen ganz einfachen Grenzwerth zu erwarten;[44] von der andern Seite könnte der Ueberschuss des A über 1 ganz füglich eine Grösse von der Ordnung $\frac{1}{\log n}$ sein. Ich würde geneigt sein zu glauben, dass das Differential der betreffenden Function einfacher sein muss, als die Function selbst. Indem ich für jene $\frac{dn}{\log n}$ vorausgesetzt habe, würde LEGENDRE's Formel eine Differentialfunction voraussetzen, die etwa $\frac{dn}{\log n - (A - 1)}$ wäre. Ihre Formel übrigens würde für ein sehr grosses n als mit

$$\frac{n}{\log n - \dfrac{1}{2k}}$$

übereinstimmend betrachtet werden können, wo k der Modus der BRIGGI'schen Logarithmen ist, also mit LEGENDRE's Formel, wenn man

$$A = \frac{1}{2k} = 1,1513 \quad \text{setzt.}$$

Endlich will ich noch bemerken, dass ich zwischen ihren Abzählungen und den meinigen ein Paar Differenzen bemerkt habe.

Zwischen	59000	u.	60000	haben Sie	95	ich	94
	101000		102000		94		93

Die erste Differenz hat vielleicht ihren Grund darin, dass in LAMBERT's Suppl. die Primzahl 59023 zweimal aufgeführt ist. Die Chiliade von 101000−102000 wimmelt in LAMBERT's Supplementen von Fehlern, ich habe in meinem Exemplare 7 Zahlen angestrichen, die keine Primzahlen sind, und dagegen 2 fehlende eingeschaltet. Könnten Sie nicht den jungen DASE veranlassen, dass er die Primzahlen in den folgenden Millionen aus denjenigen bei der Akademie befindlichen Tafeln abzählte, die wie ich fürchte das Publicum nicht besitzen soll? Für diesen Fall bemerke ich, dass in der 2. und 3. Million die Abzählung auf meine Vorschrift nach einem besonderen Schema gemacht ist, welches ich selbst auch schon bei einem Theile der ersten Million angewandt hatte. ...

Doch es ist Zeit abzubrechen. − −− Unter herzlichen Wünschen für Ihr Wohlbefinden

Stets der Ihrige

Göttingen, 24. Dezember 1849.	C. F. GAUSS.

---

44) Gauß glaubt also, daß $\frac{x}{\log x}$ die Primzahlfunktion asymptotisch beschreibt; er ist aber skeptisch, ob die von Legendre angenommene Konstante 1,08366 zutrifft.

Die folgende mit modernen Hilfsmitteln erstellte Tabelle[45] zeigt uns die asymptotische Beschreibung der Primzahlfunktion durch die Näherungsfunktionen

$$\frac{x}{\log x} \quad \text{und} \quad \int_2^x \frac{dn}{\log n}.$$

Letztere approximiert $\pi(x)$ besser; diese der Tabelle zu entnehmende Vermutung läßt sich beweisen.

x	$\pi(x)$	$\int_2^x \frac{dn}{\log n}$	$\pi(x) : \int_2^x \frac{dn}{\log n}$	$\pi(x) : \frac{x}{\log x}$
1000	168	177	0,94	1,159
10000	1229	1245	0,98	1,132
50000	5133	5166	0,993	1,111
100000	9592	9629	0,996	1,104
500000	41538	41605	0,9983	1,090
1000000	78498	78627	0,9983	1,084
2000000	148933	149054	0,9991	1,080
5000000	348513	348637	0,9996	1,075
10000000	664579	664917	0,9994	1,071
20000000	1270607	1270904	0,9997	1,068
90000000	5216954	5217809	0,99983	1,062
100000000	5761455	5762208	0,99986	1,061
1000000000	50847478	50849234	0,99996	1,053

Die Ausführungen von Legendre und Gauß verdeutlichen uns eindrucksvoll, daß hier zwei geniale Mathematiker trotz unzulänglicher Primzahltabellen für die im einzelnen sehr unregelmäßige Primzahlverteilung eine Regelmäßigkeit im großen entdeckten und diese in mathematische Gesetzmäßigkeit zu formulieren verstanden. Gauß und Legendre waren aber auch so genial zu erkennen, daß ein Beweis mit den damaligen Methoden nicht gelingen konnte. Unabhängig voneinander und fast gleichzeitig bewiesen Hadamard und de la Vallée Poussin im Jahre 1896 den Primzahlsatz. Seitdem wurden mehrere sehr verschiedene Beweise dieses berühmten Satzes gefunden, die uns Aufschluß über die logische Struktur der Primzahlverteilung vermittelten und zur Verfeinerung der Fehlerabschätzung führten. Die gegenwärtige Primzahltheorie verdankt ihre Ergebnisse vor allem der Weiterentwicklung des Eratosthenischen Siebes.[46]

---

45) Nach Trost [15, S. 66].
46) Eine systematische Einführung in die Siebverfahren geben Halberstam und Richert [5].

Literatur

[1] *Agnew, J.:* Explorations in number theory. Montery, California 1972

[2] *Euklid:* Die Elemente. (Übersetzt und herausgegeben von C. Thaer), Darmstadt 1971

[3] *Gauß, C. F.:* Werke. Zweiter Band. Göttingen 1876

[4] *Gerhardts, M.-D.:* Teilbarkeitsgraphen. In: Der Mathematikunterricht, 18 (1972), Heft 2, S. 76—87

[5] *Halberstam, H.* und *H.-E. Richert:* Sieve methods. London — New York — San Francisco 1974

[6] *Joachim, E.:* Einführung in die Algebra. tutorial-Reihe Mathematik. Düsseldorf 1971

[7] *Landau, E.:* Handbuch der Lehre von der Verteilung der Primzahlen. Erster Band. 1. Auflage 1909. Nachdruck 1974

[8] *Lugowski, H.* und *H.-J. Weinert:* Grundzüge der Algebra, Teil II. Leipzig^3 1968

[9] *Maxfield, J. E.* und *M. W. Maxfield:* Discovering number theory. Philadelphia — London — Toronto 1972

[10] *Neß, W.:* Beispiel und Gegenbeispiel in der Mathematik. Praxis der Mathematik **1** (1959), S. 118—121

[11] *Padberg, F.:* Teilbarkeitsgraphen von Teilermengen. In: Der Mathematikunterricht **19** (1973), Heft 2, S. 16—35

[12] *Pólya, G.:* Schule des Denkens. Bern — München 1967^2

[13] *Pólya, G.:* Mathematik und plausibles Schließen. Band 1. Basel — Stuttgart 1962

[14] *Schräder, W.:* Einführung in die Zahlentheorie. tutorial-Reihe Mathematik. Düsseldorf 1973

[15] *Trost, E.:* Primzahlen. Basel — Stuttgart 1968^2

[16] *Werner, H.:* Einige Aufgabenstellungen der Informatik. In: Math.-Phys. Semesterberichte, Neue Folge, **20** (1973), Heft 1, S. 114—134

[17] *Worobjow, N. N.:* Teilbarkeitskriterien. Berlin 1972

Über Induktion beim Mathematiklernen

Martin Glatfeld und Erich Christian Schröder

„,,Begriff' ist ein vager Begriff''
(L. Wittgenstein, Schriften Bd. 6, S. 433)

1. Zum Begriff der mathematikdidaktischen Induktion

Die kritisch motivierten Ausführungen dieses Beitrags beziehen sich auf ein Problem, dem, wie wir meinen, in der Mathematikdidaktik zu wenig Aufmerksamkeit gewidmet zu werden pflegt: das Problem des Sprachgebrauchs. Man benutzt vielfach einen durch Gewöhnung fixierten Bestand an Arbeitsbegriffen wie „Gegenstände der Mathematik", „Begriffe", „Schlüsse", „Induktion", „Beweis", „Operation" u. a. in selbstverständlicher Weise, so als wären diese Arbeitsbegriffe klar, ja, als wäre wenigstens ihr Begriffs-Status unzweideutig.

So spricht z. B. Georg Pólya[1] davon, daß seine „plausiblen" und „demonstrativen" Methoden in der Mathematik, deren Unterscheidung mathematisch und mathematikdidaktisch interessant, aber aus den hier zu erörternden Gründen noch nicht endgültig sein kann, *Schluß*verfahren wären, ohne zureichende Reflexion darauf, was „schließen" in einem „heuristischen" Sinn in der Mathematik besagen kann.

Daher treten auch die wichtigsten „plausiblen" Methoden, die er nennt, nämlich „Verallgemeinerung", „Spezialisierung", „Analogie" und „Induktion", in einer Aneinanderreihung auf, als lägen sie allesamt und sogar mit den „demonstrativen" Methoden zusammen auf derselben Ebene der „Schlußverfahren".[2]

Natürlich kann nicht jeder Versuch im Felde der Mathematikdidaktik mit einer Aufarbeitung der philosophisch-logischen Grundlagen-Diskussion beginnen. Andererseits sollte aber die Mathematikdidaktik die Ergebnisse dieser Diskussion auch nicht gänzlich vernachlässigen. Sie kann sich dies aus naheliegenden Gründen vermutlich noch weniger leisten als die mathematische Forschung selbst.

Freilich vermögen wir hier eine entsprechende Umorientierung der Mathematikdidaktik keineswegs zu leisten; wir können aber vielleicht einige zunächst noch grobe Hinweise auf die Richtung einer solchen Umorientierung geben, indem wir versuchen, traditionelle Verkrustungen im mathematikdidaktischen Sprachgebrauch bewußt zu machen und dadurch auflösen zu helfen.

Mit dem Bild der „Verkrustung" meinen wir den Tatbestand, daß überlieferte Gewohnheitshaltungen und Überzeugungen sich mit der Zeit ihrer unter bestimmten Hinsichten erfolgreichen Anwendung dem Bewußtsein des Gebundenseins ihrer Geltung an eben diese Hinsichten entziehen, sich also im Modus der Selbstverständlichkeit absoluter Voraussetzungen „institutionalisieren" und auf diese Weise unbefangene neue Hinsichten

---

1) Pólya [19, insb. Vorwort, sowie Kap. 1 und II]. — Dieses Buch wurde bereits in den Teil 1 des vorhergehenden Beitrags einbezogen.
2) Pólya Bd. 2, des unter [19] genannten Titels.

behindern. Im allgemeinen bezieht man diesen Tatbestand auf politisch-soziales, nicht aber auf theoretisches Verhalten. Wir meinen jedoch, daß im Bereich theoretischer Fragestellungen — erst recht, wenn es sich um handlungs-theoretische handelt, — eine Auflösung von Verkrustungen mindestens ebenso relevant ist wie im Bereich des Politisch-Gesellschaftlichen (wobei hier die Fragwürdigkeit solcher Bereichs-Unterscheidungen auf sich beruhen kann).

Unter einer derartigen Hinsicht möchten wir den mathematikdidaktischen Gebrauch des Wortes „Induktion" kritisch diskutieren. Wenn wir uns dabei nicht mit konkreten Beispielen aus der Literatur auseinandersetzen, so deswegen nicht, weil ein solches Vorgehen einen ungleich größeren Raum beanspruchen würde, als er hier zur Verfügung steht. Wir beschränken uns auf einen typischen Zug des bisherigen Gebrauchs des Wortes „Induktion" in der Mathematikdidaktik, der sich durch eine gewisse Plausibilität auszuzeichnen scheint.

Dieser typische Zug liegt darin, daß der Gebrauch des Wortes „Induktion" aus der erfahrungswissenschaftlichen Logik und Methodologie auf die Mathematik und den Mathematikunterricht übertragen wird. So ist die Induktion nach Pólya etwa ein „Verfahren, nach dem sich der Wissenschaftler mit der Erfahrung auseinandersetzt"[3]. Die Offenheit dieser Formulierung darf nicht darüber hinwegtäuschen, daß hier der Gebrauch des Wortes „Induktion" dem Modell eines logisch aufschlüsselbaren, also in folgerichtige Schritte auseinanderlegbaren Verfahrens der Vermittlung des Besonderen mit dem Allgemeinen verpflichtet ist. Demnach wird bei der Induktion vom Besonderen — auf der Basis möglichst zahlreicher „Fälle" — auf das Allgemeine *geschlossen*. Wir meinen indessen, daß die Selbstverständlichkeit dieses Induktionsmodells ein zwar geschichtlich verständliches, nichtsdestoweniger sachlich einseitiges und daher unzulängliches Vorverständnis von „Induktion" impliziert, das schon in der Logik zu erheblichen Schwierigkeiten geführt hat, das unter mathematikdidaktischen Gesichtspunkten jedoch eher verdunkelnd als erhellend wirkt. Die Relevanz dieser Problematik für das Erlernen und Lehren von Mathematik liegt auf der Hand, denn nur durch „induktive" Verfahren können erste und immer neue Anfänge im Mathematik-Lernen gemacht werden. Die Selbstverständlichkeit des Modells läßt die Fragwürdigkeit des Gebrauchs der Wörter „Besonderes", „Allgemeines" und „schließen" ebenso wenig bewußt werden wie die der Disjunktion zwischen Besonderem und Allgemeinem. In dieser Selbstverständlichkeit zeigt sich der Niederschlag einer langen Geschichte wissenschaftstheoretischer und -methodologischer Bemühungen, die sich von Aristoteles herleiten, inzwischen aber fraglos das „Besondere", das „Allgemeine", das Verfahren der Vermittlung zwischen ihnen, ja überhaupt das „Denken" und „Erkennen" nach einem implizit verbindlichen ontologischen Schema interpretieren. Die Macht solcher Geschichtssedimente darf nicht verharmlost werden; daher liegt in unserer kritischen Erörterung auch keinerlei Vorwurf an die Adresse von Mathematikdidaktikern, denn daß diese sich daran orientieren, was in der allgemeinen wissenschaftstheoretischen Überlieferung als eingebürgerter Gebrauch des Wortes „Induktion" sich findet, kann ihnen niemand verdenken.

---

3) Pólya [19, S. 22].

Wenn wir nun die traditionelle, typisch vereinfachte Auffassung der Induktion als die des Übergangs vom Einzelnen zum Allgemeinen aufgrund der Beobachtung möglichst vieler „Fälle" beschreiben dürfen, so erhebt sich die Frage, ob diese Beschreibung das Wesentliche an der didaktischen Induktion überhaupt treffen kann. Wir erörtern diese Frage, indem wir in diesem 1. Teil erstens — unter einstweiliger Zurückstellung einer Klärung des Gebrauchs der Wörter „Einzelnes" bzw. „Besonderes" und „Allgemeines" — bei Aristoteles, dem Begründer der Induktionsproblematik, anfragen, wie er denn selbst das entsprechende Wort ("epagoge") verwendet hat, zweitens eine Skizze der didaktischen Induktion im allgemeinen geben und drittens die didaktische Induktion in Bezug auf Mathematik zu verdeutlichen suchen. Bei diesem dritten Schritt müssen wir dann auch die zurückgestellte Frage nach dem mathematisch und didaktisch angemessenen Gebrauch der Wörter „Einzelnes" und „Allgemeines" diskutieren.

1.1. Induktion bei Aristoteles

Der Rückgriff auf Aristoteles hat hier natürlich keine historiologischen Motive. Er soll uns vielmehr das Phänomen der Induktion selbst in seiner eigentümlichen Vieldimensionalität, wie es von Aristoteles gesehen worden ist, vor Augen führen und damit aus der einseitigen Blickbahn späterer Wissenschaftslogik lösen helfen. Dabei darf allerdings nicht der Eindruck entstehen, als gäbe es bei Aristoteles eine ausgearbeitete Theorie der Induktion. Nicht einmal das Wort "epagoge" (bzw. das zugehörige Verbum "epagein") ist bei ihm auf einen bestimmten Gebrauch fixiert. Doch liegt gerade in dieser Flexibilität der „phänomenologischen" Sichtweise des Aristoteles der Wert für unsere Zwecke.[4]

Aristoteles gebraucht das Wort "epagoge" in verschiedenen Zusammenhängen. In der Topik spielt die epagoge ihre Rolle im Rahmen einer Unterweisung in der Kunst, seine Gegner im dialektischen Frage- und Antwortspiel zu überwinden[5]. Hier ist sie eine der Arten gesprächsweiser Begründung von Behauptungen durch „einleuchtende" Sätze. In diesem Zusammenhang gibt Aristoteles auch die einzige explizite Definition: „Epagoge ist der Weg vom jeweils Besonderen zu dem bestimmend Allgemeinen"[6]. In den Analytica Posteriora dagegen geht es um die aus Gründen beweisende, d. h. wissenschaftliche Erkenntnis. Alles Beweisen basiert letztlich auf ersten unbeweisbaren Sätzen. Deren Erkenntnis beruht auf epagoge. Während in der Dialektik die Sätze, von denen man ausgeht, nur „einleuchtend" zu sein brauchen, müssen die ersten Beweisgründe einer Wissenschaft wahr und notwendig sein. Also muß auch die epagoge hier anders fungieren als in der Gesprächskunst. Wie, wird allerdings nicht ausgeführt. Die epagoge wird lediglich als ein „Können der Seele" bezeichnet[7], genauer als eine besondere Erkenntnisfähigkeit mit dem Namen „Vernunft" ("nous"). Der einzige Hinweis auf die Funktionsweise der epagoge liegt in einem Vergleich mit der Wahrnehmung: „Es ist also offenbar, daß wir die ersten (Beweisgründe) notwendigerweise durch epagoge kennen lernen. Denn auf diese

---

4) Vgl. zum folgenden: v. Fritz [12] und Kapp [16].
5) v. Fritz [12, S. 22 ff.].
6) Aristoteles [5, A 12, 105 a 13].
7) Aristoteles [1, B 19, 100 a 13].

Weise bildet uns auch die Wahrnehmung das Allgemeine ein"[8]. Dazu bemerkt Ernst Kapp:
„Die Lösung dieses Geheimnisses der Induktion — soweit Aristoteles eine Lösung bietet —
ist also, daß der Seele eine intuitive Fähigkeit innewohnt, die sie in den Stand setzt,
unbeweisbare allgemeine Wahrheiten aus Einzelfällen zu erfassen, wenn sie auf diese hingewiesen wird"[9]. Dieses „Hinweisen" auf Einzelnes, um an ihm Allgemeines zu erfassen,
nennt Aristoteles "epagoge" insofern, als es ein „Heranführen" ("epagein") an eine Erkenntnis ist, „welche dem Herangeführten durch den bloßen Hinweis auf das Phänomen
unmittelbar einsichtig wird".[10]

Zweierlei ist damit deutlich, und zwar im Gegensatz zur traditionellen Induktionslehre:
Aristoteles geht auch in seinen logischen Untersuchungen immer aus von der kommunikativen Praxis des Einander-Belehrens, -Überzeugens, -Hinweisens[11]. In dieser Dimension
ist sein Induktionsbegriff verwurzelt. Zum anderen: die epagoge des Aristoteles ist keineswegs primär ein explizites Schlußverfahren, sondern eine Art „intuitiver" Erkenntnis,
d.h. einer Erkenntnis, die ein Allgemeines aus dem Einzelnen unmittelbar heraussieht,
bei der es also kein „Mittleres" ("meson") gibt, auch nicht impliziterweise — und die
mithin auch nicht einem logischen Regelkanon zur Ermittlung eines Mittleren wie bei
den expliziten (induktiven und syllogistischen) Schlußverfahren unterworfen werden
kann.

Bemerkenswert ist vor allem, daß Aristoteles unter "epagoge" im Rahmen seiner wissenschaftstheoretischen Erörterungen (und im Unterschied zu den Untersuchungen über die
Gesprächsführungskunst) vornehmlich die unmittelbare Einsicht in „notwendige" Beweisgründe meint und nicht den epagogischen Schluß, der bei ihm auch eine, freilich unter-
geordnete Rolle spielt. „Der Zusatz ‚notwendig' bedeutet hier, daß das von dem Subjekt
des Satzes ausgesagte Prädikat diesem nicht nur faktisch (z.B. jetzt oder in einem bestimmten Fall), sondern immer und notwendig zukommen muß, also nicht wie das
Prädikat weißhäutig oder musikalisch einem Menschen, sondern wie die Eigenschaft
der Winkelsumme von 2 R dem Dreieck"[12]. Auf epagoge beruht also auch und gerade
die Einsicht in die ersten, allgemeinsten, nicht weiter beweisbaren mathematischen und
logischen Prinzipien. Dabei darf aber nicht vergessen werden, daß "epagoge" eben auch in
dieser Hinsicht das Erkennen des Allgemeinen aus dem Besonderen meint[13]. Also gewinnt
man auch die mathematischen und logischen Prinzipien durch Anschauung von Besonderem, auf dem Weg der Wahrnehmung eines einzigen Besonderen. Denn die Wahrnehmung selbst gibt ja nach Aristoteles niemals nur Einzelnes als solches zu sehen, sondern
immer das Besondere *als* etwas, *als* das, was und wie es ist.

---

8) Aristoteles [1, B 19, 100 b 2].
9) Kapp [16, S. 92].
10) v. Fritz [12, S. 24].
11) v. Fritz [12, S. 28], und Kapp [16, S. 99].
12) v. Fritz [12, S. 32].
13) Aristoteles gebraucht das Wort "epagoge" gelegentlich sogar im Sinne einer Anwendung bereits
    vorhandener allgemeiner Erkenntnisse auf den einzelnen Fall: „Denn daß jedes Dreieck eine
    Winkelsumme von zwei Rechten hat, weiß man schon, daß aber diese Figur im Halbkreis ein
    Dreieck ist" — und damit eine Winkelsumme von 2 R hat — „erkennt man zugleich damit, daß
    man an sie herangeführt wird." [1, A 1, 71 a 19] („heranführen" im Text: "epagein"!).

Wir halten daher fest, daß Aristoteles die äußerst bedenkenswerte Einsicht vorgetragen hat, „daß der höchste Grad der Sicherheit eines strikt allgemeinen Satzes gerade nicht da erreicht wird, wo er an einer Unzahl von Fällen nachgeprüft wird oder wo scheinbar oder wirklich alle Fälle aufgezählt werden, sondern umgekehrt gerade da, wo das Heranführen an einen einzigen Fall ausreicht, um die strikte Allgemeingültigkeit des Satzes in allen möglichen Fällen in voller Evidenz einzusehen".[14]

Es versteht sich von selbst, daß diese aristotelische Erkenntnis bei vielen modernen Logikern und Wissenschaftsmethodikern ein Unbehagen ausgelöst hat, wenn sie überhaupt zur Kenntnis genommen wurde. Vielfach ist sie auch ignoriert worden, was dann natürlich zu einer Quelle von Mißverständnissen in traditionellen Induktionslehren werden mußte. Das Unbehagen bezieht sich darauf, daß es von einer unmittelbaren Induktion, wie Aristoteles sie offenbar vor allem im Hinblick auf die Prinzipien der strengsten Wissenschaften im Auge hat, keine Prüfung nach bestimmten allgemeinen Regeln gibt, da sie sich nicht auseinanderlegen läßt wie ein Schluß. Aber vielleicht kommt darin, wie von Fritz meint, „der moderne Glaube zum Ausdruck an die Überlegenheit mechanischer Prozesse über die Fehlbarkeit menschlicher ‚Subjektivität' und letzterdings alles Lebendigen und Organischen überhaupt"[15]. Wir müssen jedenfalls das Phänomen der unmittelbaren Induktion zunächst einmal unbefangen von solchem modernen Glauben — oder Unglauben — sozusagen „ausreden" lassen.

1.2. Didaktische Induktion

Der bekannte erste Satz der Analytica Posteriora des Aristoteles, demzufolge alles Lehren und verständige Lernen von einem bereits vorhandenen Wissen ausgehe, setzt eine Zwiefältigkeit in der Erscheinungsweise des Wissens voraus, die Aristoteles an mehreren Stellen thematisiert hat.[16] Denn der erwähnte Satz meint mit dem schon vorhandenen Wissen nicht ein Wissen von etwas ganz anderem als der zu lernenden Sache, sondern ein Wissen hinsichtlich der zu erlernenden Sache selbst. Also muß das „Vorwissen" einen anderen Charakter haben als das Wissen aufgrund des Gelernthabens. Aristoteles trägt dieser Feststellung Rechnung durch die Unterscheidung zwischen dem „Ersten der Sache nach", d.h. dem, was der Sache ihrem eigenen Wesen nach zukommt, und dem „Ersten für uns", nämlich dem, was uns an ihr zuerst aufgefallen ist. Der Weg des Lernens führt dann von dem „Ersten für uns" zu dem „Ersten der Sache nach". Man kann also eine Sache in einer Hinsicht bereits kennen und doch noch lange nicht wissen, was sie „eigentlich" ist. Die Verschiedenheit des Vorwissens und des eigens erlernten Wissens ist also eine Hinsichtsverschiedenheit: „Allein nichts hindert, wie mich dünkt, daß man, was man lernt, in einer Hinsicht weiß und in einer anderen nicht weiß"[17]. Wenn man aber etwas in gar keiner Hinsicht weiß, dann kann man darüber auch gar nichts lernen.

---

14) v. Fritz [12, S. 58 f.].
15) v. Fritz [12, S. 55].
16) Vgl. zum folgenden auch Buck [8].
17) Aristoteles [1, A 1, 71 b 5].

Nun ist Wissen als solches in jeder Form ein Wissen des „Allgemeinen", also auch das Vorwissen. Folglich führt der Unterschied zwischen Vorwissen und „erlerntem" Wissen auf einen Unterschied des Allgemeinen zurück. Im Falle des Vorwissens ist das Wissen in dem Sinne allgemein, daß es „die prinzipiellen Hinsichten möglicher Sacherkenntnis in einem anschaulichen Totaleindruck noch ungeschieden beieinander" hat[18]. Aristoteles sagt in der Physik: „Daher die Notwendigkeit, so zu verfahren, daß wir von dem hinsichtlich seiner eigentlichen Natur Undeutlicheren, aber für uns Kenntlicheren, zu dem an ihm selbst Deutlicheren und Einsichtigeren vorschreiten. Es ist aber das für uns am Anfang Offenbare und Deutliche eher etwas Ununterschiedenes" — wörtlich: „etwas Zusammengegossenes"[19]. Das Vorwissen bezieht sich also auf ein Allgemeines als noch ungegliederte Mannigfaltigkeit, in der das zu Erlernende, z. B. das Prinzipielle der Sache selbst, noch eingehüllt ist. Der Weg der epagoge ist demnach ein Weg der Explikation der im Vorwissen noch ungeschieden zusammenliegenden prinzipiellen Hinsichten. Er ist der Weg des Lernens selbt: „Mathesis" — d. h. Lernen — „und Epagoge sind im Grunde identische Begriffe".[20]

Wovon man beim Lernen ausgeht, ist nach Aristoteles zwar ein Besonderes, aber ein solches, das bereits unter allgemeinen Hinsichten steht. Ein derartiges Besonderes nennt Aristoteles auch „Beispiel" ("paradeigma"), anhand dessen dem Lernenden implizit (unausdrücklich, unthematisch, unbestimmt) mitgemeinte allgemeine Erkenntnisse allererst aufgeschlossen werden. Deshalb kann Aristoteles Beispiel und epagoge auch einfach „das Gleiche" nennen[21]. „Das Wesen des induktiven Lernens besteht also nicht darin, daß wir etwa zuvor Besonderes in seiner puren Besonderheit kannten und dann erst durch sogenannte Verallgemeinerung überhaupt zu einer allgemeinen Hinsicht gelangten. Diese Auffassung setzt in Wirklichkeit schon voraus, was ihr zufolge erst erzeugt werden soll. Vielmehr nehmen wir das Einzelne zunächst gerade in allgemeiner Hinsicht, wenn wir auch das Allgemeine dabei nicht schon als Allgemeines ausdrücklich im Blick haben und es sogar unsicher ist, ob es sich dabei um ein wahrhaft Allgemeines handelt"[22]. Buck zieht daraus mit Recht den Schluß, „daß das zentrale Problem vieler zeitgenössischer psychologischer Lerntheorien — wie man nämlich das an einem Besonderen Gelernte auf anderes ‚übertragen' könne — im Grunde ein Scheinproblem ist … Es gäbe gar keinen Lern*prozeß*, wenn wir immer nur einzelnes ohne diesen Horizont des Allgemeinen lernten, ja nicht einmal das einzelne könnten wir so lernen."[23]

Wenn nun Buck erstaunlicherweise in einer Fußnote bemerkt: „Nur das mathematische Erkennen und Lernen hat nicht diesen prinzipiell epagogischen Charakter wie die Erkenntnis der natürlichen und menschlichen Dinge"[24], so ist er an diesem Punkt der Fixierung seines Blicks auf die Erfahrung als Anfang der Erkenntnis (sein Thema an der

---

18) Buck [8, S. 32].
19) Aristoteles [3, A 1, 184 a 18].
20) Buck [8, S. 34].
21) Aristoteles [4, B 20, 1393 a 26].
22) Buck [8, S. 37].
23) Buck [8, S. 38 Fußn.].
24) Buck [8, S. 34 Fußn.].

betr. Stelle) erlegen. „Erfahrung aber bedeutet: lange Erfahrung", welche in der Tat innerhalb der Mathematik nicht die Rolle spielt wie in anderen Wissenschaften. Aber Erfahrung
("empeiria") und epagoge sind bei Aristoteles — und auch sonst bei Buck — trotz ihrer
Nähe zueinander keineswegs dasselbe. „Es ist aber unmöglich", sagt Aristoteles, „das
Allgemeine anders als durch epagoge in den Blick zu bringen (da ja auch das, was aus
Abstraktionen verstanden wird, nur durch epagoge kenntlich zu machen ist ...), Hin-
geführtwerden ist aber ohne Wahrnehmung nicht möglich"[25]. Mit dem, „was aus Abstraktionen verstanden wird", meint Aristoteles Mathematisches, wie sich durch viele Stellen
belegen läßt[26]. Buck hat hier offensichtlich nur die beweisende Seite der Mathematik
im Auge, wenn er sagt: „Es genügt hier (scil. in der Mathematik), von gegebenen Prinzipien
aus unter Befolgung gewisser Operationsregeln zu deduzieren"[27]. Das ist jedoch insofern
unaristotelisch, als die Syllogistik von Aristoteles „stets als eine Methode, nach den
richtigen Prämissen zu suchen, nicht als eine solche, mit deren Hilfe aus gegebenen
Prämissen neue Schlußsätze gezogen würden"[28], verstanden wurde. Mathematik wird
demnach nicht „deduktiv" aufgebaut oder gelehrt, sie ist durch Syllogistik nur sicher[29].
In Aufbau und Lehre beruht sie auch nach Aristoteles in letzter Instanz auf epagoge.
Buck räumt denn auch selbst ein, daß Aristoteles selbst bei der Mathematik meint, daß
man „aus didaktischen Gründen den Anfang bei dem für uns Früheren nimmt", und er
erwähnt in diesem Zusammenhang die „mathematischen Beispiele, mit denen Aristoteles
das Wesen der Epagoge erläutert"[30]. Aber auch im Hinblick auf das Phänomen selbst
ist klar, daß z.B. die euklidischen Axiome der — zumindest — „reinen" Anschauung
bedürfen, um dann allerdings auch als evidente und notwendig wahre Sätze anhand einer
einzigen Anschauung einsichtig zu werden.

Es ist also unumgänglich, die in der frühen Topik gegebene Definition der epagoge, nach
welcher diese ein *Weg* vom Besonderen zum Allgemeinen ist, so zu interpretieren, daß mit
„Weg" nicht in jedem Fall eine gangbare Strecke gemeint ist, durch die Besonderes und
Allgemeines eigens „vermittelt" wären — zumal die Definition aus der Topik sich noch
keineswegs auf die ersten Beweisgründe beweisender Wissenschaften bezieht. Bei der
„unmittelbaren" epagoge, die für Aristoteles im Hinblick auf die wissenschaftliche Erkenntnis im Vordergrund steht, kann von einem Weg im eigentlichen Sinn keine Rede
sein. Und deshalb wird in den Analytica Posteriora nicht mehr von einem „Weg" gesprochen, sondern davon, daß wir „aus" dem Einzelnen das Allgemeine lernen.[31]

Hingegen kommt es in unserem Zusammenhang auf einen anderen „Weg" an, nämlich
auf denjenigen, auf welchem der Lernende an das Besondere, aus welchem er das Allgemeine unmittelbar ersehen soll, *herangeführt* wird. Diese Heranführung nennt Aristoteles ja ausdrücklich auch "epagoge". Das bedeutet: Sofern unmittelbare epagoge und

---

25) Aristoteles [1, A 18, 81 b 2].
26) Vgl. v. Fritz [12, S. 34].
27) Buck [8, S. 34 Fußn.].
28) Kapp [16, S. 94].
29) Vgl. dazu Teil 1 des vorhergehenden Beitrags.
30) Buck [8, S. 34 Fußn.].
31) Vgl. Aristoteles [1, A 18, 81 a 40].

Beispiel identisch sind, gilt es zu beachten, daß kein Beispiel mechanisch, mit automatischer Sicherheit funktioniert, sondern daß es allemal auf die Art und Weise ankommt, wie der Lernende an das Beispiel „herangeführt" wird, damit sich aus ihm die erwünschte allgemeine Hinsicht auch für ihn eröffnet. Daß ein solches Heranführen eine kommunikative „Praxis" ist, also die Beurteilung einer konkreten Situation, in welcher der Lehrende mit dem Lernenden steht, erfordert, scheint für Aristoteles selbstverständlich zu sein, und hier liegt u.E. auch der Grund dafür, daß er keine Theorie der „unmittelbaren epagoge" ausgeführt hat.

Wir können also zwei Momente der unmittelbaren Induktion als die didaktisch relevantesten festhalten: das der *Unmittelbarkeit*, mit der gerade in den „genauesten" Wissenschaften (Mathematik und Logik) allgemeine, evident wahre Einsichten über notwendige Zusammenhänge aus einem einzigen Beispiel entnommen werden können (epagoge) — und das des bestgeeigneten *Heranführens* (epagoge) an ein Beispiel zum Zweck der unmittelbaren Erkenntnis des Allgemeinen aus ihm.

1.3. Induktion beim Mathematiklernen

Die Frage ist nun allerdings, woher der Notwendigkeitscharakter des durch unmittelbare Induktion Erkannten stammt. An dieser Frage hat sich der Grundlagenstreit in der Mathematik vor fast hundert Jahren entzündet, in dessen Gefolge sich die moderne Logik entwickelte. Denn daß Aristoteles nur eine „metaphysische" Antwort zu geben wußte, darf denjenigen, der nicht völlig ungeschichtlich denkt, ebensowenig verwundern wie die Ablehnung eben einer solchen und jeder „metaphysischen" Antwort in unserem Zeitalter. Allerdings hat das bloße Bewußtsein, die „Metaphysik" ablehnen zu müssen, bisher noch nie davor bewahrt, gleichwohl aufgrund unbemerkter, aber desto sicherer herrschender „metaphysischer" Voraussetzungen zu argumentieren. Es geht also darum, die aristotelischen Einsichten in das Phänomen der Induktion und deren didaktische Relevanz zu retten, ohne seine oder irgendwelche „metaphysischen" Voraussetzungen beizubehalten — und zwar im Hinblick auf die Funktion der unmittelbaren Induktion beim Mathematiklernen.

Für Aristoteles ist die Vernunft (nous) als beherrschender Anfang alles wissenschaftlichen (beweisenden) Wissens, also als Wissen der unbeweisbaren Prinzipien, eine „Fähigkeit der Seele, solches zu erleiden"[32] — nämlich daß die allgemeinen Prinzipien anhand von Beispielen in ihr deutlich werden, wenn sie an die Beispiele herangeführt wird. Sie ist so der „Ort, an dem sich das Allgemeine zeigt" ("topos eidon")[33]. Die vernünftige Seele nimmt also die wesentlichen und prinzipiellen „Formen" in sich auf. Zwar hat Aristoteles nicht, wie sein Lehrer Platon, das Allgemeine als in einem abgesonderten „überhimmlischen" Bereich befindlich angenommen, es entfaltet vielmehr seine bestimmende Kraft als "entelecheia" *im* Einzelnen (und kann deshalb auch unmittelbar aus ihm herausgeschaut werden), doch gleichwohl hat das Allgemeine auch bei Aristoteles

---

32) Aristoteles [1, B 19, 100 a 13].
33) Aristoteles [2, III 4, 429 a 27].

ein eigenes, von unserem Denken unabhängiges Sein, so daß unser Denken die Erkenntnis des Allgemeinen (der Prinzipien, der Beweisgründe, des Wesens) eben nur „erleiden", das Allgemeine nur entdecken kann.

Unsere Begriffe *meinen* demnach also ein identisches Gemeinsames in den einzelnen Dingen, und dieses Allgemeine „gibt es" unabhängig von unserem Denken, als ein Aufzufindendes. Am greifbarsten meint man das Allgemeine in oder hinter der Sprache zu finden, denn die Wörter der Sprache scheinen ja „Zeichen" für intendiertes Allgemeines zu sein, für Begriffe oder Bedeutungen, die „es gibt", die irgendwie existieren. In diesem Sinne spricht man auch in der Mathematik von „Begriffen" und „Gegenständen" oder „Objekten".

Wir meinen nun, daß der „Platonismus", der in solchem Sprechen zumeist auf unreflektierte, unbemerkte, unbestimmte Weise mitspricht, didaktisch nicht unerheblich sein kann. Von „Platonismus" ist deswegen die Rede, weil Platon das An-sich-Sein des Allgemeinen am entschiedensten — und nicht ohne wesentliche Folgen für die Geschichte des abendländischen Denkens und der zugehörigen Idee des Wissens — behauptet hat. Aber natürlich erscheint auch Aristoteles trotz seiner Kritik in diesem Punkt an Platon noch als „Platonist", zumal wenn man sich einmal eine Gegenposition zum „Platonismus" vergegenwärtigt.

Eine der radikalsten „antiplatonistischen" Positionen hat in unserem Jahrhundert Ludwig Wittgenstein bezogen, und zwar vor allem in der zweiten Phase seines Philosophierens — und immer in besonderer Nähe zu Grundlagenproblemen der Mathematik. Deswegen lehnen wir uns im folgenden an Wittgenstein an. [34]

In den „Philosophischen Bemerkungen" schreibt Wittgenstein: „Ich möchte sagen, wenn es nur die äußere Verbindung gäbe, so ließe sich gar keine Verbindung beschreiben, denn wir beschreiben die äußere Verbindung nur mit Hilfe der innern. Wenn diese fehlt, so fehlt der Halt, den wir brauchen, um irgendetwas beschreiben zu können. Wie wir nichts mit den Händen bewegen können, wenn wir nicht mit den Füßen feststehen" [35]. Wir können also z.B. „Verstehen" nicht in äußerliche Beziehungen auseinanderlegen, um es so zu beschreiben, wie es sich selbst zeigt, denn jedes Auseinanderlegen (z.B. in Wort — Bedeutung — Sache oder in Sprechhandlung — Verstehenserlebnis — Sachverhalt) setzt bereits das Verstehen als ungeteiltes und „gekonntes" voraus.

Wittgenstein wendet sich gegen jeden „Platonismus", der das „Wesen" oder die „Bedeutung" vom Sprechen absondern und für sich setzen will, indem er alle Arten des Verstehens auf die ursprüngliche, das „Sich-verstehen-auf", das Gebrauchsverstehen zurückführt. „Was *bezeichnen* nun die Wörter dieser Sprache? — Was sie bezeichnen, wie soll ich das zeigen, es sei denn in der Art ihres Gebrauchs?" [36] Der „Platonismus" ist überhaupt, mithin auch in der Mathematik, nach Wittgenstein durch die Verführungskraft der Sprache entstanden: man meinte, wo ein und dasselbe Wort sinnvoll verwendet werden könne, müsse dem Wort auch etwas Gedachtes entsprechen, das ebenso identisch

---

34) Zur Einführung vgl. Stegmüller [21] und Kambartel [15, Kap. 5, S. 199 ff.].
35) Wittgenstein [23, S. 66].
36) Wittgenstein [22, S. 294 (Phil. Unters. I, Nr. 10)].

wäre wie das Wort selbst. Im tatsächlichen Sprechen aber entsteht der genaue „Sinn" der Wörter erst jeweils im und vermittelt durch den Kontext einer praktischen Situation. Niemand kann allgemein sagen, was z.B. „spielen" heißt, so daß das Wort in allen möglichen Verwendungsbeispielen getroffen wird. Wir haben aber eine „Physiognomie" von „spielen", die sich in den „Familienähnlichkeiten" der verschiedensten Verwendungsbeispiele wiedererkennen läßt, und im Erkennen solcher „Physiognomien" vollzieht sich Verstehen wirklich.

Unser Sprechen und Verstehen folgt daher auch nicht nur einem einzigen, impliziten, festen Regelsystem — einer „Logik" oder einem „Kalkül", — dem sich jeder Sprechende unterzuordnen hätte, wenn er verständlich sprechen will, „Sagt man nun aber, daß unser sprachlicher Ausdruck sich solchen Kalkülen *nur nähert*, so steht man damit unmittelbar am Rande eines Mißverständnisses. Denn so kann es scheinen, als redeten wir in der Logik von einer *idealen* Sprache. Als wäre unsere Logik eine Logik, gleichsam, für den luftleeren Raum. — Während die Logik doch nicht von der Sprache — bzw. vom Denken — handelt in dem Sinne, wie eine Naturwissenschaft von einer Naturerscheinung, und man höchstens sagen kann, wir *konstruieren* ideale Sprachen. Aber hier wäre das Wort ‚ideal' irreführend, denn das klingt, als wären diese Sprachen besser, vollkommener, als unsere Umgangssprache; und als brauchte es den Logiker, damit er den Menschen endlich zeigt, wie ein richtiger Satz ausschaut."[37]

Wittgensteins Kritik richtet sich gegen das Ideal absoluter sprachlicher Exaktheit, das ein „logischer Mythos", eine „metaphysische Fiktion"[38] ist. Damit zeichnet sich die Umkehrung der traditionellen Grundauffassung ab, nach der es absolute Gegebenheiten der Logik zu „entdecken" gebe, die das Sprechen beherrschen müßten, damit es „verständlich" sein könne: der Gebrauch der Sprache im wirklichen Leben, in praktischen Situationen, die offene und unübersehbare Mannigfaltigkeit möglicher „Sprachspiele" ist vielmehr nicht selbst noch einmal zu begründen oder zu „erklären", sondern die einzige Basis aller Begründungen und Erklärungen. Jeder Versuch, den Sprachgebrauch zu „erklären", d.h. auf anderes zurückzuführen, ist zum Scheitern verurteilt, weil er nicht umhinkann, „metaphysische" Voraussetzungen zu machen, die allein aus der „Verhexung unseres Verstandes durch die Mittel unserer Sprache"[39] entspringen. Die Abbildfunktion einer logisch gereinigten Universalsprache, die Wittgenstein in seinem frühen Werk „Tractatus logico-philosophicus" noch selbst behauptet hatte, wird als metaphysische Voraussetzung entlarvt.

Freilich: „Das Ideal, in unseren Gedanken, sitzt unverrückbar fest. Du kannst nicht aus ihm heraustreten. Du mußt immer wieder zurück. Es gibt kein Draußen; draußen fehlt die Lebensluft. — Woher dies? Die Idee sitzt gleichsam als Brille auf unsrer Nase, und was wir ansehen, sehen wir durch sie. Wir kommen gar nicht auf den Gedanken, sie abzunehmen."[40] Wittgenstein macht den entschlossenen Versuch, die „Brille" doch einmal abzunehmen, indem er den tatsächlichen Sprachgebrauch beschreibt ohne irgendeinen

---

37) Wittgenstein [22, S. 332 (Phil. Unters. I, Nr. 81)].
38) Stegmüller [21, S. 566 f.].
39) Wittgenstein [22, S. 342 (Phil. Unters. I, Nr. 109)].
40) Wittgenstein [22, S. 340 (Phil. Unters. I, Nr. 103)].

Rekurs auf ein ontologisches Substrat. Dabei macht er etwa folgende Erfahrung: „Je genauer wir die tatsächliche Sprache betrachten, desto stärker wird der Widerstreit zwischen ihr und unserer Forderung. (Die Kristallreinheit der Logik hatte sich mir ja nicht *ergeben*; sondern sie war eine Forderung.) Der Widerstreit wird unerträglich; die Forderung droht nun, zu etwas Leerem zu werden. — Wir sind aufs Glatteis geraten, wo die Reibung fehlt, also die Bedingungen in gewissem Sinne ideal sind, aber wir eben deshalb auch nicht gehen können. Wir wollen gehen; dann brauchen wir die *Reibung*. Zurück auf den rauhen Boden!"[41]

Damit verliert die Logik ihren traditionellerweise beanspruchten absoluten und theoretischen Sinn: ihr Verhältnis zur Wirklichkeit wird praktisch.

Wie aber steht es nun mit der Exaktheit mathematischer Sätze und Beweise, mit der Reinheit mathematischer Begriffe? — Mathematik ist nicht mehr die absolute formale Deutung der einen und einzigartigen Wirklichkeit und damit auch kein völlig homogenes System. Sie ist eine Familie von Systemen formaler Regeln (d.h. Sprachhandlungs-Anweisungen), deren Einheit lediglich auf Familienähnlichkeiten beruht, die aber nicht allgemein definierbar ist. „ ‚Worin liegt aber dann die eigentümliche Unerbittlichkeit der Mathematik?' — Wäre für sie nicht ein gutes Beispiel die Unerbittlichkeit, mit der auf eins zwei folgt, auf zwei drei, usw.? — Das heißt doch wohl: in der *Kardinalzahlenreihe* folgt; denn in einer anderen Reihe folgt ja etwa anderes. Und ist denn *diese* Reihe nicht eben durch diese Folge *definiert*? ... das, was wir ‚zählen' nennen, ist ja ein wichtiger Teil der Tätigkeiten unseres Lebens. Das Zählen und Rechnen ist doch — z.B. — nicht einfach ein Zeitvertreib. Zählen (und das heißt doch: *so* zählen) ist eine Technik, die täglich in den mannigfachsten Verrichtungen unseres Lebens verwendet wird. Und darum lernen wir zählen, wie wir es lernen: mit endlosem Üben, mit erbarmungsloser Genauigkeit; darum wird unerbittlich darauf gedrungen, daß wir Alle auf ‚eins' ‚zwei', auf ‚zwei' ‚drei' sagen, usf. —‚Aber ist dieses Zählen also nur ein *Gebrauch*; entspricht dieser Folge nicht auch eine Wahrheit?' Die *Wahrheit* ist, daß das Zählen sich bewährt hat. — ‚Willst du also sagen, daß ⟩wahr-sein⟨ heißt: brauchbar (oder nützlich) sein?' — Nein; sondern, daß man von der natürlichen Zahlenreihe — ebenso wie von unserer Sprache — nicht sagen kann, sie sei wahr, sondern: sie sei brauchbar und, vor allem, *sie werde verwendet*."[42]

Alles mathematische Tun ist daher nur beschreibbar als einander „familienähnliche" „Sprachspiele" im Sinne von „Lebensformen", also des Gebrauchs von Sprache in praktischen Kontexten, von Komplexen aus Sprache und Praxis wie andere Sprachspiele auch. Jedes Sprechen und Verstehen verweist von sich aus auf ein Handelnkönnen im Zusammenhang kommunikativer Situationen. Deshalb ist keine Art des Verstehens abgelöst zu denken von der Art seines Erlernthabens, wobei das Erlernthaben sich ursprünglich jeweils auf ein Können, ein Sich-verstehen-auf bezieht.

Die Frage nach einem Kriterium für den Gültigkeitsmodus „notwendig" kann also niemals absolut beantwortet werden, sondern immer nur mit Rücksicht auf die „richtige" Ausführung bestimmter Handlungen: „Nicht mit der Einsicht in das Wesen der Zahlen

---

41) Wittgenstein [22, S. 341 (Phil. Unters. I, Nr. 107)].
42) Wittgenstein [24, S. 37 f.].

und der Addition läßt sich also ‚richtiges‘ Zählen und Addieren bestätigen, sondern dieses muß selbst zum Bestätigungsgrund jener Einsicht dienen"[43]. Rechen- und Zahlzeichen haben hinter ihrem operativen Sinn aus Gebrauchszusammenhängen nicht noch eine besondere „ideale" Bedeutung als ihren ontologischen Grund, weil sich eine solche „ideale" Bedeutung nur als Abstraktion aus ihrem tatsächlichen Gebrauch selbst ergeben kann. Insofern kann Wittgenstein sagen: „Die *Anwendung* der Rechnung muß für sich selbst sorgen."[44]

Das bedeutet: Die „Logik" der Mathematik, die „Grammatik" mathematischer Sprachhandlungen, kann nur „von innen", nämlich durch Anwendungsbeispiele, nicht aber durch Rekurs auf „die Logik" schlechthin geklärt werden. Und dasselbe gilt natürlich auch für „die" Logik selbst. Man kann aus diesem Zirkel nicht ausbrechen, indem man auf die Zahlen an sich hinter den Zahlzeichen rekurriert, so als hätten wir zu diesen „Objekten" einen direkten Zugang, der nicht durch den Gebrauch der Zeichen vermittelt wäre. Zahlen an sich *scheint* es nur zu geben, weil wir beim Zählen oder Multiplizieren oder irgendeinem anderen Umgang mit mathematischen „Gegenständen" tatsächlich immer und alle (sofern wir zählen usw. können) zu demselben Ergebnis gelangen. *Das* allein stellen wir fest, nicht aber, daß wir an-sich-seiende Wesen oder „Gegenstände" unmittelbar erfaßten, die uns dann zur Kontrolle dienen könnten, ob wir richtig „verstanden", „gerechnet", „geschlossen" haben. Das „Besondere" in der Mathematik wie im Mathematikunterricht sind die einzelnen Handlungen, an denen wir ihre „Physiognomie" ersehen können. Die mathematischen „Gegenstände" sind Abstraktionen von solchen „Physiognomien" oder „Bildern", festgelegte Deutungen im Sinne von Regeln, die man sich auferlegt, um immer wieder dasselbe Bild zu bekommen. „Wir sagen: der Beweis sei ein Bild. Aber dies Bild bedarf doch der Approbation, die wir ihm beim Nachrechnen erteilen. — Wohl wahr; aber wenn es von dem Einen die Approbation erhielte, von dem Anderen nicht, und sie sich nicht *verständigen* könnten — hätten wir dann ein Rechnen? Also ist es nicht die Approbation allein, die es zur Rechnung macht, sondern die Übereinstimmung der Approbationen. ... Die Übereinstimmung der Approbationen ist die Vorbedingung unseres Sprachspiels, sie wird nicht in ihm konstatiert."[45]

Wir müssen also das Können, das wir durch Rekurs auf ideale Gegebenheiten erklären wollten, immer schon für die Erklärung voraussetzen. Wir vermögen es nicht als „äußere Verbindung" zu erfassen, weil wir immer schon „innestehen" in einem Können, wenn wir zählen, rechnen, beweisen. Ein Können wird aber anders erlernt als eine „Wesenseinsicht". — Wie aber ?

Die Antwort, die Wittgenstein auf diese Frage bereithält, scheint uns die Lösung unseres Problems, nämlich unmittelbare Induktion ohne metaphysische Voraussetzungen zu denken, anzubahnen.

Kambartel formuliert das Problem, wie es sich aus der traditionellen Sicht des „Wesensverstehens" darstellt, um dann Wittgensteins Lösung zu skizzieren: „Es kann doch — so war der Ausgangspunkt — das *Verstehen* einer Rechentechnik nicht auf die *Erfahrung*

---

43) Kambartel [15, S. 212].
44) Wittgenstein [24, S. 146].
45) Wittgenstein [24, S. 365].

(der richtigen Anwendung) gegründet sein. Die eigentümliche ‚Unerbittlichkeit' der Mathematik scheint so nicht gewährleistet"[46]. Wittgenstein aber habe sich gefragt, was denn wäre, wenn wir alle beim Zählen, Addieren, Multiplizieren nicht stets zu denselben Ergebnissen kämen. „Wittgensteins Argumentation angesichts dieser Frage läßt sich so zusammenfassen: Dann würde eben das Zählen und Rechnen nicht gehen, in dem Sinne z. B., daß wir uns nicht darauf verlassen könnten; und damit wäre das Zählen und Rechnen für die Zwecke, die wir inzwischen damit verfolgen, unbrauchbar. ... Was geschieht, wenn wir das elementare Addieren durch das Zusammenlegen und Betrachten von Äpfeln, Bohnen, Stäben, Fingern, Strichen usf. lernen? — Wenn wir Wittgensteins Analyse und Ausdrucksweise folgen, so werden uns gewisse anschauliche Figuren und Handlungen als ‚Bild', ‚Muster', ‚Gestalttypus' oder ‚Paradigma' eingeprägt, nach dem wir dann andere Handlungen deuten, beschreiben oder ausführen können. ... Wittgenstein faßt in diesem Sinne alle mathematischen Überlegungen (Beweise) in ihrem Ursprung als ‚Bilder' auf. Bei diesen Bildern handelt es sich genauer um frei hervorgebrachte anschauliche Konstruktionshandlungen (wie das Legen von Bohnen, das Zeichnen von Figuren, das Operieren mit Ziffern), die dann etwa zur Deutung von Experimenten verwendet werden. In dem Maße wie sich Anwendungen eines Bildes finden, erweist sich dieses als mehr oder weniger *brauchbar.*"[47]

Hier liegt nun der Angelpunkt der Wittgensteinschen Argumentation für uns. Was Wittgenstein „Bild" nennt, kann natürlich nicht „Abbild" bedeuten — das liefe doch wieder auf einen Platonismus hinaus. An anderen Stellen sagt er statt „Bild": „Gesicht", „Physiognomie" — wie im Beispiel „spielen" —, die es erlaubt, Familienähnlichkeiten zu erkennen. Solche „Gesichter" oder „Physiognomien" gibt es natürlich ebensowenig an sich wie das „Urgesicht" einer Familie; sie entstehen allererst im Handeln und prägen sich dann ein.

Darauf soll nun die „Unerbittlichkeit" der Mathematik beruhen? — „Das Seltsame ist ja, daß das Bild, nicht die Wirklichkeit, einen Satz soll erweisen können! Als übernähme hier das Bild selbst die Rolle der Wirklichkeit. — Aber so ist es doch nicht: denn aus dem Bild leite ich nur eine Regel ab. Und die verhält sich zum Bild nicht so, wie der Erfahrungssatz zur Wirklichkeit. — Das Bild zeigt natürlich nicht, daß das und das geschieht. Es zeigt nur, daß, was geschieht, *so* aufgefaßt werden kann"[48]. Wittgenstein weist darauf hin, „wie fest verbunden gewisse Gesten, Bilder, Reaktionen mit einem ständig geübten Gebrauch sind"; und er sagt: „‚Es drängt sich uns das Bild auf ...‘ Es ist sehr interessant, daß Bilder sich uns *aufdrängen*"[49]. Wie wichtig diese Feststellung, die so harmlos klingt, für das Lernen ist, läßt sich daraus ersehen, wie das Sichaufgedrängthaben von „falschen" Bildern, d. h. von solchen, die dem allgemein geübten Gebrauch nicht entsprechen, auf das weitere Lernenkönnen sich auswirkt; es kann geradezu blockierend sein!

Bei der „Unerbittlichkeit" von Mathematik und Logik handelt es sich also auch nur um das Eingeprägtsein von „Bildern", die sich uns aufgedrängt haben. Freilich sind hier die

---

46) Kambartel [15, S. 213].
47) Kambartel [15, S. 213 ff.].
48) Wittgenstein [24, S. 42].
49) Wittgenstein [24, S. 306].

ursprünglichen, elementaren Bilder zugleich die am festesten eingeprägten, die unseren Sprachgebrauch am selbstverständlichsten beherrschenden; aber auch nicht mehr. Jedes Mehr müßte den Platonismus wieder heraufbeschwören. Aber es genügt, um zu sagen: „Mathematik unter den Urmaßen niedergelegt"[50]. Die „Härte" der Zahlen und Figuren, das „Eherne" an den Beweisverfahren der Mathematik ist nicht Ausdruck des idealen An-sich-Seins der mathematischen Gebilde und einer absoluten Geltung ihrer Verfahrensregeln, sondern weil wir für die verschiedensten Zwecke ein so „hartes" Sprachspiel brauchten, deshalb haben wir es samt seiner „Grammatik" und ihrer Praxisverzahnung erfunden. „Der Mathematiker ist ein Erfinder, kein Entdecker."[51]

Von diesen ohne „platonistische" Vorurteile schwerlich bestreitbaren Einsichten bleibt der Tatbestand, daß die Erfahrung die Mathematik tatsächlich niemals widerlegt, ganz unberührt. Ein „Bild" als „Gesicht" einer frei hervorgebrachten anschaulichen Konstruktionshandlung stimmt nicht mit etwas Existierendem überein, indem es sich diesem angeglichen hätte. Insofern kann es auch nicht „wahr" sein. Vielmehr kann es „passen" im Sinne von „brauchbar sein" oder nicht „passen".

Ein „Bild" legt die Handlung insofern fest, als jedes weitere Handeln nach diesem „Bild" immer dasselbe Ergebnis haben muß. Darin liegt ein wesentlicher Unterschied zum empirischen Verfahren, dessen Ausgang offen bleibt. Das „Bild" einer Handlung ist eine Form, mit der wir Phänomene deuten, die also durch Phänomene gar nicht widerlegt werden kann; wenn das „Bild" nicht paßt, ist es eben nur unbrauchbar. „Darum *muß* $2 + 2 = 4$ sein, und könnte die Fallbeschleunigung auch *nicht* $9{,}81 \text{ m/s}^2$ betragen. Die Mathematik ist in diesem Sinne vor aller Erfahrung"[52]. Wittgenstein spricht mehrfach davon, daß die Mathematik zwar „Formen dessen ..., was wir Tatsachen nennen" „schafft", aber deswegen doch selbst keine Tatsachen lehrt[53]. Das Verstehen einer mathematischen Handlung ist als Ersehen ihrer Physiognomie vor der Erfahrung ihrer Anwendung, ergibt sich aber selbst erst anhand von Beispielen, deren Besonderheit schon von sich aus auf die Möglichkeit der Anwendung auf anderes verweist. „Die mathematischen Verfahren sind wie alle Verfahren in letzter Instanz auf Techniken und Unterscheidungen gestützt, die nur durch Fälle ihrer Anwendung mitteilbar sind"[54]. „Fälle der Anwendung": das sind Beispiele, an denen sich die „Physiognomie" ihrer Anwendung unmittelbar ersehen läßt. Dieses Ersehen aber ist nichts anderes, als was wir unter dem Titel „unmittelbare Induktion" bei Aristoteles kennengelernt haben. Nach Wittgenstein ist das Verwendungsbeispiel, an dem ein „Gesicht" der Verwendung unmittelbar angeschaut wird, *der einzige Zugang zum „Allgemeinen" mathematischer Handlungen überhaupt*. Und dieser Zugang bedarf keinerlei metaphysischer Sicherungen. Deshalb ist für ihn die Mathematik in einem besonderen Maße eine *paradigmatische Wissenschaft*.

Damit dürfte klar geworden sein, daß das Beispiel als unmittelbare Induktion einen ganz anderen didaktischen Stellenwert beanspruchen muß, als üblicherweise angenommen

---

50) Wittgenstein [24, S. 99].
51) Wittgenstein [24, S. 99].
52) Kambartel [15, S. 215].
53) Vgl. z.B. Wittgenstein [24, S. 381 und 382].
54) Kambartel [15, S. 219].

wird. Es ist nicht methodisches Mittel unter anderen. Vielmehr ist die didaktische Induktion als (möglichst wirksames) Heranführen an das (möglichst geeignete) Handlungsbeispiel unter (möglichst vollständiger) Berücksichtigung des kommunikativen Situationszusammenhangs, in dem das Beispiel verwendet wird, der eigentliche Weg des Mathematiklernens. Es ist jedoch prinzipiell unmöglich, theoretisch von vornherein und ein für allemal festzulegen, welches jeweils die „beste" Hinführung, das „geeignetste" Beispiel und die „richtigste" Beurteilung der Situation sind. Diese theoretisch unauflösbare Unbestimmtheit ist nur durch die Urteilskraft des Lehrers in der jeweiligen praktischen Situation zu überwinden. Vermutlich hängt die „Stärke" des Urteils„kraft" u.a. von dem Verhältnis zum Sprachgebrauch ab: sie könnte umso größer sein, je entschiedener ein Lehrer sich darüber klar geworden ist, daß auch in der Mathematik der Sprachgebrauch „für sich selber sorgen muß."

2. Zum Beispielverstehen beim Mathematiklernen

In diesem Teil unserer Arbeit diskutieren wir Beispiele[55]. Damit wollen wir die Bedeutung der im Teil 1 vorgetragenen Theorie für die Unterrichtspraxis aufzeigen (Unterabschnitte 2. 2 und 2. 3). Das Beispielmaterial ist der Primarstufe, den Sekundarstufen und der Hochschulmathematik entnommen. Es ist klar, daß nur eine große Zahl sehr unterschiedlicher Beispiele dieses leisten kann. Dabei werden wir auch andere Bedeutungen einbeziehen (Unterabschnitt 2. 1), da sich allein in der Vielfältigkeit des Gebrauchs das Verständnis erschließt. „Beispiel" läßt sich nicht formal definieren, sondern jeweils nur situativ interpretieren. Daher ist es unmöglich, eine Beispieltheorie zu entwerfen, also eine allgemeine Theorie darüber, wie ein Beispiel beschaffen sein muß, damit es einen bestimmten Zweck in einem Lernprozeß erfüllt.

2.1. „Beispiel" als Fall einer Regel

Soll ein „Beispiel" eine Behauptung belegen, wird dabei vorausgesetzt, daß der Gesprächspartner bereits verstanden hat, was die Regel besagt. Die angeführten Situationen sind also „Fälle", die typisch sind für das, was demonstriert werden soll. Genauso verfahren wir im täglichen Leben: „Beispiele" belegen die Regel, „Gegenbeispiele" bezeichnen die Ausnahmen. Es handelt sich also nicht darum, Verständnis erst zu eröffnen; vielmehr muß Verständnis dessen vorausgesetzt werden, wofür das „Beispiel" Fall sein soll. Diese Funktion des „Beispiels", die mit der in Teil 1 dargelegten Beispielsauffassung nichts zu tun hat, wird jetzt näher erläutert. Das Beispielverständnis in der mathematischen Literatur beschreibt Neß[56]: „Das Beispiel hat in erster Linie die Aufgabe, einen allge-

---

55) Es sei hier auf Becker hingewiesen, der sich mit der Klassifizierung „exemplarischer Gegenstände", mit dem Repräsentationsproblem, mit Beispiel, Exemplar, Typus usw. beschäftigt hat, jedoch nicht unter unseren theoretischen Voraussetzungen. Seine Arbeiten [6], [7] gehen aus von Wagenschein und Wittenberg und beziehen zahlreiche Titel, vor allem pädagogischer Autoren, ein.

56) Neß [18, S. 118].

meinen Satz zu illustrieren und in bestimmten Sonderfällen nachträglich zu bestätigen. Solche Beispiele im Verein mit den Anwendungen des betreffenden Satzes erfüllen erst den Satz mit Leben und tragen wesentlich dazu bei, daß er in den unverlierbaren geistigen Besitz des Lernenden übergeht."

Diese Auffassung vom „Beispiel" geht davon aus, daß die Mathematik bereits als fertiges Gebäude steht. Für das Lernen von Mathematik hat das Beispiel „in erster Linie" jedoch eine andere Aufgabe. Verbleiben wir aber zunächst bei der „platonistischen" Auffassung von Mathematik.

— Im Einzelfall kann es schwer oder leicht sein, ein „Beispiel" zu finden. Nehmen wir den Satz, daß der kleinste von 1 verschiedene Teiler p einer natürlichen Zahl n eine Primzahl ist.[57]

„Beispiele":

$$n = 12, \quad \text{dann ist } p = 2$$

$$n = 2^{2^5} + 1 = 2^{32} + 1, \quad \text{dann ist } p = 641$$

$$n = 2^{2^{20}} + 1, \quad \text{dann ist } p = ?$$

$$n = 2^{2^{1945}} + 1, \quad \text{dann ist } p = ?$$

— Die Grenzen zwischen „Beispiel" und „Gegenbeispiel" sind fließend. Das hängt von den Aussagen ab, die sie „illustrieren" oder widerlegen sollen. Fermat hat vermutet, daß alle Zahlen $F_n = 2^{2^n} + 1$, $n \in \mathbb{N}_0$, Primzahlen sind. 100 Jahre später fand Euler ein „Gegenbeispiel", nämlich $F_5 = 2^{32} + 1$, das die Fermatsche Aussage widerlegt.

— Ein „Beispiel" kann als Sonderfall eine Lücke im Beweis schließen. In Klasse 9 wird der Satz: $(a^m)^n = a^{m \cdot n}$, $a \in \mathbb{R}$, m, $n \in \mathbb{Z}$, behandelt. Der Beweis beginnt mit der „Fall"-unterscheidung: 1) $n \in \mathbb{Z}^+$; 2) $n = 0$; 3) $n \in \mathbb{Z}^-$. Uns interessiert hier nur der Fall $n = 0$. Wegen $(a^m)^0 = 1$ und $a^{m \cdot 0} = a^0 = 1$ ist der Satz im Fall 2 richtig.

— Derselbe Sachverhalt liegt vor, wenn beim Beweisverfahren der sog. vollständigen (oder mathematischen) „Induktion" (!) die Basis erstellt wird, d.h. der Satz für $n = 1$ als Sonder„fall" bewiesen wird.

— Die Schüler der Klasse 6 sollen die Regeln für die Addition ungleichnamiger Brüche lernen. Einige „Beispiele" (als Fälle!) werden ihnen vorgestellt, und sie gelangen — wie

---

57) Siehe Satz 6.1, S. 116. Thematisch gehören die Fermatschen Zahlen und Eulers Gegenbeispiel in den auf S. 132—134 dargestellten Zusammenhang. — Übrigens gibt es, wie schon auf S. 87 bemerkt, nicht zu jedem Satz ein „illustratives" Beispiel.

man bei traditionellen und bei modernen Didaktikern[58] und in den entsprechenden Schulbüchern nachliest — „induktiv" zu der gewünschten Regel. Zum Einüben dienen zahlreiche Aufgaben. Indessen erkennen sehr viele Schüler erst am Übungsmaterial die Physiognomie des Rechenvorgangs, wenn plötzlich eine Übung Verwendungsbeispiel wird. Wir sind der Meinung, daß der Unterricht in Mathematik auf allen Schulstufen arm wäre, ließen sich die entscheidenden Erkenntnisse immer erst später gewinnen, wenn die Schüler fähig sind, (formale!) Beweise zu führen. Was traut F. Denk wohl den Primarstufenschülern zu, wenn er von den Zehn- bis Dreizehnjährigen sagt[59]: „Heuristisch (!) ist er (der Schüler dieser Altersstufe) eigentlich nur zu zwei Wegen geneigt: entweder versucht er es mit der unmittelbaren Nachahmung, mit der Wiederholung des jüngsten Beispiels, mit der Anwendung der zuletzt durchgenommenen Lektion — mag es passen wie die Faust aufs Auge — oder er versucht es mit einem mehr oder weniger blinden, ungelenken Experimentieren."

2.2. Beispiel als Induktion in stringent allgemeine Sachverhalte

Diese Äußerung von F. Denk läßt deutlich die gymnasiale Einstellung erkennen, nach der man Mathematik erst richtig in der Sekundarstufe II betreiben kann, wohingegen diese Auffassung wiederum von Hochschullehrern bestritten wird. In beiden Fällen dürfte wohl der (relative) Grad der Formalisierung Beurteilungskriterium sein. Dabei wird aber verkannt, daß eine Verständigung über einen allgemeinen Sachverhalt auf viel früheren Stufen möglich ist und daß diese Verständigung auf allen Stufen in gleicher Weise erzielt wird, nämlich durch Beispiele im Sinne von epagoge. M. a.W.: Man tut so, als wäre hier das Besondere und dort das Allgemeine. Diese Trennung gibt es aber nicht, da das im Beispiel gegebene Besondere bereits unter allgemeinen Hinsichten steht. Das Beispiel hat hierbei die Funktion einer „Verständnis erst eröffnende(n) Verständigung"[60]. Hinführen kann man nur zu dem, was schon unausdrücklich vorhanden ist. Auf dieses Wissen trifft man beim Beispielverstehen: Das Beispiel macht Gebrauch von dem vorangehenden Wissen.

Aus den folgenden Beispielen lassen sich keine *Regeln* für Unterrichtspraxis ableiten. Es kann sich nur um Beschreibung von Praxis handeln. Diese ist ausschließlich situativ zu verstehen und nicht ohne Urteilskraft unter einen Regelkanon zu stellen. M. a.W. man kann keine Theorie des Beispielverstehens entwickeln. Die *Besonderheit* eines Bei-

---

58) Bei Dienes-Golding [10, S. 50] heißt es: „Die *induktive Methode* ist schon lange bekannt, obwohl sie gegenwärtig von einigen Lehrern wiederentdeckt wird". Gekennzeichnet wird die „Induktion" auf derselben Seite (vgl. auch [10, S. 29]) als eine Methode, „bei der es dem Kind gestattet ist, eine Anzahl spezieller Beispiele eines Prinzips zu betrachten, um dann durch einen Akt der Verallgemeinerung das Prinzip zu erfassen."
    Um Mißverständnisse auszuschließen, sei ausdrücklich betont, daß „Induktion" in dem hier verwendeten Sinn nur die „Worthülse" mit dem in Teil 1 dargestellten Begriff gemeinsam hat.
59) Denk [9, S. 44].
60) Buck [8, S. 84]. — Die Funktion des Beispiels für das Verstehen der Schüler ist von der in Unterabschnitt 2. 1 behandelten Beispielauffassung völlig verschieden! Beispiele *führen hin* zu Sachverhalten, so daß man anderes erst als Fall erkennen kann.

spiels bewirkt die intendierte Verständigung. Daher kann es kein „gutes" Beispiel „an sich" geben. Ein Beispiel fungiert stets für Etwas und für Jemanden. Wie die Auswahl in einer konkreten Situation zu treffen ist, kann nicht ohne individuellen Bezug entschieden werden[61]. Ob ein Beispiel sich dann tatsächlich als epagoge erweist, zeigt sich erst durch sein Hineinnehmen in die Praxis, in einen Vollzug.

— Der Graph der Funktion $y = x^2 + bx + c$, $x \in \mathbb{R}$ ist eine Parabel, deren Scheitel S die Koordinaten $(-\frac{b}{2} / c - (\frac{b}{2})^2)$ hat. Wollen wir den Scheitel der durch $y = x^2 - 6x + 11$ angegebenen Parabel finden, so brauchen wir die Daten des „Beispiels" (Spezialfalls) nur „in die Formel einzusetzen", die wir vielleicht auswendig gelernt oder in einer Formelsammlung nachgeschlagen haben, und erhalten: $S(3/2)$. Jetzt können wir die Parabel leicht zeichnen oder unser Ergebnis etwa zur Lösung einer Extremwertaufgabe benutzen („Beispiel als Anwendung").

Wie aber kommen wir zum Verständnis der obigen Formel? Auch über ein Beispiel! Wir beginnen so: Nach Behandlung der Normalparabel $y = x^2$ stellen wir den Schülern die Aufgabe, den Graphen der Funktion $x \mapsto x^2 + 2$, $x \in \mathbb{R}$, zu zeichnen. Anschließend wird der Graph untersucht. U.a. zeigt sich: Wenn man die Schablone der Normalparabel auf den Graphen legt, kommen beide Kurven zur Deckung. Verfolgt man den Zusammenhang genauer, so wird deutlich, daß der Graph der Funktion $x \mapsto x^2 + 2$ die um 2 Einheiten in Richtung der positiven y-Achse verschobene Normalparabel ist; d.h. punktweise aus der Normalparabel nach dieser Vorschrift konstruiert werden kann.

In manchen Schulbüchern der Klasse 9 geht es dann etwa so weiter: „Die Ergebnisse unserer Überlegungen wollen wir nun verallgemeinern. Dazu sei a eine beliebige positive Zahl. Wir wollen uns überlegen, wie wir den Graphen der Funktion $x \mapsto x^2 + a$ erhalten. Nehmen wir irgendeinen Punkt $P(x_1/x_1{}^2)$ der Normalparabel und verschieben ihn um a Einheiten in Richtung der positiven y-Achse, so erhalten wir den Punkt $P'(x_1/x_1{}^2 + a)$. Diese Koordinaten zeigen uns, daß P' ein Punkt des Graphen der Funktion $x \mapsto x^2 + a$ ist. ... Der Graph der Funktion $x \mapsto x^2 + a$ entsteht also dadurch, daß man die Normalparabel in der angegebenen Weise verschiebt. ...".
Diese Verallgemeinerung, bei der eine Konstante durch eine Variable ersetzt wird, verschwendet wertvollen Platz im Schulbuch. Der Schüler lernt dabei nichts, was über das Beispiel $x \mapsto x^2 + 2$ hinausgeht. Im Gegenteil, die formale Schreibweise, die er noch nicht beherrscht, schreckt ihn ab und verwischt das bereits Verstandene. Das Beispiel $x \mapsto x^2 + 2$ hat Verständigungsfunktion, es ist ein Verwendungsbeispiel im Sinne Wittgensteins.

— In den Schulbüchern für die Klasse 9 findet sich der Satz, daß es keine rationale Zahl gibt, deren Quadrat 2 ist. Der Gedankengang des indirekten Beweises ist ganz unabhängig von der Zahl 2, er gilt genauso für 3, für 5, für jede Primzahl p. $p = 2$ ist Verwendungsbeispiel. Der Schüler gewinnt ein „Bild vom Beweis": Das Beispiel läßt den Gedanken-

---

61) Vgl. dazu Unterabschnitt 1.4 auf S. 84.

gang des Beweises klar hervortreten. Das wäre nicht so, wenn die Gültigkeit des Satzes gleich für alle Primzahlen bewiesen werden sollte. Verallgemeinerung von 2 auf p ist nur formaler Natur, sie beruhigt sozusagen das mathematische Gewissen des Schulbuchautors. Wenn im Aufgabenteil der Beweis auch noch für weitere Zahlen, etwa 3 oder 7, gefordert wird, so trägt das Durchspielen dieser „Fälle" zum Verstehen nichts mehr bei. Es ist nur hilfreich bei der Formalisierung des Beweises.[62] Für den geübten Mathematiker hat der „allgemeine Beweis" den Vorteil, daß er von der Individualität (den spezifischen Merkmalen) der im Beispiel auftretenden Objekte leichter absehen und so Fehlerquellen reduzieren kann.

— Wir wollen jetzt an einem Beispiel dartun, wie sicher wir nach einem Paradigma handeln und wie schwerfällig die sprachliche Formulierung sein kann, die einer Definition gleichkommt. Wenn die Schüler der Klasse 7 aufgefordert werden, Stufen- und Wechselwinkel in einer vorgelegten Zeichnung zu benennen, so dürfte das keine Schwierigkeiten machen, wenn sie über die Physiognomie von Stufen- und Wechselwinkel verfügen. Aber es wird ihnen nur mit Hilfe des Lehrers gelingen, den Sachverhalt auch zu verbalisieren.[63] Das hat weitreichende Folgerungen für die Differenzierung im Unterricht. Physiognomien selbst lassen sich nicht begrifflich fassen, wohl aber Abstraktionen von Physiognomien durch Definitionen festlegen. Nachher darf (muß!) die Definition in den Hintergrund treten, damit das Paradigma wieder wirksam wird, sonst könnte man mit Stufen- und Wechselwinkel gar nicht richtig umgehen.

— Ähnlich gewinnt der Student in den ersten Studiensemestern eine Physiognomie des Beweisens. Er lernt durch Verwendungsbeispiele die Beweistechniken („demonstrativen Methoden") und kann sie sicher anwenden („Gebrauchsverstehen"), ohne daß er sich mit der Beweistheorie auseinandergestzt hat.

— Im Geometrieunterricht der Klasse 8 wird bewiesen, daß die Basiswinkel eines gleichschenkligen Dreiecks gleich groß sind. Es fällt vielen Schülern schwer oder es ist ihnen gar unmöglich einzusehen, daß die Umkehrung dieses Satzes nicht selbstverständlich ist. Diese Schüler sollte man nach ihrem Paradigma arbeiten lassen, in dem Gleichschenkligkeit und gleiche Größe der Basiswinkel unauflösbar verbunden sind, und nicht versuchen, dieses Paradigma in mathematische Sätze zu fassen. Wir sehen auch hier wieder Möglichkeiten für eine Differenzierung im Unterricht. Später, wenn sich das Paradigma im Gebrauch nicht mehr bewährt, wird der Schüler über ein Gegenbeispiel die Problematik der Umkehrung eines geometrischen Satzes erkennen. Dadurch wird sein Paradigma nicht aufgehoben, sondern erweitert.

---

62) Vgl. Pólyas Terminus „repräsentativer Spezialfall" [19, S. 51], dessen Bedeutung sich nicht mit unserem Beispiel deckt. — Nicht immer läßt sich aber an einem Beispiel der Gedankengang eines allgemeinen Beweises verstehen, eine Physiognomie gewinnen. So fungiert der Spezialfall: Es gibt unendlich viele Primzahlen der Form $3n + 2$, $n \in \mathbb{N}$, nicht als Verwendungsbeispiel für den Satz von Dirichlet, nach dem es unendlich viele Primzahlen der Form $an + d$, $(a, d) = 1$, $n \in \mathbb{N}$ gibt. (Vgl. Satz 9.2, Aufgaben 9.3 und 9.4 auf S. 132.ff.)

63) Eine der angesprochenen Klassenstufe angemessene Definition findet man in dem Unterrichtswerk „Mathematik in der Sekundarstufe 7 A", Schulverlag Vieweg, Düsseldorf 1976, S. 34.

— Wir können ohne über eine Definition zu verfügen sicher entscheiden, ob ein Viereck konvex ist oder nicht. Eine erste Definition dessen, wovon wir ein „Bild" haben, mag so lauten: Eine geometrische Figur M (als Punktmenge im R^2 verstanden) ist konvex, wenn mit zwei Punkten P' und P'' auch alle Punkte der Strecke $P'P''$ zu M gehören. Diese Definition hat den Vorteil, daß sie im Zweifelsfalle, also bei gestaltlich unübersichtlichen Punktmengen, die Entscheidung erleichtert, vor allem aber auf den R^n übertragbar ist. Beim „Gebrauch" zeigt sich aber bald, daß sie angepaßt werden muß: Die entscheidende Eigenschaft der Konvexität muß in Termen fixiert werden, damit sie verfügbar wird. Arbeitet man in Vektorräumen, so ist folgende Definition bequem[64]: Eine Menge M in einem Vektorraum V^n über dem Körper der reellen Zahlen ist konvex, wenn mit x' und x'' auch $x = kx + (1 - k) \cdot x'$, $0 < k < 1$, Element aus M ist. Hier erkennen wir, wie aus der Physiognomie die Begriffsbildung erwächst und welche Intentionen dabei eine Rolle spielen.

— Will man in Klasse 6 mit den Schülern den Satz von der Eindeutigkeit der Primfaktorzerlegung erarbeiten, so muß man sie erst von der Notwendigkeit überzeugen. Dazu wird ein „Gegenbeispiel" konstruiert, bei dem es Primelemente und Zahlzerlegungen gibt, die Eindeutigkeit der Primfaktorzerlegung aber nicht gilt[65]. Um dieses Gegenbeispiel zu verstehen, genügt nicht die Physiognomie der Arbeit mit Primzahlen in $\mathbb{N}$, sondern hierzu ist die enge Anlehnung an die formale Beschreibung notwendig, die Begriffe müssen also gebildet sein. Da das bei den Schülern dieser Altersstufe, die ja gerade erst in $\mathbb{N}$ gearbeitet haben, nicht zu erwarten ist, dürfte die Eindeutigkeit der Primfaktorzerlegung auch nicht thematisierbar sein.

— Die Physiognomie der Volumberechnung von Quadern gewinnt der Schüler der Klasse 5 über ein Verwendungsbeispiel: z.B. über einen Quader mit den Maßen 3 dm, 4 dm, 5 dm und $V = 3 \cdot 4 \cdot 5$ dm^3. Daß sich diese Physiognomie bei allen Quadern bewährt, wird durch die Formel $V = a \cdot b \cdot c$ allgemein ausgedrückt. Dabei sind a, b, c Längen, deren Maßzahlen ausschließlich natürliche Zahlen (oder „einfache" Bruchzahlen) sind. $V = a \cdot b \cdot c$ ist also kein Zeichen für ein platonisches „Urbild", sondern $V = a \cdot b \cdot c$ hat seine Bedeutung im Handeln, im Gebrauch. Natürlich kann man sich die Formel $V = a \cdot b \cdot c$ auch ohne Verwendungsbeispiel einprägen und anwenden. Man braucht also keine Physiognomie von der Rauminhaltsberechnung des Quaders zu besitzen, um die Formel $V = a \cdot b \cdot c$ spezialisieren zu können. Regeln lernen ohne sie zu verstehen, das hat allerdings mit Mathematiklernen nichts zu tun. Spätestens bei der Verwendung der am Quadervolumen gewonnenen Kenntnisse für die Bestimmung des Rauminhalts anderer Körper, z.B. Prismen, zeigt sich eindeutig, ob ein Paradigma gewonnen wurde oder nicht.

— Allerdings gibt es Fälle, bei denen das Verstehen einer Regel, eines Schemas, nicht gut über ein (Zahlen-)Beispiel gelingt. Z.B. kann man bei Variablen durch Indizes den Platz in einem Schema angeben, was bei Zahlen nicht gelingt. Das Simplexverfahren beim

---

64) Vgl. Schick-Schmitz [20, S. 152].
65) Ausführliche Darstellung dieses Sachverhaltes auf S. 117 ff., Abschnitt 2.7.

Linearen Optimieren gründet sich auf die elementare Basistransformation. Direkt im Anschluß an den Beweis des Satzes, *daß* man (unter gewissen Bedingungen) einen Vektor aus einer Vektorraumbasis mit einem anderen Vektor austauschen darf, läßt sich die Frage leicht beantworten, *wie* ein beliebiger Vektor durch die neue Basis dargestellt wird. Nun braucht man nur noch diesen Übergang treffend in einer Tabelle zu fixieren[66]. Zunächst rechnet man Fälle „stur" nach diesem Schema (von dem wir annehmen, daß es verstanden ist!). Bei häufiger Anwendung bildet sich aus dem Regelkanon ein Paradigma heraus, das im Gebrauch sicher fungiert. Ob man die „elementare Basistransformation" verstanden hat, merkt man z.B. auch bei ihrer Verallgemeinerung zur „allgemeinen Basistransformation", die ein wichtiges methodisches Hilfsmittel bei Beweisen ist.

— Der Schüler muß die intendierte Hinsicht der in den Mathematikunterricht eingebrachten Beispiele erkennen, wenn sie ihm für die anstehende Unterrichtseinheit helfen sollen. In einem Unterrichtswerk für das 5. Schuljahr heißt es[67]: „Dem kleinen Gerd und seinem Bruder Horst ist das Planschbecken nicht voll genug. Während Horst nur dasitzt und traurig in das Becken schaut, will Gerd Wasser holen. Sein Eimerchen hat aber keinen Boden mehr. Wieso sind Gerds Handlungen neutral?

Für die Addition in $\mathbb{N}_0$ ist die Null eine neutrale Zahl: $4 + 0 = 4$, $3 + 0 = 3$, $0 + 1000 = 1000$ usw. Es gilt:

Wird 0 zu irgendeiner Zahl aus $\mathbb{N}_0$ addiert, so ist der Wert der Summe gleich dieser Zahl."

Wir verwenden in der Alltagssprache Wörter, deren Bedeutung erst durch bestimmte Situationen festgelegt wird. Erst die Situation stellt die Hinsicht des Wortgebrauchs heraus. Dieses Beispiel soll dem Schüler die Bedeutung der Null als neutrales Element einsichtig machen. Es handelt sich um eine konstruierte analoge Situation, bei der die Entsprechung zur mathematischen Situation erfaßt werden muß, die die Verfasser in der Frage „Wieso sind Gerds Handlungen neutral?" aber bereits als erfaßt unterstellen. Natürlich könnte der Satz „Gerd tut nichts dazu" den Schüler zu der Auffassung verleiten, als sei die Zahl Null „nichts" und nicht eine Zahl wie jede andere auch, sieht man einmal von ihren individuellen Eigenschaften ab, aber zu dieser Einsicht muß der Schüler allererst durch das Beispiel gebracht werden.

— Dieses Beispiel gibt uns übrigens auch Hinweise auf die Verwendung des Modells im modernen Unterricht, das soll hier allerdings nur angedeutet werden. Ein Modell wirkt keineswegs für sich, vielmehr muß der Schüler erkennen, *was* das Modell darstellen will, dann allerdings hat das mit und in einem Modell konstruierte Beispiel Verständigungsfunktion, indem an *einer* Situation der mathematische Sachverhalt unmittelbar aufleuchtet. Die Arbeit in und mit einem Modell ist ja nicht Selbstzweck, sondern es soll jeweils etwas ganz Bestimmtes gelernt werden. Dadurch werden die Deutungsmöglichkei-

---

66) Vgl. Schick-Schmitz [20, S. 62].
67) Siehe das Unterrichtswerk „Neue Mathematik 5", Hermann Schroedel Verlag, Hannover 1969,
    S. 81.

ten eingeengt. Der Einsatz mehrerer Modelle für einen Sachverhalt („Mehrmodellmethode") ist häufig erforderlich, da nicht für alle Schüler einer Klasse ein *bestimmtes* Modell Verwendungsbeispiel zu sein braucht.

— Die Schüler gewinnen in der Primarstufe durch Erfahrung und Übung die Physiognomie, daß der Summenwert immer größer ist als jeder Summand[68]. Da stellt sich vielleicht zufällig im Primarstufenunterricht aus dem Unterrichtsgeschehen eine Addition mit Bruchzahlen. Unvorbereitet rechnen einige Schüler:

$$\frac{1}{2} + \frac{1}{3} = \frac{1+1}{2+3} = \frac{2}{5}$$

Nun gibt es für den Lehrer mehrere Möglichkeiten:

(a) Die Aufgabe wird in einem Modell (Zahlenstrahl) gelöst.

(b) In dem Modell wird durch Streckenvergleich gezeigt, daß $\frac{1}{2} > \frac{2}{5}$ ist.

(c) Ein ganz evidentes („extremes") Gegen„beispiel" wird gestellt und auf dieselbe Weise die Summe gebildet:

$$\frac{1}{2} + \frac{1}{2} = \frac{1+1}{2+2} = \frac{2}{4} = \frac{1}{2}$$

Am Modell des Zahlenstrahls kann dem Schüler an einem einzigen (vielleicht am dargestellten) Beispiel deutlich werden, wie man Bruchzahlen addiert. Er versteht sich dann auf diese Rechenoperation. Später in Klasse 5 wird die Regel formuliert, wenn die dazu nötigen Begriffe, wie gleichnamige, ungleichnamige Brüche usw. verfügbar sind. Aber die formulierte Fassung des Paradigmas ist es nicht, die im *ständigen* Gebrauch wirksam ist, sondern diese Funktion bleibt im Paradigma erhalten. Der Schüler der Klasse 5 benutzt „in der Regel" ja nicht die Regel, wenn er Bruchzahlen addieren soll, nur wenn er (vielleicht als Abiturient) nicht mehr weiß, wie eine Rechnung „geht", besinnt er sich auf die Regel.

Ähnlich verhält sich der Interpret eines Musikwerkes. Der Künstler erarbeitet das Werk, indem er eine Physiognomie, ein „Bild" gewinnt. Wollte er versuchen, die Physiognomie in einen Regelkanon umzusetzen oder sich beim Spiel auf besonders wichtige oder schwierige Stellen zu besinnen, wäre sein Vortrag gefährdet, ja er könnte „steckenbleiben". Erst wenn man bemerkt, daß man falsch spielt (oder spricht), werden Regeln auffällig.

Aber kommen wir noch einmal auf unser letztes Beispiel zurück. Der Schüler hat eingesehen, daß der zunächst errechnete Summenwert seiner Erfahrung, seinem Gebrauchsverstehen völlig zuwiderläuft. Er lernt durch eine negative Erfahrung. Dabei „spielen" Gegenbei„spiele" eine entscheidende Rolle. Allerdings werden sie hier nicht dazu benutzt, eine Vermutung zu widerlegen, zu modifizieren oder einen Satz als falsch nachzuweisen (vgl. dazu den vorhergehenden Abschnitt). Vielmehr geht es jetzt nicht um logische Falsch-Richtig-Entscheidungen, sondern darum, die Grenzen einer Regel aufzuzeigen

---

68) Die später erfolgende Begriffsbildung, die auf diesem Paradigma beruht, ist die arithmetische Definition der kleiner-Relation in $\mathbb{R}$: $a < b$ gilt genau dann, wenn es $c > 0$ gibt, so daß $a + c = b$.

oder ein Bild zu verdrängen (nicht außer Kraft zu setzen). Fehler lassen sich oft darauf zurückführen, daß beim Erlernen eines neuen Verfahrens die Grenzen des durch positive Erfahrung vertrauten Wissens nicht sichtbar werden und man allzu leicht in das bisherige Verfahren zurückfällt. Mit der negativen Erfahrung ist der Schüler offen, eine neue, auf die Bruchrechnung passende Physiognomie zu gewinnen und so weiterzulernen[69]. Bildsamkeit heißt auch: Offenheit, aus dem, was uns widerfährt, zu lernen, auf bloße Bestätigung unserer bisherigen Erfahrungen zu verzichten. „Die nur positive Erfahrung und Induktion kann wahrhaftes Lernen geradezu verhindern. Insofern nämlich, als die immer wieder bewährte Erfahrung gewohnheitsbildend wirkt, d.h. den Spielraum möglicher Erfahrung und Einsicht vergessen läßt. Demgegenüber gilt es festzustellen, daß Erfahrung und Lernen in ganz entscheidender Weise durch Negativität bestimmt sind. Am meisten lernt man bekanntlich an dem, was schiefgegangen ist. Man lernt, wie man sagt, ‚aus seinen Irrtümern‘. Lernen ist nicht nur die bruchlose Folge einander bedingender Erwerbungen, sondern vorzüglich ein Umlernen, und wer sagt, er habe etwas ‚dazugelernt‘, der meint in Wahrheit oft, er habe umgelernt."[70]

– Wir beschäftigen uns jetzt mit den natürlichen Zahlen als Unterrichtsgegenstand der Klasse 1. Dabei ist es unser Ziel, an diesem Beispiel auf didaktische Implikationen aus Wittgensteins „Gebrauchsverstehen" aufmerksam zu machen.

„Zählen wir, weil es praktisch ist zu zählen? Wir zählen! – Und so rechnen wir auch."[71]

Hineingewachsen in eine Welt, die von der Zahl geprägt ist, haben die Kinder bis zum Schuleintritt Vorerfahrungen zum Zahlbegriff gemacht, die in ihrem Stellenwert häufig von den Lehrern im 1. Schuljahr falsch eingeschätzt werden.

Die Kinder erfahren, daß die Zahl das Leben der Erwachsenen bestimmt. Sie hören fortwährend Zahlwörter, z.B. in Verbindung mit Uhrzeiten, mit Preisen, mit Stückzahlen, bei Sportergebnissen, bei Numerierungen usw. In Gesellschaftsspielen kommt es auf Zahlen an: auf die Zahl 2 beim Spiel „Schwarzer Peter", auf die Zahlen 1 bis 6 bei Würfelspielen usw. Bei der Feststellung, daß kein Spielauto, kein Ball abhanden gekommen ist, braucht man die Zahlen nicht, wenn die Mengen wenig Elemente haben, wohl aber bei der Mitteilung der Anzahl.

„Zählen (und das heißt doch: *so* zählen) ist eine Technik, die täglich an den mannigfachsten Verrichtungen unseres Lebens verrichtet wird. Und darum lernen wir zählen, wie wir es lernen: mit endlosem Üben, mit erbarmungsloser Genauigkeit."[72]

Wenn die Kinder ihren ersten Mathematikunterricht erhalten, können sie die „Zahlwortreihe" mehr oder weniger weit aufsagen. Sie spüren, daß nicht Willkür, sondern Gesetzmäßigkeit das Zählen bestimmt, und erleben die Tatsache, „daß verschiedene Methoden

---

69) Später wird der Schüler bei der Addition negativer Zahlen das Paradigma, daß der Summenwert größer ist als jeder Summand, dem neuen Zahlbereich anpassen müssen. Die Definition der kleiner-Relation aber kann er beibehalten.
70) Buck [8, S. 44].
71) Wittgenstein [24, S. 389].
72) Wittgenstein [24, S. 37].

der Zählung so gut wie immer übereinstimmen"[73]. Die einzelnen Handlungen, in denen die Kinder gezählt haben, sind das Besondere, an dem sie die Physiognomie des Zählens erschauen, an denen sich die Physiognomie „aufdrängt", die ihr weiteres Handeln bestimmt. „Richtiges" Zählen wird zum „Bestätigungsgrund" der Einsicht[74]. Daraus ergeben sich Konsequenzen für den Unterricht. Einige wollen wir hier ansprechen.[75]

Zunächst ist folgendes festzustellen: *Wie* die Kinder die Folge der natürlichen Zahlen verstehen, das läßt sich nicht abgelöst denken von der Art, wie sie bisher damit umgegangen sind, wie sie also die natürlichen Zahlen gebrauchen. Verstehen heißt immer, „sich auf Etwas verstehen". Man könnte einwenden, daß die Schüler zwar die Anzahl kleiner Mengen richtig angeben, bei größeren Mengen aber versagen. Daher seien ihre Kenntnisse nur ein „Nachplappern", „Herunterleiern" der „Zahlwortreihe", und man müsse doch von vorn anfangen. Diese Folgerung übersieht, daß der Schüler das Experiment Zählen bei anzahlgrößeren Mengen zu wenig vollzogen hat. Er beherrscht die Technik noch nicht sicher genug: er streicht die gezählten Elemente nicht durch und berücksichtigt einige Elemente mehrere Male, andere gar nicht.

„Es kommt uns viel zu selbstverständlich vor, daß wir ‚wieviele?' fragen und darauf zählen und rechnen"[76]. Sind vielleicht deswegen viele Autoren nicht geneigt, einen „natürlichen" Lehrgang über das Gebrauchsverstehen zu entwickeln? Sie halten es für besser, den Schülern ein Modell zu oktroyieren, weil es in der Mathematik von großer Bedeutung ist, oder sie kleinschrittig etwa „von der Menge zur Zahl" zu führen und dabei für die Einführung jeder der Zahlen 2, 3 usw. eine ganze Seite im Schülerbuch zu verschwenden. Das synthetische Vorgehen in kleinen Schritten soll den Unterricht steuerbar machen, damit der Schüler auf sicherem Weg geführt werden kann. Ein solches Konzept setzt aber eine tabula rasa voraus, in die der Lehrer Zeichen eingraviert.

Wir meinen, daß über die Bildung von Klassen gleichmächtiger Mengen die Kardinalzahlen nicht sinnvoll eingeführt werden können[77]. Wie sich schon im traditionellen Unterricht zeigte, lassen sich die Schüler ungern zwingen, über die Zuordnungshandlung Mengen (niederer Mächtigkeit) zu vergleichen und sich danach die Zahlen schenken zu lassen. Über eineindeutige Zuordnungen werden im Leben praktisch nie Anzahlbestimmungen vorgenommen. Die Erfahrung hat die Schüler längst gelehrt, daß man beim Zählen der Elemente einer Menge (fast) immer bei derselben Zahl ankommt. Es ist daher auch unsinnig, die „Mengeninvarianz" vor Einbeziehung der Zahlen unterrichtlich zu behandeln (zu thematisieren), um erst die Brauchbarkeit des Zählens nachzuweisen! Die Schüler können den Sinn solchen Tuns nicht verstehen, da sie bereits über ein anderes,

---

73) Wittgenstein [24, S. 154].
74) Vgl. Kambartel [15, S. 212].
75) Ein Lehrgang für die Behandlung der natürlichen Zahlen in den Klassen 1 und 5, der den hier dargelegten Überlegungen im wesentlichen entspricht, ist in Glatfeld [13] skizziert.
76) Wittgenstein [24, S. 389].
77) Zur Bedeutung der Äquivalenzklassenbildung in einem Lehrgang „Natürliche Zahlen" vgl. Glatfeld [13, S. 143].

in solchen Situationen übliches, Verfahren, nämlich das Abzählen, verfügen[78], und noch nicht fähig und willens sind, ihre Physiognomie von den natürlichen Zahlen in Begriffe und Regeln zu fassen. Durch das Erzwingen eines methodischen Aufbaus der oben genannten Art kann sogar die Vertrautheit mit den Zahlen (die Physiognomie ihres Gebrauchs) erschüttert oder gar die eingeleitete Zahlbegriffsentwicklung erstickt werden.

Entsprechendes gilt für das Rechnen mit natürlichen Zahlen. „Das Rechnen ist ein Phänomen, das wir vom Rechnen her kennen. Wie die Sprache ein Phänomen ist, das wir von unserer Sprache her kennen."[79] Die Physiognomie des Kindes vom Rechnen durch ein mathematisches Begriffssystem zu verdrängen, ist genauso verfehlt wie die „Einführung" der Zahlen über Klassenbildungen.

Die Schüler wenden das Kommutativitätsgesetz und das Assoziativitätsgesetz für die Addition und die Multiplikation von natürlichen Zahlen an, sobald sie rechnen lernen. Die Aufgabe $5 + 14$ rechnen sie so: $14 + 5$. Manche (Schüler und auch Erwachsene) müssen etwa bei der Aufgabe $9 \cdot 7$ erst $7 \cdot 9$ sagen, bevor sie das Ergebnis wissen.

„ ‚Ja, aber es bleibt doch empirische Tatsache, daß die Menschen so rechnen!' — Ja, aber damit werden ihre Rechensätze nicht zu empirischen Sätzen."[80]

Die Kommutativität wird in der Klasse 1 noch nicht formuliert als Gesetz oder als Regel. Sie ist Bestandteil des Paradigmas. Erst ab Klasse 3 beginnt man vorsichtig mit der sprachlichen Formulierung, und zwar auf der Grundlage des Gebrauchs: „Sollen wir $28 + 36 + 4$ rechnen, so rechnen wir nicht $(28 + 36) + 4$, sondern $28 + (36 + 4)$, weil das leichter ist"; und später in Klasse 4: „Bei der Addition von mehr als 2 Zahlen darf man die Summanden auf verschiedene Weise zusammenfassen."

Diese Formulierung ist so getroffen, daß sie das Paradigma nicht einengt, nach dem die Schüler den Wert einer Summe bestimmen, und sich daher für die Addition und Multiplikation von rationalen Zahlen fortschreibt.

Die Einbeziehung weiterer Verknüpfungsmodelle erleichtert den Schülern die Abstraktion wichtiger mathematischer Begriffe aus dem Paradigma.

— Der Lehrer gibt den Kindern einer Klasse 1 die Aufgabe, 10 Zerlegungen der folgenden Art hinzuschreiben: $c = a + b$ mit $2 \leqslant c \leqslant 8$, $a, b \in \mathbb{N}$. Dabei sollten $c = a + b$ und $c = b + a$ als eine Zerlegung gelten. Ein Kind wurde von uns bei der Arbeit beobachtet. Es schrieb die Zahl 7 etwa fünfmal untereinander, dann fünfmal das Gleichheitszeichen daneben und (wahllos) Zerlegungen. Anschließend strich es von zwei gleichen Zerlegungen eine durch. Das wiederholte sich bei anderen Zahlen in dem gegebenen Zahlenintervall. Die geforderte Aufgabe war längst gelöst; aber das Kind hatte ein Problem entdeckt, das vom Lehrer gar nicht intendiert war: Es wollte *alle* möglichen Zerlegungen

---

78) Wittgenstein stellt fest [24, S. 27]: „ ‚Aber ich weiß doch auch, daß, welche Zahl immer man mir geben wird, ich die folgende gleich mit Sicherheit werde angeben können.' ... Daß ich aber so sicher bin, daß ich werde fortsetzen können, ist natürlich sehr wichtig."
79) Wittgenstein [24, S. 209].
80) Wittgenstein [24, S. 381].

der Zahlen $2 \leqslant c \leqslant 8$ angeben und dabei möglichst ökonomisch verfahren, wie wir im Gespräch feststellten. Das erschien uns eine „glückliche Unterrichtssituation". Daher wollten wir der Lösung des Problems im differenzierenden Unterricht nachgehen. Im folgenden geben wir ein Kurzprotokoll wieder.

Lehrer (L): „Ihr wollt also *vorher* wissen, wie oft ihr die einzelnen Zahlen mit Gleichheitszeichen hinschreiben müßt, damit ihr später nichts mehr wegzuradieren braucht. Schreibt die Ziffer 7 mehrere Male untereinander, dann wollen wir die vorhin von euch gefundenen Zerlegungen ordnen und danebenschreiben". Dieses steht dann an der Tafel:

$$7 = 1 + 6 \qquad 7 = 2 + 5 \qquad 7 = 3 + 4 \qquad 7 = 4 + 3 \qquad 7 = 5 + 2 \qquad 7 = 6 + 1$$

L: „Welche Gleichungen könnt ihr nicht gebrauchen?" Die letzten drei werden gestrichen. Ein Schüler (S): „Es bleibt immer die Hälfte". L: „Mach' dasselbe auch bei anderen Zahlen". Folgendes wird aufgeschrieben:

$$6 = 1 + 5 \qquad 6 = 2 + 4 \qquad 6 = 3 + 3 \qquad 6 = 4 + 2 \qquad 6 = 5 + 1$$

Zunächst reagieren die Schüler überrascht, dann aber wird ihnen an diesem Beispielpaar der Sachverhalt unmittelbar einsichtig. Das Beispielpaar ist „Verwendungsbeispiel". Dabei hat das Paradigma von geraden und ungeraden Zahlen eine bedeutsame Rolle gespielt.

L: „Jetzt suchen wir auch von den anderen Zahlen alle Zerlegungen. Schreibt aber die jeweilige Ziffer nur so oft untereinander, wie ihr Zerlegungen erwartet". Diese Aufgabe wird sicher gelöst. Das zeigt, daß die Schüler die Physiognomie des Problems gewonnen haben, die Handlungen ausgelöst hatte, die der Lehrer interpretieren konnte.

Wir wollten nun herausbekommen, inwieweit es den Schülern schon möglich war, das Paradigma in eine Regel überzuführen, also zu formulieren.

L: „Wir schreiben jetzt die Ergebnisse schön geordnet in einer Tabelle auf." Die Tabelle soll das Verstehen durch die übersichtliche Anordnung der Daten erleichtern.

Zahl	Anzahl der Zerlegungen
2	1
3	1
4	2
5	2
6	3
7	3
8	4

S: „Bei den geraden Zahlen weiß ich es: die Hälfte". L: „Und bei welchen Zahlen ist es schwer?" S: „Bei den ungeraden". S: „Das ist auch einfach; die vorhergehende Zahl nehmen, davon die Hälfte". L: „Seltsam! — Was ist seltsam?" S: „Die größere Zahl hat soviel Zerlegungen wie die kleinere." L: „Was für eine Zahl ist die größere?" S: „Gerade

Zahl". S: „Bei geraden Zahlen kann man nicht so viele Zerlegungen wegstreichen".
L: „Ja?" S: „Die Hälfte plus die Hälfte ergibt die Zahl". S: „Das geht nur bei geraden
Zahlen". L: „Wieviel Zerlegungen hat also die Zahl 20? Wieviel die Zahl 17?" Nach den
richtigen Antworten: L: „Prüfe nach, indem du alle Zerlegungen hinschreibst". S: „Das
stimmt doch, das habe ich doch gerechnet!"

Die Schüler haben das Problem gelöst; sie sind absolut sicher in der Vorhersage der
Ergebnisse.

Ein schönes Beispiel für Motivation und heuristisches Verhalten beim Mathematiklernen!
Die Schüler haben Mathematik als Zusammenspiel von heuristischen und demonstrativen
Methoden kennengelernt. Dabei kam es allein darauf an, Schüleraktivitäten im Ansatz
zu erkennen und auszubauen. Nicht eine weithergeholte Aufgabe wurde behandelt, die
Rätselbuch- oder Mußestundenbuchcharakter hat, sondern ein Problem, das im laufenden
Unterrichtsstoff integriert war und neue Erkenntnisse brachte zu: Additive Zerlegung,
Halbieren und vor allem inhaltliche Bereicherung zum Begriffspaar gerade — ungerade
Zahl.

— Wie wir schon bemerkten, genügt zur Gewinnung einer Physiognomie immer nur ein
einziges Beispiel. Der Lehrer muß jedoch mehrere Beispiele anbieten, da nicht mit Sicherheit vorhersehbar ist, an welchem Beispiel einem bestimmten Schüler die betreffende
Physiognomie erschaubar wird. Haben wir aber mehrere Physiognomien, wie etwa bei
der Bildung mathematischer Folgen, so bedarf es auch von der Sache her verschiedener
Beispiele. Aufgrund mehrerer „familienähnlicher" Folgen-Physiognomien kann schließlich eine Gesamtphysiognomie mathematischer Folgen sichtbar werden.

Eine sehr wichtige Aufgabe der Primarstufenmathematik aus dem Themenkreis „Natürliche Zahlen" ist die Fortsetzung von Zahlenfolgen. Nehmen wir an, der Schüler hat nur
Folgen dieser Art kennengelernt:

$$0, \quad 2, \quad 4, \quad 6, \quad 8, \quad \ldots, \quad 20$$
$$2, \quad 12, \quad 22, \quad 32, \quad \ldots, \quad 82$$
$$100, \quad 90, \quad 80, \quad \ldots, \quad 20, \quad 10$$

Wird ihm dann eine Folge vorgelegt, die nicht arithmetisch ist, so begnügt er sich vielleicht
mit der Feststellung der Differenz zweier aufeinanderfolgender Glieder und setzt nach
dem vertrauten Paradigma die Folge fort, oder löst die Aufgabe überhaupt nicht. Das
Paradigma ist wenig anwendungsfähig und damit unbrauchbar. Darum müssen *weitere*
Beispiele eingebracht werden; etwa:

$$2, \quad 4, \quad 8, \quad 16, \quad \ldots, \quad 256$$
$$1, \quad 2, \quad 4, \quad 5, \quad 7, \quad 8, \quad 10, \quad \ldots, \quad 29$$

Wie erkennt der Schüler nun die Gesetzmäßigkeit der Glieder in der folgenden Aufgabe:

Welche Zahlen passen hier?   11, 14, 19, 26, 35, …, …, …, 91

Wie kommt der Schüler dazu, auf 35 die Zahl 46 folgen zu lassen? Er muß an ein, zwei
„Beispiel-Stellen" der Folge die Anweisung zur Fortsetzung „sehen", die in den ge-

gebenen Gliedern der Folge „steckt". Dazu ist zunächst einmal eine Vermutung erforderlich, zu der ihm nur ein Paradigma verhelfen kann. Diese Vermutung wird er überprüfen an anderen „Beispiel-Stellen" des gegebenen Teils der Folge, die jetzt als Fälle fungieren. Diese Kontrolle ist hier aussagekräftiger als bei der folgenden Aufgabe wegen der größeren Anzahl der gegebenen Glieder. Dann erst wird der Schüler die sich bestätigende Vermutung anwenden, um die Lücken zu füllen, wobei noch eine letzte, aber sehr überzeugende Kontrolle, das Erreichen des gegebenen Endgliedes der Folge, aussteht.

Aufgabe: Wie geht es weiter? Setze die Folge um 7 Zahlen fort!

2, 3, 5, . . .

Hier gibt es mehrere „vernünftige" Möglichkeiten der Fortsetzung, z. B. diese:

2, 3, 5, 8, 12, 16, . . .
2, 3, 5, 7, 11, 13, . . .

Der Einfallsreichtum bei der Lösung von Aufgaben hängt wesentlich von dem wirkenden Paradigma ab. Daher ist es nötig, in jedem Schuljahr durch neue Beispieltypen das Paradigma zu erweitern. Wir erkennen, daß ein Paradigma nicht mosaikartig zusammengesetzt und etwa nur auf gehabte Aufgaben anwendbar ist, sondern viel umfassender als die Beispiele in ihrer beschränkten Aussagemöglichkeit vermuten lassen.[81]

Das erhellt die über das Thema Folgen weit hinausreichende Bedeutung dieses Paradigmas: es ermöglicht dem Lernenden, in einem vorgelegten Zahlenmaterial eine Gesetzmäßigkeit aufzufinden. Sehen wir diese Bemerkung unter dem Aspekt des folgenden Abschnitts 2. 3, so dürfte deutlich werden, daß vernünftige Vermutungen nicht „Einfälle von oben" sind, sondern daß ihr Zustandekommen auf erkennbaren Voraussetzungen beruht.

— Gebrauchsverstehen gibt es nicht nur beim Mathematiklernen, sondern auch bei der Erforschung neuer Gebiete. Die Schöpfer der Infinitesimalrechnung Leibniz, Newton und Euler verfügten über Paradigmata, die sich im Gebrauch bewährten. Für eine strenge begriffliche Fassung ihrer Paradigmata hatten sie gar kein Bedürfnis. So schreibt K. Knopp: „Der Erfolg der neuen Methode war ihnen eine hinreichende Gewähr für die Tragfestigkeit ihres Fundamentes. Erst als jener Strom abzuebben begann, wagte sich die kritische Analyse an die Grundbegriffe. ... Aber es währte noch fast ein Jahrhundert, ehe hier die wesentlichsten Dinge als völlig geklärt angesehen werden durften."[82]

Darin zeigt sich die hervorragende Begabung eines Mathematikers, daß er durch epagoge ein Paradigma gewinnt, das „für sich selber sorgt." Lernen und Forschen (was ja auch „Lernen" ist) können wesentlich verstanden werden als Gewinnen, Bewußtmachen und begriffliches Ausformulieren von Paradigmata, die auf Gebrauchsverstehen gründen.

---

81) Die Schüler aller Stufen könnten daher ruhig mehr Selbstvertrauen haben, sie brauchten vor Klassenarbeiten nicht besorgt die Frage zu stellen: Haben wir das schon gehabt? und laufend Aufgaben aus dem jeweiligen Gebiet lösen in der Hoffnung, eine davon „kommt dran."
82) Knopp [17, S. 1].

Bei der Formalisierung findet zwar eine Eingrenzung statt, aber die nicht als Satz oder Regel ausgedrückten Bestandteile des Paradigmas wirken weiter und gehen als Vorwissen in die Auseinandersetzung mit neuen Sachverhalten ein.

— Das Assoziativgesetz für die Addition gilt für unendliche Reihen nicht uneingeschränkt. So ist die unendliche Reihe

$$(1-1) + (1-1) + (1-1) + \ldots = 0 + 0 + 0 + \ldots$$

konvergent. Lassen wir die Klammern fort, so ergibt sich die divergente Reihe

$$1 - 1 + 1 - 1 + 1 - 1 + \ldots$$

Setzte man hierin die Klammern wie folgt

$$1 - 1 + 1 - 1 + 1 - 1 + \ldots = 1 - (1-1) - (1-1) - \ldots = 1 - 0 - 0 - \ldots = 0,$$

ergäbe sich

$$1 = 0.$$

Dazu schreibt Knopp: „In früheren Zeiten — also vor der strengen Begründung mit unendlichen Reihen — stand man solchen Paradoxien ziemlich ratlos gegenüber. Und wenn auch die besseren Mathematiker sozusagen instinktiv solchen Schlüssen aus dem Wege gingen, so wurden sie den minderen Köpfen um so mehr Anlaß zu den kühnsten Spekulationen. So glaubte z.B. Guido Grandi durch die obige irrige Schlußkette, die aus der Null eine Eins werden läßt, die Möglichkeit der Erschaffung der Welt aus dem Nichts mathematisch bewiesen zu haben!"[83]

Die „besseren Mathematiker" hatten eine Physiognomie von der Konvergenz unendlicher Reihen, nach der sie „richtig" handelten; d.h. sie gebrauchten die Physiognomie gerade so lange, wie sie sich bewährte. Physiognomien sind begrifflich vage, und es blieb erst späteren Generationen vorbehalten, sie begrifflich mitteilbar zu machen.

Die letzten Beispiele und Interpretationen haben zum folgenden Unterabschnitt hingeführt.

2.3. Beispiel als Induktion in plausible Vermutungen

Bilder, die sich uns aufdrängen, brauchen nicht Induktion in stringent allgemeine Sachverhalte zu sein; sie können auch zu plausiblen Vermutungen führen.

Es gehört eben auch zum Paradigma, das es über sich hinausweist, und daher nicht unbedingt in allen Verästelungen zu gültigen Gesetzmäßigkeiten abstrahierbar ist.

Daher gehört zu den wichtigsten Lernzielen des Mathematikunterrichts, daß der Schüler unterscheiden lernt zwischen Beispielen, die ihn zu gültigen Gesetzmäßigkeiten und solchen, die ihn zu Vermutungen hinführen. Notwendig für die Verwirklichung dieses

---

83) Knopp [17, S. 134, Fußnote].

Lernziels ist die Beteiligung des Schülers am Aufbau mathematischer Gebiete[84], ausgehend von primären Physiognomien des Umgangs mit mathematischen Dingen. Solange die Schüler Kalkülaufgaben und Schemata den absoluten Vorrang vor dem Wagnis geben, sind wir von der geforderten Art, Mathematik zu lernen, noch weit entfernt.

In dem vorhergehenden Abschnitt haben wir Beispiele vorgestellt, bei denen sich Physiognomien „aufdrängten", zu denen, wie bei der Unendlichkeit der Menge $\mathbb{N}$ der natürlichen Zahlen, keine „Gegeninstanzen" vorstellbar sind, die sie einschränken. Beim Finden von Vermutungen ist das anders. Z. P. Dienes und M. A. Jeeves stellen fest[85]: „Es ist daher sehr eigenartig, daß die Mathematiker gerade das tun: sie machen öfter eine korrekte Hypothese als eine falsche". Die Autoren fragen, „wie (die Mathematiker) es jemals erreichen, eine so große Zahl guter Vermutungen zu machen, d.h. solche, die sich als richtig erweisen; man wird annehmen, daß sie ein gewisses Maß an Übung gehabt haben". Nach den in Unterabschnitt 2. 2 dargestellten Überlegungen können wir Dienes und Jeeves antworten, daß nicht nur „ein gewisses Maß an Übung", sondern ein großes (Vor-)Wissen und der Besitz eines reichen Schatzes von weitreichenden Paradigmata eine gute Voraussetzung für richtiges Vermuten sind. Vermutungen sind keinesfalls „Einfälle von oben", für die irrtümlich gerade Nichtstun kennzeichnend sein soll. Auch nicht eine Vielzahl von Beispielen, sondern die Art der Beispiele, auf die der Mathematiker trifft, oder die er sich „zurechtmacht", ist letztlich entscheidend.

— Um die Bedeutung des „Gegenbeispiels"[86] bei der Widerlegung einer Vermutung zu demonstrieren, simplifiziert man die als „Beispiel" dafür benutzten mathematischen Sachverhalte oft rigoros. So als habe Fermat nachgerechnet, daß $2^{2^n} + 1$ für n = 0, 1, 2, 3 und 4 eine Primzahl sei und „induktiv" auf die Vermutung „geschlossen", die „Fermat-Zahlen" $F_n = 2^{2^n} + 1$ seien prim für alle $n \in \mathbb{N}_0$. F_5 als „Gegenbeispiel" widerlegt die Behauptung, und damit ist der „Fall" erledigt.

Fermat war ein bedeutender Mathematiker, der sich intensiv mit zahlentheoretischen Problemen befaßt hat. Diese Vermutung gehört zu den wenigen Hypothesen Fermats, die sich als nicht zutreffend erwiesen haben. Keinesfalls hat er leichtfertig von der Richtigkeit in 5 Fällen auf alle $n \in \mathbb{N}_0$ geschlossen. Vielmehr müssen wir davon ausgehen, daß Fermat über eine Physiognomie verfügte, in die seine Vermutung paßte. Dazu können wir natürlich nur einige Andeutungen machen. Zunächst stellt sich die Frage, in welchen Zusammenhängen Fermat überhaupt den Term $2^{2^n} + 1$ untersuchte. Er kannte natürlich Euklids Überlegungen, nach denen $n = 2^{P-1}(2^P - 1)$ eine gerade vollkommene Zahl ist, wenn p und $2^P - 1$ Primzahlen sind[87]. Ferner wußte er, daß $p \mid 2^P - 2$ für alle Prim-

---

84) Vgl. S. 81 ff.

85) Dienes-Jeeves [11, S. 115].

86) Es sei noch einmal daran erinnert, daß der Ausdruck „Gegenbeispiel" nicht Beispiel in unserem Sinne, sondern „Ausnahmefall" bedeutet, also Gegeninstanz, die eine hypothetisch aufgestellte Regel widerlegt. — Vgl. zum Folgenden S. 155.

87) Die Zahlen $2^P - 1$ untersuchte vor allem der französische Mathematiker Mersenne, nach dem sie dann auch bekannt wurden.

zahlen p gilt[88]. Außerdem waren Terme $2^s + 1$ untersucht und $s = 2^n$ als notwendige Bedingung dafür erkannt, daß $2^s + 1$ eine Primzahl darstellt. Daß diese Bedingung auch hinreicht, hatte Fermat ja vermutet.

Nach dem Eulerschen Gegenbeispiel F_5 ist das Fermatsche Problem eher noch interessanter geworden: Gibt es unendlich oder endlich viele Fermatsche Zahlen, die prim sind (gibt es überhaupt noch eine einzige Fermatsche Primzahl für $n > 5$?) Gibt es endlich oder unendlich viele zusammengesetzte Fermatsche Zahlen? Bis heute weiß man nur, daß F_n zusammengesetzt ist für alle n mit $5 \leqslant n \leqslant 16$ und für einige weitere n, die über das Zahlintervall von 18 bis 1945 verstreut sind. (F_{18} und F_{1945} sind zusammengesetzt).

— Im Verlauf einer Untersuchung oder im Umgang („bei"m „Spiel"en) mit Primzahlen steht (vielleicht zufällig) eine Folge von geraden Zahlen auf dem Papier[89]:

$$16 = 3 + 13$$
$$18 = 13 + 5$$
$$20 = 17 + 3$$
$$22 = 11 + 11$$
$$24 = 17 + 7$$

Diese Gleichungen sind hier noch nicht als Beispiele anzusprechen. Denn wofür sollten sie Beispiele sein? Aber der Mathematiker wird keine Möglichkeit auslassen, eine Gesetzmäßigkeit aufzuspüren.

Jede Gleichung kann im Zusammenhang mit den anderen vielleicht blitzartig deutlich machen: Links vom Gleichheitszeichen stehen aufeinanderfolgende gerade Zahlen, rechts Summen von zwei Primzahlen. Das gibt Veranlassung zu der kühnen Behauptung („Goldbachsche Vermutung" 1742): Jede gerade Zahl läßt sich als Summe zweier ungerader Primzahlen darstellen. Man wird sofort die Zahlen 2 und 4 ausschließen. Es handelt sich um Einzelfälle, über die schnell entschieden werden kann.

Damit aber das genannte Beispiel als Verwendungsbeispiel anzusprechen ist, müssen Vorwissen und Vorerfahrung des Mathematikers berücksichtigt werden, dafür ist der Zusammenhang entscheidend, in dem das Beispiel fungiert.[90]

Beim Stützen der Vermutung werden systematisch die Elemente eines längeren Abschnittes der Folge der geraden Zahlen weiter untersucht. Die einzelnen Gleichungen, z. B.

$$42 = 23 + 19 = 37 + 5 \qquad \text{oder} \qquad 100 = 97 + 3 = 47 + 53,$$

---

88) Spezialfall des sog. „kleinen Fermat-Satzes".

89) Vgl. zu diesem Beispiel Aufgabe 6.4 auf S. 117 und S. 80 f. Man erkennt unschwer, welche Funktion dem Beispiel in den einzelnen Phasen zukommt.

90) Zur Verdeutlichung diene ein analoges Beispiel. Schülern einer Klasse 1 mögen etwa diese Gleichungen vorliegen: $4 = 3 + 1$, $6 = 3 + 3$, $2 = 1 + 1$, $8 = 5 + 3$. Sie können Verwendungsbeispiel sein und die Schüler zu der sicheren Erkenntnis führen: Jede gerade Zahl läßt sich als Summe zweier ungerader Zahlen darstellen. Dieser Sachverhalt ist eingebettet in das Paradigma von geraden und ungeraden Zahlen, das den Schülern richtiges Handeln in verschiedenen Modellen (u. a. auch im Streckenmodell) erlaubt.

sind als Fälle Beispiele des vermuteten Satzes. Bisher sind alle geraden Zahlen bis 33 000 000 auf ihre additive Zerlegbarkeit in zwei Primzahlen geprüft. Es hat sich keine einzige Ausnahme ergeben.

Wir wollen noch durch analoge Sätze die Sachzusammenhänge beschreiben, in die der Zahlentheoretiker heute die Goldbach-Vermutung stellt, die bisher trotz größter Anstrengung nicht bewiesen werden konnte. Als erstes konkretes Ergebnis zum Goldbach-Problem wurde 1930 bewiesen, daß es natürliche Zahlen N und M gibt, so daß sich alle n > N als Summe von mindestens M Primzahlen darstellen lassen. Etwa 25 Jahre später wurde M $\leqslant$ 18 gezeigt. (M = 2 ist die Goldbach-Vermutung.) — Aus dem Jahre 1937 stammt der tiefliegende Satz, daß es eine natürliche Zahl R gibt, so daß alle ungeraden Zahlen n > R sich als Summe von 3 Primzahlen darstellen lassen. Die gegenwärtig beste Abschätzung nach oben ist R = $3^{3^{15}}$. Dieser Satz kann übrigens aus der Goldbach-Vermutung hergeleitet werden, aber die Umkehrung zu beweisen, ist nicht gelungen. — Ferner ist seit 1948 bekannt, daß es zwei natürliche Zahlen S und T gibt, so daß sich jede gerade Zahl n > S als Summe aus einer Primzahl und einer natürlichen Zahl, die nicht mehr als T Primfaktoren hat, darstellen läßt. Die gegenwärtig beste Abschätzung ist M $\leqslant$ 2. (M = 1 ist die Goldbach-Vermutung.)

Diese kurze Skizze, die Beweismethoden nicht berücksichtigen konnte[91], sollte noch einmal die Gewinnung einer Physiognomie verdeutlichen. Unabhängig von der Goldbach-Vermutung soll sie Beispiel sein für ein Verflechtungssystem von Begriffen und Sätzen, in dem Verwendungsbeispiele eingebettet sein können, die zu einer mathematisch brauchbaren und ernstzunehmenden Vermutung führen; einer Vermutung also, die eben durch ihr Zustandekommen ein hohes Maß an Plausibilität aufweist[92]. Jedoch kann eine Situation, aus der sich eine Physiognomie bildet, nie objektiv beschrieben werden. Die Besonderheit des Verwendungsbeispiels, die letztlich entscheidet, ist immer nur aus der Individualität von Personen und Situationen verstehbar. Darum haben Vermutungen auch verschiedenen Plausibilitätsgrad.

— In diesem Zusammenhang ist die Frage interessant, wie man aus dem Datenmaterial eines physikalischen Versuches ein Gesetz findet. Ob nun mathematisch interessante Zahlenfolgen oder physikalisch interessante Daten vorliegen, es handelt sich in beiden Fällen um Beispielmaterial mit vergleichbarer Funktion: Jedesmal soll eine Gesetzmäßigkeit über eine Physiognomie vermutet werden. Der Unterschied besteht offenbar in folgendem: Einmal sind die Zahlen, mit denen der Physiker arbeiten muß, von anderer Gegebenheitsweise als die rein mathematischen, nämlich auf Realität bezogen (die Meßdaten sind nur innerhalb bestimmter Fehlergrenzen genau), zum anderen sind jeweils andersartige spezifische Fähigkeiten und Erfahrungen einzubringen. Während man (wie in Unterabschnitt 2. 2 dargelegt) in mathematischen Situationen aber auch stringent Allgemeines am Beispiel erkennen kann, läßt sich das Allgemeine als Physiognomie einer mathematisch formulierten Gesetzmäßigkeit in einer physikalischen Situation wegen der

---

91) Vgl. Halberstam-Richert [14].

92) Es ist ja dem Mathematiker geläufig, daß er sich manchmal einer Vermutung so sicher ist, daß er nur noch einen Beweis dafür zu suchen braucht, von dessen Existenz er absolut überzeugt ist.

Anwendung auf Realität „nur" plausibel vermuten. Hier ist das Allgemeine (das naturwissenschaftliche Gesetz) eben nicht von der Art der in der Mathematik definierten Begriffe, obwohl seine Formulierung nur mathematisch sein kann.

— Ein Lehrer bereitet für den Unterricht in Klasse 9 den Satz des Pythagoras vor. Er zeichnet die bekannte Figur (Abb. 1 ohne Diagonalen) und beginnt sie mehr zufällig als gelenkt zu zerlegen in der Absicht, einen möglichst durchsichtigen Zerlegungsbeweis zu finden. Dabei zeichnet er die Diagonalen der Quadrate ein und stutzt: Wenn die Summe der Flächeninhalte der Quadrate über den Katheten gleich dem Flächeninhalt des Quadrates über der Hypotenuse ist, muß diese Aussage auch entsprechend gelten für die rechtwinkligen Dreiecke ABD_1, BCD_2 und ACD_3 der Abb. 1. Denn aus $a^2 + b^2 = c^2$ folgt $\frac{a^2}{2} + \frac{b^2}{2} = \frac{c^2}{2}$. Gibt es noch andere Dreiecke über den Seiten des rechtwinkligen Dreiecks, für die der „Satz des Pythagoras" gilt? Es muß sie geben! Aus dieser Situation kann sich eine Physiognomie „aufdrängen", die das weitere Handeln bestimmt.

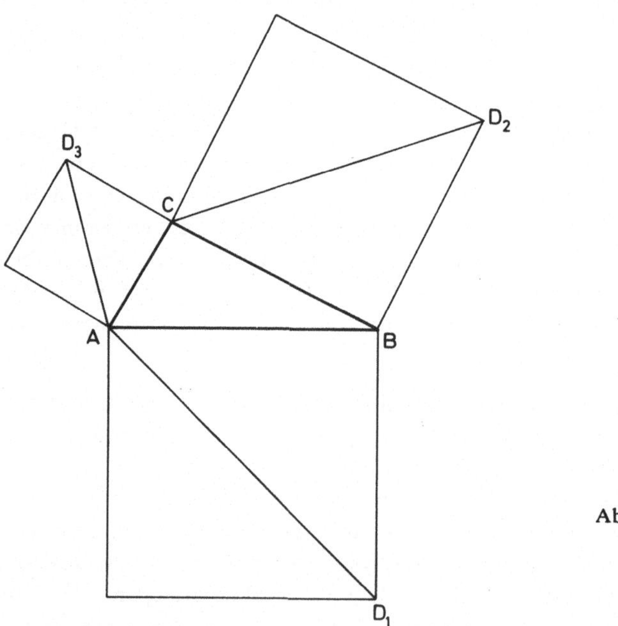

Abb. 1

Offenbar gelangen wir zu falschen Ergebnissen, wenn wir uns fordern, daß die Dreiecke entweder rechtwinklig oder gleichschenklig sind. Zeichnen wir aber über den Seiten a, b, c als Hypotenusen rechtwinklig-gleichschenklige Dreiecke, so stimmt der Satz wieder, und zwar mit $\frac{a^2}{4} + \frac{b^2}{4} = \frac{c^2}{4}$. Dieses *Beispiel* (im Sinne des Unterabschnittes 2. 3) kann spontan die Vermutung aufleuchten lassen: Die Dreiecke müssen ähnlich sein. (Analog: Auch die Quadrate der ursprünglichen pythagoreischen Figur sind ähnlich!) Auf der Suche nach neuen Fällen (im Sinne von Unterabschnitt 2. 1), auf die unsere Vermutung zutrifft, findet man vielleicht die Abb. 2: Die Höhe des ursprünglichen Dreiecks teilt diese in zwei Dreiecke, die untereinander und zu dem ursprünglichen Dreieck ähnlich sind. Dieser Fall liegt in der Tat nahe, wenn man sich hinreichend intensiv mit dem rechtwinkligen Dreieck und der Ähnlichkeitslehre beschäftigt hat. Nun ist aber offenbar $A_1 + A_2 = A_3$, wenn man mit A_1, A_2 und A_3 die Flächeninhalte der Dreiecke AFC, FBC bzw. ABC bezeichnet. Die Abb. 2 erweist sich in diesem Zusammenhang als Verwendungsbeispiel (im Sinne des Unterabschnittes 2. 2), das die Richtigkeit des Satzes unmittelbar einsichtig macht. Es spricht vorhergehendes Verständnis an und legt in dem bereits Bekannten Neues frei.

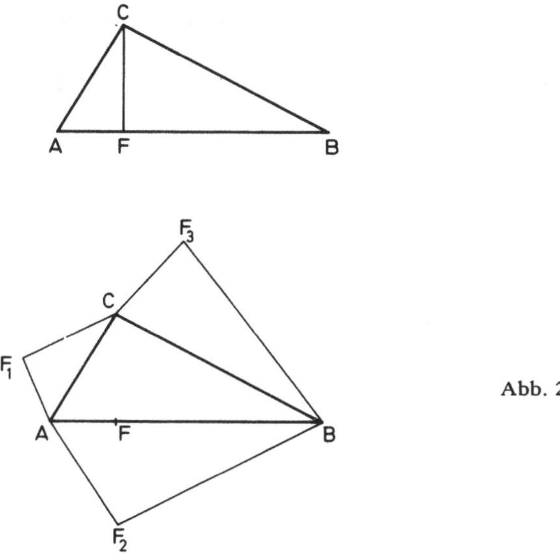

Abb. 2

Damit ist eine Basis geschaffen, von der aus man zur formalen Absicherung des Ergebnisses fortschreiten kann. Die nun einsetzende Überlegung ist einfach, wenn wir folgende Schritte beachten, die zwischen Geometrie und Arithmetik wechseln, je nachdem in welchem Gebiet wir am einfachsten argumentieren können:

(1) Formulierung des Satzes von Pythagoras für Quadrate:

$$a^2 + b^2 = c^2 \qquad\qquad \text{(geometrisch / arithmetisch)}$$

(2) Die Flächeninhalte ähnlicher Dreiecke verhalten sich wie die Quadrate der Längen entsprechender Seiten:

$$a^2 : b^2 : c^2 = F_a : F_b : F_c \qquad\qquad \text{(geometrisch)}$$

(3) $a^2 + b^2 = c^2$ ist äquivalent zu $\lambda a^2 + \lambda b^2 = \lambda c^2$ mit $\lambda \neq 0$ \qquad (arithmetisch)

(4) Insbesondere gibt es für den Fall der Abb. 2

$$A_1 + A_2 = A_3 \qquad\qquad \text{(geometrisch)}$$

ein $\overline{\lambda}\,(\neq 0)$, so daß

$$\overline{\lambda}a^2 + \overline{\lambda}b^2 = \overline{\lambda}c^2 \qquad\qquad \text{(arithmetisch)}$$

(5) Durch Multiplikation mit $\overline{\lambda}^{-1}$ folgt der Satz des Pythagoras für Quadrate.

(arithmetisch)

Damit ist der Satz des Pythagoras bewiesen; darüber hinaus praktisch sogar seine Verallgemeinerung[93]: Werden drei ähnliche Polygone über den drei Seiten eines rechtwinkligen Dreiecks gezeichnet, so ist der Flächeninhalt des Hypotenusenpolygons gleich der Summe der Flächeninhalte der Kathetenpolygone.

---

93) Pólya [19, S. 39]. — Man beachte, daß der in Abb. 2 dargestellte *Spezialfall* dem verallgemeinerten Satz des Pythagoras logisch äquivalent ist. Das aber ist nicht entscheidend dafür, daß Abb. 2 Verwendungsbeispiel ist. Auch andere Fälle, wie z.B. der Satz des Pythagoras selbst, hat diese logische Eigenschaft der Äquivalenz, ist aber nicht Verwendungsbeispiel.

Literatur

[1] *Aristoteles:* Analytica posteriora

[2] *Aristoteles:* De anima

[3] *Aristoteles:* Physica

[4] *Aristoteles:* Rhetorica

[5] *Aristoteles:* Topica

[6] *Becker, G.:* Das Exemplarische im mathematischen Unterricht. Dissertation, Aachen, 1971

[7] *Becker, G.:* Das Problem exemplarischer Gegenstände im mathematischen Unterricht. In: Beiträge zum Mathematikunterricht 1972, Teil 1, S. 51—69. Hannover, 1973

[8] *Buck, G.:* Lernen und Erfahrung. Stuttgart — Berlin — Köln — Mainz, 1969^2

[9] *Denk, F.:* Bedeutung des Mathematikunterrichts für die heuristische Erziehung. Der Mathematikunterricht, 10 (1964), Heft 1. S. 36—57

[10] *Dienes, Z. P.* und *E. W. Golding:* Methodik der modernen Mathematik. Freiburg i.Br., 1970

[11] *Dienes, Z. P.* und *M. A. Jeeves:* Denken in Strukturen. Freiburg i. Br., 1968

[12] *v. Fritz, K.:* Die ἐπαγωγή bei Aristoteles. München, 1964

[13] *Glatfeld, M.:* Der Zahlbegriff in Primar- und Orientierungsstufe. Sachunterricht und Mathematik in der Grundschule, 4 (1976), S. 141—148

[14] *Halberstamm, H.* und *H.-E. Richert:* Sieve methods. London — New York — San Francisco, 1974

[15] *Kambartel, F.:* Erfahrung und Struktur. Bausteine zu einer Kritik des Empirismus und Formalismus. Frankfurt a.M., 1968

[16] *Kapp, E.:* Der Ursprung der Logik bei den Griechen. Göttingen, 1965

[17] *Knopp, K.:* Theorie und Anwendung der unendlichen Reihen. Berlin — Heidelberg, 1947

[18] *Neß, W.:* Beispiel und Gegenbeispiel in der Mathematik. Praxis der Mathematik, 1 (1959), S. 118—121

[19] *Pólya, G.:* Mathematik und plausibles Schließen. Bd. 1. Basel — Stuttgart, 1962

[20] *Schick, K.* und *G. Schmitz:* Mathematische Voraussetzungen einer modernen Wirtschaftsmathematik. (Tutorial Reihe Mathematik). Düsseldorf, 1974

[21] *Stegmüller, W.:* Hauptströmungen der Gegenwartsphilosophie. Stuttgart. 1969^4

[22] *Wittgenstein, L.:* Tractatus logico-philosophicus — Tagebücher 1914—1916 — Philosophische Untersuchungen, Schriften 1. Frankfurt a.M., 1969

[23] *Wittgenstein, L.:* Philosophische Bemerkungen, Schriften 2. Frankfurt a.M., 1970

[24] *Wittgenstein, L.:* Bemerkungen über die Grundlagen der Mathematik, Schriften 6. Frankfurt a.M., 1974

Erich Wittmann

Grundfragen des Mathematikunterrichts

4., neu bearbeitete und erweiterte Auflage 1976. VII, 184 Seiten. DIN C 5.
Kartoniert

Inhalt

Einführung: Ort und Aufgabe der Mathematikdidaktik — Theorie und
Praxis — Unterrichtenlernen nach dem Spiralprinzip. Unterrichtsmodell und
intuitive Planung des Mathematikunterrichts: Das Unterrichtsmodell von
R. Glaser — „Erziehungsphilosophie" der Mathematikdidaktik — Praktische
Hinweise zur Unterrichtsvorbereitung von einer intuitiven Basis aus.
Elemente einer Theorie des Mathematikunterrichts und didaktische
Prinzipien: Der Problemkreis „Allgemeine Lernziele" — Elemente der
Psychologie des Mathematiklernens — Operationalisierung von Lernzielen
und Lernzielanalyse — Methoden zur Konstruktion mathematischer Lern-
sequenzen — Unterrichtsplanung und Unterrichtsanalyse auf systematischer
Basis — Anhang.

Dieses einführende Buch wendet sich an Mathematiklehrer und Lehrer-
studenten aller Stufen sowie Mathematiker, Psychologen und Pädagogen,
die sich mit der Weiterentwicklung des Mathematikunterrichts befassen
bzw. an ihr interessiert sind.

Es behandelt auf der Basis eines einfachen Unterrichtsmodells in fach-
spezifischer Weise die grundlegenden allgemein-mathematischen, pädagogischen, psychologischen und schulpraktischen Perspektiven, unter denen
mathematische Inhalte im Hinblick auf den Unterricht zu sehen und zu
bearbeiten sind. Aus der erklärten Absicht heraus, Theorie und Praxis
des Mathematikunterrichts in eine fruchtbare Wechselwirkung zu bringen,
bleibt das Buch nicht bei den theoretischen Ideen stehen, die für eine
kritische Auseinandersetzung mit der zeitgenössischen mathematikdidaktischen Literatur und den neuen Unterrichtsprogrammen nötig sind,
sondern entwickelt aus ihnen ein Instrumentarium zur Unterrichtsplanung
und Unterrichtsanalyse, das an einem Beispiel bis ins Detail illustriert wird.

Das Buch ist für individuelles Studium, als Grundlage von Seminaren und
als Hilfe für die Unterrichtsplanung gedacht. Es enthält zahlreiche didaktische
Aufgaben, die der Umsetzung theoretischer Ideen in die Praxis dienen und
zum selbständigen Weiterdenken anregen sollen.

» vieweg